东北森林植物原色图谱（下册）

主　编

曹　伟

编　者

李冀云　韩士杰　于景华　郭忠玲　王力华　王庆贵

卜　军　范春楠　王洪峰　原树生　朱彩霞　张　悦

阴黎明　何　浩　郑金萍　倪震东

科学出版社

北　京

内 容 简 介

　　本书介绍了东北地区主要的森林植物，详细介绍了植物中文名、拉丁名、生物学特性、花果期、生境、产地、分布及用途等信息。每个物种均配以多幅精美的彩色照片，全面地反映了东北地区森林植物的自然生长状态。全书共收录维管植物 123 科 483 属 1000 种（含种下等级）。

　　本书可供国内外从事植物分类研究的人员，以及相关科研、教学和生产部门参考，也可为广大的植物爱好者识别植物提供参考。

图书在版编目（CIP）数据

东北森林植物原色图谱：全2册 / 曹伟主编. —北京：科学出版社，2019.3
（东北森林植物与生境丛书 / 韩士杰总主编）
ISBN 978-7-03-056201-2

Ⅰ. ①东… Ⅱ. ①曹… Ⅲ. ①森林植物–东北地区–图谱 Ⅳ. ①Q948.523-64

中国版本图书馆CIP数据核字（2017）第323113号

责任编辑：马　俊　付　聪／责任校对：严　娜
责任印制：肖　兴／书籍设计：北京美光设计制版有限公司

科 学 出 版 社　出版
北京东黄城根北街16号
邮政编码：100717
http://www.sciencep.com

北京汇瑞嘉合文化发展有限公司 印刷

科学出版社发行　各地新华书店经销
*
2019年3月第 一 版　开本：889×1194 1/16
2019年3月第一次印刷　印张：65 1/2
字数：2 140 000

定价：980.00元（全2册）

（如有印装质量问题，我社负责调换）

  我国东北林区是全球同纬度植物群落和物种极其丰富的区域之一，也是我国生态安全战略格局"两屏三带"中一个重要的地带。

  长期以来，不合理的采伐和利用导致东北森林资源锐减、生境退化，制约了区域社会经济的持续发展。面对国家重大生态工程建设和自然资源资产管理、自然生态监管等重大需求，系统总结东北森林植物与生境的多年研究成果十分迫切。

  国家"十一五"和"十二五"科技基础性工作专项中，列入了"东北森林植物种质资源专项调查"与"东北森林国家级保护区及毗邻区植物群落和土壤生物调查"项目。该项目由中国科学院沈阳应用生态研究所主持，东北林业大学、北华大学、中国科学院东北地理与农业生态研究所、黑龙江大学等多个单位共同承担。近百名科技人员和教师十余年历经艰苦，先后调查了大兴安岭、小兴安岭等九个山区和东北三十八个以森林生态系统为主的国家级自然保护区及其毗邻区。在此基础上最终完成"东北森林植物与生境丛书"。

  该丛书包括《东北植物分布图集》《东北森林植物与生境调查方法》《东北森林植物群落结构与动态》《东北森林植被》《东北森林土壤》《东北森林土壤生物多样性》《东北森林植物原色图谱》《东北主要森林植物及其解剖图谱》，以及反映部分自然保护区森林植被与生境的著作。

  "东北森林植物与生境丛书"是对东北森林树种与分布、群落结构与动态，以及土壤与土壤生物特征的长期调研资料系统分析和综合研究的成果。相信它将为东北森林资源的可持续利用和生态环境的保护提供重要的科学依据。

中国科学院院士

第三世界科学院院士

孙鸿烈

2017 年 10 月

前言 Preface

　　东北林区是我国最大的天然林区，主要分布在大兴安岭、小兴安岭和长白山。这里林区绵延几千里，以中温带针阔混交林为主，有红松、兴安落叶松、黄花落叶松等针叶树种，也有白桦、水曲柳等阔叶树种。东北原始森林里的树木葱郁茂密，遮天蔽日，树型挺拔高大，是非常好的建筑材料，全区森林面积占全国森林总面积的37%，东北林区的木材蓄积量超过全国总量的一半，是我国目前主要的木材供应基地之一。

　　本书介绍了东北地区（含内蒙古东部）森林植物123科483属1000种（含种下等级），其中，蕨类植物科的顺序按秦仁昌教授1978年的系统排列，裸子植物科的顺序按郑万钧教授1978年的中国裸子植物的系统排列，被子植物科的顺序按恩格勒1964年的系统排列，植物中文名和拉丁名主要参考《东北植物检索表》（第二版）。科内的属名与种名均按拉丁文字母顺序排列。本书详细介绍了植物中文名、拉丁名、生物学特性、花果期、生境、产地、分布及用途等信息，每个物种均配有多幅彩色照片，展示了植物的形态特征和生境。需要说明的是，植物中文名和拉丁名采用东北地区习惯用法；产地和生境均以标本为依据汇总而来，产地仅详细列出了植物在东北地区的分布情况，产地中所列地级市（盟）仅指市（盟）辖区范围，不包括地级市（盟）所辖县（县级市、旗）。为方便读者阅读，产地中县级地名均不加"县""自治县"，自治旗均不加"自治"，省级以下地名间用顿号分开。

　　本书是在国家科技基础性工作专项"东北森林植物种质资源专项调查"的支持下完成。在此期间，十几个调查队的数百名科考人员踏遍东北地区的名山大川，采集了大量标本，拍摄了大量的植物形态和生境照片。中国科学院沈阳应用生态研究所、东北林业大学、北华大学、黑龙江大学和沈阳师范大学的专家们，将这些珍贵的资料进行优中选精、加工、编辑成册，全面准确的奉献给广大读者。石洪山、邵云玲、郭佳、吴雨洋等在照片整理与图书编辑中做了大量工作，特此致谢！

　　由于编者水平有限，书中疏漏之处在所难免，敬请广大读者批评指正，并提出宝贵意见。

目录 Contents

被子植物门
ANGIOSPERMAE

下　册

576 小叶白腊

Fraxinus bungeana DC.

小乔木，高达 5m，或灌木状。树皮灰色，光滑，老时浅纵沟裂，一年生枝微被短绒毛。芽卵圆形，近黑色，密被锈色短绒毛。叶对生，奇数羽状复叶，长 4-10cm，宽达 6cm；小叶（3-）5（-7），卵形或广卵形，长 1.5-3.5cm，宽 7-20mm，先端急尖，基部楔形或广楔形，边缘有锯齿，近基部全缘，表面绿色，背面色淡。花单性，雌雄异株，与叶同时开放或后叶开放；花萼 4 裂，裂片披针形；花瓣 4，倒披针状线形；雄花雄蕊 2；雌花子房上位，花柱明显，柱头 2 裂。翅果倒卵状长圆形或倒披针形，先端钝圆或微凹。花期 5 月，果期 9-10 月。

生于山坡向阳处、疏林中及沟边，海拔约 600m。

产地：吉林省集安、通化、辉南、临江、抚松、长白，辽宁省朝阳、北票、凌源、建平、喀左、北镇、绥中。

分布：中国（吉林、辽宁、河北、山西、山东、安徽、河南）。

木材韧性和耐久性强。树皮入药，有清热燥湿、止痢、明目之功效。

木犀科　Oleaceae

577　水曲柳

Fraxinus mandshurica Rupr.

　　落叶大乔木，高达 35m，胸径达 1m 余。树皮灰褐色，老时纵向开裂。枝对生。芽卵球形，黑褐色或近黑色。叶对生，奇数羽状复叶，长 18-50cm，宽达 20cm，叶轴有狭翼，小叶 7-11（-13），卵状披针形至披针形，长 7-15cm，宽 2-5cm，先端渐尖至长渐尖，基部楔形至广楔形，常不对称，边缘有内弯的锐锯齿，表面暗绿色，背面色淡，沿脉密被锈色绒毛。花单性，雌雄异株，先叶开放；圆锥花序，花序轴有狭翼；花萼钟状，4 裂；无花冠；雄花雄蕊 2；雌花子房 1，退化雄蕊 2，柱头 2 裂。翅果长圆形至长圆状披针形，扭转，先端钝圆或微凹，基部渐狭。种子扁平，翅下延至种子基部。花期 5 月，果期 9-10 月。

　　生于针阔混交林及阔叶林中，海拔 900m 以下。

　　产地：黑龙江省哈尔滨、伊春、密山，吉林省临江、抚松、靖宇、长白、安图，辽宁省西丰、清原、本溪、桓仁、鞍山、宽甸，内蒙古科尔沁左翼后旗。

　　分布：中国（黑龙江、吉林、辽宁、内蒙古、河北、山西、陕西、甘肃、湖北），朝鲜半岛，日本，俄罗斯。

　　为生长较快和经济价值较高的珍贵树种。木材略重硬，力学强度高，花纹美丽，可作器具、家具、车辆、船舰、枕木和枪托等用。

578　花曲柳　大叶梣

Fraxinus rhynchophylla Hance

　　落叶乔木，高达 15m，胸径达 70cm。树皮灰色或暗灰色，光滑，老时灰黑色，纵向浅沟裂。一年生枝带绿色或稍带红褐色，后变灰色。芽广卵形，密被黄褐色或黑灰色的短绒毛。叶对生，奇数羽状复叶，长达 27cm，宽达 17cm，小叶（3-）5（-7），卵形、倒卵形或椭圆形，长 5-15cm，宽 2.5-6.5cm，顶生小叶宽大，先端短渐尖，基部楔形或广楔形，下延成狭翼，边缘有不整齐的粗锯齿，表面绿色，背面色淡，沿中脉被黄褐色柔毛。花杂性或单性，雌雄异株；圆锥花序顶生或腋生；花萼钟状，4 裂；无花冠；雄蕊 2；子房上位，2 室，花柱细长，柱头 2 浅裂。翅果倒披针形，先端尖或钝。花期 5 月，果熟期 9 月。

　　生于阔叶林中，海拔 700m 以下。

　　产地：黑龙江省哈尔滨、尚志、穆棱、宁安、东宁，吉林省吉林、抚松、珲春、安图，辽宁省沈阳、法库、朝阳、凌源、阜新、鞍山、丹东、凤城、宽甸、大连、普兰店、庄河、北镇、义县、建昌，内蒙古扎赉特旗、科尔沁左翼后旗、喀喇沁旗。

　　分布：中国（黑龙江、吉林、辽宁、内蒙古、华北、西北、华东、华中），朝鲜半岛，俄罗斯。

　　可栽培作行道树。木材与水曲柳相近，坚硬，可制造家具、农具、扁担、工具柄、车轴等。树皮即中药"秦皮"，有清热燥湿、止痢、明目之功效。

579　紫丁香
Syringa oblata Lindl.

　　灌木或小乔木，高达 5m。树皮暗灰褐色，浅沟裂。小幼枝较粗壮，带灰色。芽卵球形，褐色。叶对生，厚纸质至革质，广卵圆形至肾形，长 4-9cm，宽 4-10cm，先端短突尖，基部心形，全缘，表面暗绿色，有光泽，背面色淡，无毛；叶柄长。圆锥花序，无顶芽；花萼 4 浅裂，裂片狭三角形至披针形；花冠紫红色，开后色变淡，4 裂，裂片大，广椭圆形，外展，花冠筒管状；雄蕊 2；子房卵球形，花柱细长。蒴果长圆形，先端渐尖至长喙状，无瘤状突起。花期 5 月，果熟期 9 月。

　　生于山坡灌丛。

　　产地：辽宁省朝阳、北票、喀左、阜新、本溪、凤城、盖州、北镇、义县。

　　分布：中国（辽宁、内蒙古、山东、陕西、甘肃、四川），朝鲜半岛。

　　花序大，花色美丽，芳香，且开花早，为优良的观赏植物。花可提取芳香油。

木犀科 Oleaceae

580 暴马丁香 暴马子

Syringa reticulata (Blume) Hara var. **mandshurica** (Maxim.) Hara

灌木或小乔木，高达10m，胸径达20cm。树皮粗糙，紫灰色至紫灰黑色。枝带紫色，有光泽。芽卵形，褐色。叶对生，厚纸质至革质、卵形、广卵形或卵状披针形，长5-10（-12）cm，宽3-5.5cm，先端突尖或短渐尖，基部圆形，全缘，表面绿色，具明显皱褶，背面色淡；叶有柄。圆锥花序大，侧生，无顶芽；花萼4浅裂，裂片广三角形；花冠白色，4裂，裂片卵状长圆形，辐状，花冠筒比萼稍长；雄蕊2；子房卵球形，花柱细长，柱头2裂。蒴果长圆形，两端钝，表面被灰白色小瘤。花期6月，果熟期9月。

生于沟谷、河边、针阔混交林下及林缘，海拔1200m以下。

产地：黑龙江省哈尔滨、尚志、黑河、五大连池、伊春、饶河、勃利，吉林省九台、桦甸、集安、通化、临江、抚松、靖宇、长白、敦化、珲春、和龙、汪清、安图，辽宁省沈阳、朝阳、凌源、建平、西丰、清原、本溪、桓仁、鞍山、岫岩、凤城、宽甸、庄河、盖州、兴城、绥中、建昌，内蒙古宁城。

分布：中国（黑龙江、吉林、辽宁、内蒙古、河北、山西、陕西、甘肃、青海、山东、河南），朝鲜半岛，俄罗斯。

可用作观赏植物。木材重量及硬度中等，结构细致均一，有清香气味，力学强度中等，可作茶叶筒、衣箱、食具及农具柄把等，还可作洋丁香的砧木。树枝和树干含挥发油、鞣质及甾类物质等。

木犀科 Oleaceae

581 关东丁香
Syringa velutina Kom.

灌木，高约 1.5m。茎多分枝。枝细，直立，暗灰褐色。芽宽卵形。叶对生，椭圆形、椭圆状卵形或卵状长圆形，长

3.5-5.5cm，宽 2.5-4cm，先端渐尖，基部楔形或广楔形，全缘，表面暗绿色，疏被短柔毛，背面灰绿色，密被短柔毛，沿脉被长柔毛；叶柄短。圆锥花序，无顶芽；花萼 4 浅裂，裂片广三角形；花冠淡紫色，花冠筒细长。蒴果披针形，先端尖，被灰白色瘤状突起。花期 4 月中下旬，果期 9 月。

生于岩石上，海拔 800m 以下。

产地：吉林省吉林、临江，辽宁省铁岭、西丰、新宾、清原、本溪、鞍山、岫岩、丹东、凤城、北镇。

分布：中国（吉林、辽宁），朝鲜半岛。

为观赏植物。

木犀科 Oleaceae

582 辽东丁香

Syringa wolfii Schneid.

灌木，高达 5m。树皮暗灰色，有浅纵沟。幼枝对生，粗壮。芽广卵形。叶对生，椭圆形、长圆形或卵状长圆形，先端突尖或短渐尖，基部楔形、广楔形至近圆形，全缘，表面绿色，背面灰绿色；叶有柄。圆锥花序顶生；花萼杯状，5 裂，裂片广三角形或广卵形；花冠紫青色，有芳香，漏斗形，4 裂，裂片卵形，直立，先端显著内曲；雄蕊 2；子房卵形，花柱细长，柱头 2 裂。蒴果长圆形至狭长圆形，先端钝至锐尖，平滑或疏具瘤状突起。花期 6 月，果期 9 月。

生于山坡灌丛，海拔 700-1400m。

产地：黑龙江省宁安、东宁，吉林省梅河口、辉南、临江、抚松、长白、敦化、珲春、汪清、安图，辽宁省本溪、桓仁、丹东、凤城、庄河。

分布：中国（黑龙江、吉林、辽宁、内蒙古、河北），朝鲜半岛，俄罗斯。

花序大，花色鲜艳，芳香，为庭院观赏植物。

583　高山龙胆
Gentiana algida Pall.

多年生草本，高 10-20cm。根细绳状。茎直立，单一。营养枝叶莲座状，长披针形或长圆形，长 7-13cm，宽 5-10mm，先端稍钝，基部联合成鞘状，中脉明显；茎生叶对生，较小。花 1-5 朵，顶生；花萼漏斗状，裂片线状披针形；花冠漏斗状，黄白色，花冠筒带绿条纹或黑紫色斑点，裂片卵状三角形，褶近截形或具齿；雄蕊 5；子房具柄，花柱短，柱头 2 裂。蒴果长圆状锥形。种子椭圆形，褐色，有鳞片状翼。花期 8 月，果期 9 月。

生于山顶草甸，海拔 1000m 以上。

产地：吉林省长白、抚松、安图，辽宁省桓仁。

分布：中国（吉林、辽宁、西北、西南），朝鲜，日本，俄罗斯。

584　兴安龙胆

Gentiana hsinganica J. H. Yu

多年生草本，高 30-70cm。茎直立。茎生叶 3，轮生，下部叶鳞片状，基部联合成短鞘；中上部叶线状披针形，先端渐尖，边缘稍反卷，三出脉。聚伞花序生于茎顶，花多数；苞片长于花萼；花萼钟形，裂片 5，三角形；花冠蓝紫色，筒状钟形，裂片 5，卵状三角形，先端渐尖，褶短，三角形；雄蕊 5；柱头 2 裂，裂片稍反卷。果未见。花期 8 月。

生于林缘湿润草地，海拔约 800m。

产地：内蒙古牙克石。

分布：中国（内蒙古）。

龙胆科 Gentianaceae

585 白山龙胆
Gentiana jamesii Hemsl.

多年生草本，高5-20cm，无毛。茎直立，单一或稍分枝，基部具匍匐枝。叶质厚，长圆形或广披针形，长7-20mm，宽4-7mm，先端钝，基部抱茎，茎下部叶较密集。花1-3朵，顶生，无梗；花萼筒状，质较厚，萼齿5，卵形，先端钝；花药箭头状，花冠筒状钟形，蓝紫色，裂片5，卵形，先端钝或具小齿，褶展开时广菱形，长不及裂片一半，流苏状；雄蕊5，子房具长柄，1室，胚珠多数，花柱短，柱头2裂。蒴果伸出花冠外。种子纺锤形，平滑。花期7-8月，果期8-9月。

生于高山冻原及林下，海拔约1100m（长白山）。

产地：黑龙江省海林，吉林省抚松、长白、安图。

分布：中国（黑龙江、吉林），朝鲜半岛，日本，俄罗斯。

龙胆科 Gentianaceae

586 大叶龙胆 秦艽

Gentiana macrophylla Pall.

多年生草本，高 30-60cm。主根粗长，圆锥形，稍扭曲，有分枝。茎直立或斜升。基生叶莲座状，披针形或长圆状披针形，长 10-25（-40）cm，宽 1.5-4.5cm，先端渐尖，基部联合，全缘，表面绿色，背面色淡，中脉明显，5 出脉；茎生叶较小。聚伞花序，多花密集呈头状，顶生或腋生；花萼一侧开裂，萼齿很小；花冠蓝色或蓝紫色，筒状钟形，裂片 5-6，广卵形，长约 2mm，裂片间有小褶；雄蕊 5-6；子房无柄，柱头 2 裂。蒴果卵状长圆形。种子褐色，长圆形，有光泽，无翅。花期 7-8 月，果期 9 月。

生于林下、林缘、草甸及低湿草地，海拔约 500m。

产地：黑龙江省黑河、嫩江、伊春、呼玛、漠河，辽宁省凌源、建平，内蒙古海拉尔、扎兰屯、牙克石、根河、额尔古纳、鄂伦春旗、鄂温克旗、科尔沁右翼前旗、科尔沁右翼中旗、扎鲁特旗、赤峰、宁城、巴林右旗、克什克腾旗。

分布：中国（黑龙江、辽宁、内蒙古、河北、山西、陕西、宁夏、新疆、河南），蒙古，俄罗斯。

根入药，主治风湿关节痛、结核病潮热及黄疸等症。

龙胆科 Gentianaceae

587 龙胆
Gentiana scabra Bunge

多年生草本，高 30-65cm。根多数，细长绳索状。茎直立，粗壮，常带紫褐色。茎下部叶鳞片状；中部叶卵形或卵状披针形，长 3-7cm，宽 1.5-3cm，先端渐尖，基部抱茎，表面暗绿色，背面色淡，具脉 3-5，边缘及主脉粗糙。花簇生于茎顶或叶腋；花萼钟状，裂片线状披针形，边缘粗糙；花冠筒状钟形，蓝紫色，裂片 5，卵形，先端尖，褶较大，三角形；雄蕊 5；花柱短，柱头 2 裂。蒴果细长，有梗。种子长圆形，边缘有翼。花期 9-10 月，果期 10 月。

生于林下、林缘、山坡灌丛及草地、荒地、草甸、路边和河滩，海拔 1200m 以下。

产地：黑龙江省黑河、嘉荫、萝北、饶河、勃利、密山、绥芬河、宁安、呼玛，吉林省吉林、永吉、四平、通化、临江、抚松、靖宇、安图，辽宁省西丰、抚顺、新宾、清原、本溪、桓仁、鞍山、海城、岫岩、丹东、凤城、东港、宽甸、大连、庄河，内蒙古扎兰屯、牙克石、额尔古纳、科尔沁右翼前旗。

分布：中国（黑龙江、吉林、辽宁、内蒙古、陕西、江苏、安徽、浙江、福建、江西、湖北、湖南、广东、广西、贵州），朝鲜半岛，日本，俄罗斯。

为秋季观赏植物。根入药，有去肝胆实火、除下焦湿热及健胃之功效。

588 三花龙胆
Gentiana triflora Pall.

多年生草本，高 30-70cm。根状茎短粗，绳索状；茎直立，无分枝。叶对生，茎下部叶鳞片状，基部合生成鞘，抱茎；中上部叶线状披针形或披针形，长 3-10cm，宽 4-20mm，先端锐尖，基部抱茎，全缘，边缘不反卷或稍反卷，具脉 1。花 3-7 朵，簇生于茎顶或上部叶腋，蓝紫色；花萼筒状钟形，5 裂，裂片线状披针形；花冠钟形，花冠筒里面无斑点，5 裂，裂片卵圆形，先端钝，褶短小；雄蕊 5；柱头 2 裂。蒴果长圆形至椭圆形，有梗。种子长椭圆形，褐色，两端具翼。花期 8-9 月，果期 9 月。

生于湿草甸子、林间空地、疏林中及林缘，海拔 1400m以下。

产地：黑龙江省哈尔滨、尚志、黑河、五大连池、嫩江、逊克、孙吴、伊春、萝北、汤原、饶河、勃利、虎林、宁安、安达、呼玛、吉林省蛟河、集安、柳河、抚松、靖宇、敦化、和龙、汪清、安图、长白，辽宁省沈阳、桓仁，内蒙古海拉尔、牙克石、根河、额尔古纳、阿尔山、科尔沁右翼前旗。

分布：中国（黑龙江、吉林、辽宁、内蒙古、河北），朝鲜半岛，日本，俄罗斯。

根入药，主治高血压、头晕耳鸣、目赤肿痛、胸肋痛、胆囊炎、急性传染性肝炎、食欲不振及胃炎等症，亦作解热药用。

589　金刚龙胆
Gentiana uchiyamai Nakai

多年生草本，高约 70cm。茎直立，较粗壮。茎下部叶鳞片状；中上部叶披针形，长 7-10（-12）cm，宽 1.4-1.8cm，先端渐尖，基部抱茎，具脉 3。花生于茎顶或上部叶腋；花萼钟形，长约 2cm，萼齿线状披针形；花冠蓝色，稍带紫色，花冠筒里面有斑点，裂片 5，先端钝圆，微凸尖。蒴果。花期 9 月，果期 9-10 月。

生于林缘草地、林间湿草地、草原，海拔 800m 以下。

产地：黑龙江省伊春、鸡东，吉林省蛟河、敦化、汪清、安图，辽宁省新宾、桓仁。

分布：中国（黑龙江、吉林、辽宁），朝鲜半岛。

花大色艳，在深秋少花时开放，园林中宜植于花境、林缘。

590　笔龙胆　绍氏龙胆

Gentiana zollingeri Fawcett

　　二年生草本，高5-10cm。根细，须根多数。茎直立，无毛。叶对生，卵圆形或卵形，长6-15mm，宽4-12mm，先端具小芒刺，基部渐狭联合成鞘状，边缘具软骨质白边。花1-5朵，生于茎顶；花萼筒状漏斗形，裂片披针形，直立，先端尖刺芒状，边缘膜质；花冠蓝紫色或淡蓝紫色，漏斗状钟形，裂片卵形，先端尖，褶2浅裂；雄蕊5；子房上位，花柱短，柱头2裂。蒴果倒卵状长圆形，梗长，外露。种子小，多数，无翼。花果期4-6月。

　　生于山坡林下、灌丛及林缘草地。

　　产地：吉林省集安、柳河、临江、安图，辽宁省沈阳、新宾、本溪、桓仁、鞍山、丹东、凤城、宽甸、大连、庄河、建昌。

　　分布：中国（吉林、辽宁、河北、山西、陕西、山东、河南、湖北、安徽、江苏、浙江），朝鲜半岛，日本，俄罗斯。

　　植株矮小，生长整齐，花色淡蓝，适宜作盆景或观花地被材料。

龙胆科　Gentianaceae

591　扁蕾
Gentianopsis barbata (Froel.) Ma

一年生、二年生或多年生草本，高 30-75cm。茎直立，近四棱形，上部多分枝。基生叶长匙形或倒披针形，长 1.5-

5.5cm，宽 4-8mm，先端钝，基部狭；茎生叶线状披针形或线形，长 2-8cm，宽 1.5-5mm，先端渐尖，边缘稍有反卷；基生叶有柄，茎生叶无柄。花单生于茎顶及枝端，蓝紫色，4 数；花萼筒状钟形，绿色，先端 4 裂，裂片 2 对，边缘膜质，裂片间基部有白色膜质三角形小袋状萼内膜，1 对线状披针形，先端长尾状尖，1 对三角状披针形，先端渐尖；花冠狭钟形，4 裂，裂片椭圆形或长圆形，先端钝，全缘或具微波状齿，两侧基部边缘具流苏状毛；雄蕊 4，密腺 4，近球形，着生于花冠筒基部；子房长圆状纺锤形，具柄，柱头 2 裂。蒴果。种子多数，卵圆形，褐色，密被突起。花期 8 月，果期 9-10 月。

生于林缘草地、湿草甸及河边。

产地：黑龙江省北安、孙吴、呼玛，内蒙古海拉尔、牙克石、根河、额尔古纳、陈巴尔虎旗、阿尔山、科尔沁右翼前旗、克什克腾旗。

分布：中国（黑龙江、内蒙古、河北、山西、陕西、甘肃、青海、新疆、河南、四川、云南、西藏），蒙古，俄罗斯；中亚。

全草入药，有清热解毒、消肿之功效。

592 花锚

Halenia corniculata (L.) Cornaz

一年生草本，高 20-50cm。茎直立，近四棱形，分枝。基生叶匙形或倒卵状披针形，长约 3cm，宽约 6mm；茎生叶披针形、椭圆状披针形或卵状披针形，长 (1.5-)3-6cm，宽 (3-) 7-18mm，先端渐尖，基部狭，基生三出脉；基生叶及茎生叶有柄。聚伞花序顶生和腋生；花淡黄色或淡黄绿色；花梗四棱形，不等长；花萼 4 深裂，裂片线状披针形，长 5-7mm，宽约 1mm，有小突起；花冠淡黄色，4 深裂，裂片卵形或卵状椭圆形，基部具 1 斜上的长距，与花冠近等长，基部较宽；雄蕊 4；花药淡黄色；子房纺锤形，柱头 2 裂。蒴果长圆形，2 裂。种子多数，卵圆形，小，褐色。花期 7-8 月，果期 8-9 月。

生于山坡草甸、林缘、灌丛间及疏林下，海拔 2500m 以下。

产地：黑龙江省黑河、孙吴、勃利、海林、呼玛，吉林省抚松、长白、珲春、和龙、汪清、安图，辽宁省桓仁、宽甸，内蒙古海拉尔、牙克石、根河、额尔古纳、鄂伦春旗、鄂温克旗、阿尔山、科尔沁右翼前旗、科尔沁左翼后旗、宁城、巴林右旗、克什克腾旗、喀喇沁旗。

分布：中国（黑龙江、吉林、辽宁、内蒙古、河北、山西、陕西），朝鲜半岛，日本，蒙古，俄罗斯；北美洲。

用作园林绿地、草坪中散生点缀及盆栽观赏。全草入药，有清热解毒、凉血止血、清热利湿、平肝利胆之功效。

593 肋柱花
Lomatogonium rotatum (L.) Fries ex Nym.

一年生草本，高 20-40cm。茎直立，四棱形，多分枝或不分枝。叶线状披针形，长 1.5-4cm，宽 2-5mm，无柄，先端渐尖，具脉 1；叶无柄。聚伞状圆锥花序顶生和腋生，花多数；花梗直立；花萼 5 深裂，裂片线状披针形；花冠淡蓝紫色或淡蓝色，5 深裂，裂片长圆形，先端稍尖，有深色脉纹，基部具鳞片状齿裂的筒状腺窝；雄蕊 5；子房椭圆状圆柱形，无花柱，柱头沿子房缝线下沿。蒴果椭圆形，2 裂。种子小，多数，近球形。花期 8 月，果期 9 月。

生于林缘、沟谷溪边及低湿草甸，海拔约 400m。

产地：黑龙江省漠河、呼玛，内蒙古牙克石、克什克腾旗、科尔沁右翼前旗、阿尔山、突泉。

分布：中国（黑龙江、内蒙古、河北、山西、陕西、甘肃、青海、新疆、西南），日本，蒙古，俄罗斯；中亚，欧洲，北美洲。

全草入药，有清热利湿之功效，用于治疗黄疸型肝炎、头痛发热等症。

594　淡花獐牙菜

Swertia diluta (Turcz.) Benth. et Hook. f.

一年生草本，高 15-55cm。根细长。茎直立，多分枝。叶线状披针形至披针形，长 1.5-4cm，宽 3-7mm，先端尖，基部狭；叶近无柄。聚伞状圆锥花序顶生和腋生，花多数，白色或淡紫色；花梗细；花萼 5 深裂，裂片线形或狭披针形；花冠 5 深裂，裂片长圆形或长圆状披针形，具紫色脉纹，基部有长圆形腺窝 2，边缘有流苏状毛；雄蕊 5；柱头 2 裂。蒴果狭卵形或长圆形。种子近圆形。花期 8-9 月，果期 9-10 月。

生于干山坡、荒地，海拔 800m 以下。

产地：黑龙江省肇东、肇源，吉林省大安、长春、临江、辉南、抚松、靖宇、长白，辽宁省沈阳、西丰、本溪、新宾、清原、阜新、抚顺，内蒙古鄂温克旗、科尔沁右翼前旗、科尔沁左翼后旗、阿鲁科尔沁旗。

分布：中国（黑龙江、吉林、辽宁、内蒙古、河北、山西、陕西、甘肃、青海、山东、河南、四川），朝鲜半岛，日本，蒙古，俄罗斯。

595 瘤毛獐牙菜

Swertia pseudochinensis Hara

一年生草本，高10-40cm。根细长，黄色，有多数须根或无。茎直立，多分枝。叶线状披针形或披针形，长2-5cm，宽2-8mm，先端尖，基部狭，近无柄或具短柄。聚伞状圆锥花序顶生和腋生，花多数，有梗；花萼深裂，裂片线形或线状披针形；花冠淡蓝紫色或淡蓝色，有浓紫色脉纹，5深裂，裂片卵状披针形或长卵形，基部具椭圆形腺窝2，先端边缘有多数流苏状毛；雄蕊5；子房无柄，长椭圆形，花柱短，柱头2裂。蒴果狭卵形或长圆形。种子近圆形。花期9-10月，果期10月。

生于山坡灌丛、杂木林下、路边及荒地，海拔800m以下。

产地：黑龙江省北安、密山、虎林、安达、肇东、呼玛、萝北，吉林省前郭尔罗斯、安图、和龙，辽宁省新民、法库、海城、抚顺、本溪、凤城、岫岩、宽甸、鞍山、盖州、营口、锦州、绥中、北镇、朝阳、建平、建昌、凌源、大连、丹东、桓仁，内蒙古额尔古纳、新巴尔虎左旗、牙克石、扎赉特旗、海拉尔。

分布：中国（黑龙江、吉林、辽宁、内蒙古、河北、山西、山东、河南），朝鲜半岛，日本。

全草入药，有清热解毒、利湿健胃之功效。

596　睡菜

Menyanthes trifoliata L.

多年生沼生植物，高 25-30cm。根状茎匍匐，粗长。叶基生，三出复叶，小叶椭圆形、椭圆状菱形或卵形，长 4.5-9cm，宽 2-4cm，先端钝，基部楔形，边缘微波状或近全缘；叶具长柄，基部加宽成叶鞘状，膜质。花葶自基部叶丛旁侧抽出，总状花序；花白色，有花梗；苞片卵形或卵状披针形；花萼 5 深裂，裂片卵状披针形；花冠钟状，5 裂，裂片披针形，里面密被白色长毛，先端渐尖；雄蕊 5；花柱长，柱头 2 裂。蒴果近球形，2 裂。种子扁圆形，黄褐色。花期 6 月，果期 6-7 月。

生于沼泽、湿草地及湖边浅水中，海拔 600m 以下。

产地：黑龙江省哈尔滨、伊春、黑河、萝北、集贤、密山、嘉荫，吉林省临江、敦化、梅河口、辉南、靖宇、抚松、长白，辽宁省彰武、清原、内蒙古额尔古纳、阿尔山、科尔沁右翼前旗、科尔沁左翼后旗。

分布：中国（黑龙江、吉林、辽宁、内蒙古、河北、新疆、浙江、四川、贵州、云南、西藏），朝鲜半岛，日本，蒙古，俄罗斯，土耳其；中亚，欧洲，北美洲。

全草入药，有清热利尿、健胃安神之功效。

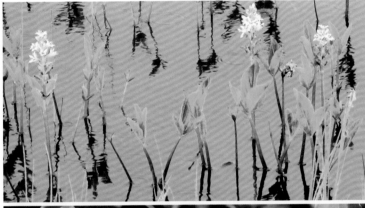

睡菜科 Menyanthaceae

597 印度荇菜 金银莲花
Nymphoides indica (L.) O. Kuntze

多年生水生植物。茎细长，无毛。叶圆形或近圆形，基部心形，表面光滑，背面粗糙；叶柄短。花序疏生于叶腋，花多数；花梗不等长；花萼5深裂，裂片广披针形，先端尖；花冠白色，5深裂，裂片卵形，边缘有细毛；雄蕊5，花丝扁，花药箭头形；子房圆锥形。蒴果椭圆形。种子近圆形，有光泽。花期8月，果期9月。

生于湖泊、池沼。

产地：辽宁省沈阳。

分布：中国（辽宁、河北、安徽、浙江、江西、广东、海南、广西、贵州、云南），世界热带至温带。

可供观赏用。全草可作绿肥及饲料。

598　荇菜

Nymphoides peltata (Gmel.) O. Kuntze

多年生水生植物。茎细长，多分枝，具不定根，沉水中；地下茎横走。叶圆形或卵圆形，长 2-9cm，宽 2-7cm，基部深心形，边缘微波状或近全缘，表面光滑，背面粗糙，有腺点；叶柄长，基部变宽成鞘状，抱茎。花序束疏生于叶腋，花多数；花梗不等长；花萼 5 深裂，裂片卵状披针形或广披针形，先端钝，散生小黑点；花冠黄色，5 深裂，裂片卵圆形或倒卵形，边缘具齿毛，喉部有长须毛；雄蕊 5；子房基部具蜜腺 5。蒴果长圆形、椭圆形或卵形。种子椭圆形，边缘有纤毛。花期 6-10 月，果期 9-10 月。

生于湖泊、池沼，海拔 700m 以下。

产地：黑龙江省哈尔滨、北安、萝北、呼玛、鸡东、依兰、齐齐哈尔，吉林省白城、敦化、安图，辽宁省凌源、新民、铁岭、沈阳、丹东、盘山，内蒙古新巴尔虎左旗、新巴尔虎右旗、乌兰浩特、海拉尔。

分布：中国（黑龙江、吉林、辽宁、内蒙古、河北、陕西、江苏、河南、江西、湖北、湖南、贵州、云南），朝鲜半岛，日本，蒙古，俄罗斯，土耳其，伊朗；中亚、欧洲。

全草入药，有发汗、透疹、清热、利尿之功效。

599　潮风草

Cynanchum ascyrifolium (Franch. et Sav.) Matsum.

多年生草本，高约50cm，全株稍被短柔毛或近无毛。叶广椭圆形，长8-16cm，宽4-8（-11）cm，先端渐尖，基部楔形，两面被微毛或近无毛；叶有短柄。聚伞花序腋生；花萼5裂，裂片三角状披针形；花冠白色，5裂，裂片长圆形，副花冠杯状，裂片三角状卵形；花药顶端具膜片，花粉块每室1，下垂；子房无毛。蓇葖果双生或单生，广披针形，先端渐尖。种子卵形，白色，绢质种毛。花期6月，果期7-8月。

生于杂木林疏林下向阳处、林缘、沟边及稍湿草地，海拔800m以下。

产地：黑龙江省尚志、穆棱，吉林省珲春、安图、临江、和龙，辽宁省鞍山、清原、凤城、新宾、桓仁、西丰、本溪。

分布：中国（黑龙江、吉林、辽宁、河北、山东），朝鲜半岛，日本，俄罗斯。

根入药，有清热凉血、利尿通淋及解毒疗疮之功效。

600 白薇

Cynanchum atratum Bunge

多年生草本，高 40cm。须根发达。茎直立。叶卵形或卵状长圆形，长 9-13cm，宽 6-7cm，先端急尖，基部圆形，两面被绒毛，背面尤以脉上毛较密，成灰白色；叶柄短。聚伞花序腋生，无总花梗；花萼 5 裂，裂片披针形，被绒毛；花冠深紫红色，5 裂，裂片卵状长圆形，被绒毛，副花冠 5 裂，裂片三角状卵形，与合蕊柱等长；花药顶端具圆形膜片，花粉块每室 1，下垂；子房疏被柔毛，柱头扁平。蓇葖果披针形，先端渐尖，基部稍狭。种子卵状长圆形，具白色绢质种毛。花期 5-6 月，果期 7-9 月。

生于山坡草地、林缘路旁、林下及灌丛。

产地：黑龙江省大庆、肇东、桦川、宝清、集贤、泰来、牡丹江、安达、萝北，吉林省安图、通化、白城、临江、集安、吉林、汪清、双辽，辽宁省抚顺、新民、本溪、清原、凤城、庄河、义县、葫芦岛、北镇、昌图、西丰、喀左、法库、绥中、沈阳、丹东、彰武、建昌、建平、大连、盖州，内蒙古扎赉特旗、扎兰屯、科尔沁右翼前旗。

分布：中国（黑龙江、吉林、辽宁、内蒙古、河北、山西、陕西、山东、江苏、福建、河南、湖北、湖南、江西、广东、广西、四川、贵州、云南），朝鲜半岛，日本，俄罗斯。

根及茎入药，有解热利尿之功效。

601 白首乌

Cynanchum bungei Decne.

多年生草质藤本。块根粗壮。茎缠绕，被疏柔毛或近无毛。叶戟形，长 3-8cm，宽 2-5cm，先端渐尖，基部心形，侧裂片近圆形，开展，两面疏被短硬毛；叶有柄。聚伞花序腋生；花萼 5 裂，裂片卵形，先端尖；花冠白色，5 裂，裂片卵状披针形，里面近基部被短柔毛，副花冠 5 深裂，裂片披针形，里面中部有 1 舌状片；花药顶端具白色膜片，花粉块每室 1，下垂；柱头基部五角状，先端全缘。蓇葖果单生或双生，披针形，先端渐尖，基部稍狭。种子黄色，卵形，具白色绢质种毛。花期 6-7 月，果期 8-9 月。

生于山坡、榛丛间、柞木林下及路边沙地。

产地：辽宁省凌源、建平、彰武、绥中，内蒙古科尔沁右翼前旗、科尔沁右翼中旗、巴林右旗。

分布：中国（辽宁、内蒙古、河北、山西、甘肃、山东、河南），朝鲜半岛。

块根肉质多浆，味苦甘涩，可入药，有滋补强壮、养血补血、乌须黑发、收敛精气、生肌敛疮及润肠通便之功效。

萝藦科　Asclepiadacea

602　地梢瓜

Cynanchum thesioides (Freyn) K. Schum.

多年生草本，高约20cm。茎直立，基部分枝；地下茎横走；地上茎自基部分枝。叶线形，长2.5-6cm，宽2-5mm，先端尖，基部楔形，表面绿色，背面色淡；叶有短柄或近无柄。聚伞花序腋生；花萼被毛，萼齿披针形；花冠黄色或黄白色，5深裂，裂片长圆状披针形，副花冠杯状，5裂，裂片三角状披针形；花粉块每室1，下垂。蓇葖果纺锤形。种子暗褐色，扁平，具白色绢质种毛。花期6-7月，果期7-9月。

生于河岸及海滨沙地、沙丘、林下、耕地旁及路旁，海拔700m以下。

产地：黑龙江省杜尔伯特、肇东、五常、泰来、大庆、哈尔滨、安达，吉林省双辽、镇赉、通榆、白城，辽宁省沈阳、抚顺、清原、本溪、海城、营口、盖州、兴城、长海、普兰店、庄河、彰武、葫芦岛、绥中、北镇、岫岩、西丰、凌源、喀左、建平、大连、瓦房店、鞍山、法库，内蒙古海拉尔、满洲里、扎兰屯、新尔虎右旗、新巴尔虎左旗、扎鲁特旗、赤峰、翁牛特旗、巴林右旗、宁城、阿尔山、科尔沁右翼前旗、科尔沁右翼中旗、扎赉特旗、乌兰浩特、科尔沁左翼后旗。

分布：中国（黑龙江、吉林、辽宁、内蒙古、河北、山西、陕西、甘肃、宁夏、青海、新疆、江苏），朝鲜半岛，蒙古，俄罗斯。

全株含橡胶及树脂，可作工业原料。

603　隔山消
Cynanchum wilfordii (Maxim.) Forb. et Hemsl.

多年生草质藤本。块根肥厚。茎缠绕，被单列毛。叶卵形，长 5-9cm，宽 2.5-7.5cm，先端渐尖，基部耳状心形，两面被微柔毛，表面干时黑褐色，背面淡绿色；叶有柄。聚伞花序腋生；花萼密被柔毛，裂片长圆形；花冠淡黄色，裂片长圆形，先端钝，里面被长柔毛，副花冠比合蕊柱短，裂片近四方形，先端截形，基部狭，花粉块每室 1，下垂；花柱细长，柱头稍凸起。蓇葖果单生，披针形，先端渐尖，基部稍狭。

种子褐色，卵形，扁平，具白色绢质种毛。花期 6-8 月，果期 7-10 月。

生于多石质山坡和沟谷的林缘、灌丛及路旁，缠绕于灌木或小乔木上。

产地：辽宁省大连、鞍山、凤城、西丰、岫岩、本溪。

分布：中国（辽宁、山西、陕西、甘肃、新疆、山东、江苏、安徽、河南、湖北、湖南、四川），朝鲜半岛，日本，俄罗斯。

根可提取挥发油。茎皮可供纤维用。茎入药，有解热利尿之功效。

萝藦科 Asclepiadacea

604 萝藦

Metaplexis japonica (Thunb.) Makino

草质藤本，具乳汁。茎缠绕，圆柱形，绿色，有纵条棱，幼时密被白色柔毛，老时渐脱落。叶卵状心形，长 8-11cm，宽 5-8cm，先端急尖，基部心形，全缘，两面无毛，背面淡绿色；叶有柄，先端具丛生腺体。总状花序或总状聚伞花序腋生或腋外生，花序梗及花梗被短柔毛；苞片披针形；花萼 5 深裂，裂片披针形；花冠白色或淡红色，花冠筒短，裂片披针形，先端反卷，内面密被白色柔毛，副花冠环状，5 浅裂；雄蕊连生成圆锥状，包围雌蕊；花药顶端具白色膜片，花粉块卵状圆形，下垂；子房无毛，花柱短，柱头延伸成长喙，先端 2 裂。蓇葖果叉生，纺锤形，表面有小瘤状突起。种子扁平，卵圆形，顶端具白色绢质种毛。花期 8 月，果期 8-9 月。

生于山坡、路旁、灌丛、林间草地及人家附近。

产地：黑龙江省哈尔滨、孙吴、饶河、密山，吉林省吉林、靖宇、集安、双辽、安图、汪清、辽宁省沈阳、鞍山、丹东、大连、清原、盖州、北镇、大洼、桓仁、宽甸、盘锦、凌源、西丰、新宾、岫岩、凤城、建昌、长海、本溪、内蒙古扎鲁特旗、科尔沁右翼前旗、科尔沁左翼后旗、扎赉特旗。

分布：中国（黑龙江、吉林、辽宁、内蒙古、河北、山西、陕西、甘肃、山东、江苏、安徽、浙江、福建、河南、江西、湖北、湖南、四川、贵州、台湾），朝鲜半岛，日本，俄罗斯。

茎皮纤维可制人造棉。果治劳伤。根治跌打、蛇咬伤。茎叶治小儿疳积。种毛可止血。植株有毒，谨慎使用。

605 杠柳
Periploca sepium Bunge

木质藤本，高达 1m。树皮灰褐色，有乳汁。小枝对生，黄褐色。叶革质，卵状披针形或长圆状披针形，长 4-9cm，宽 1-3cm，先端长渐尖，基部楔形或近圆形，全缘，表面深绿色，背面色淡，有光泽；叶有柄。聚伞花序腋生；苞片小，对生；花萼 5 裂，裂片卵圆形，有缘毛，基部里面有 10 个小腺体；花冠暗紫色，5 深裂，裂片长圆状披针形，反折，中央加厚成纺锤形，里面密被白绒毛，副花冠环状，10 裂，其中 5 裂延伸呈丝状，顶端向内弯；雄蕊 5，花丝短；花药彼此粘连，包围柱头；柱头盘状。蓇葖果圆柱形，先端长渐尖。种子狭长圆形，暗褐色，先端具白色绢质种毛。花期 5-6 月，果期 7-10 月。

生于林缘、山坡、沟谷及河边砂质地。

产地：黑龙江省哈尔滨，吉林省通榆、双辽，辽宁省大连、长海、庄河、盖州、盘山、沈阳、抚顺、本溪、彰武、北镇、大洼、葫芦岛、新宾、兴城，内蒙古科尔沁左翼后旗、通辽、科尔沁右翼中旗、翁牛特旗。

分布：中国（黑龙江、吉林、辽宁、内蒙古、河北、山西、山东、陕西、甘肃、江苏、河南、江西、贵州、四川），朝鲜半岛，蒙古，俄罗斯。

根皮、茎皮入药，有祛风湿、壮筋骨强腰膝之功效，我国北方都以杠柳的根皮（称"北五加皮"）浸酒，功用与五加皮略似。

606　异叶车叶草

Asperula maximowiczii Kom.

多年生草本，高 20-100cm。茎单一或稍分枝，四棱形，稍带红色。叶 4-8 轮生，茎下部叶倒卵形，上部叶披针形、倒披针状长圆形或长圆形，先端稍钝或具微凸尖，基部楔形，边缘及叶背面被短毛；叶有短柄，基部密被粗毛。圆锥花序顶生或腋生；苞片对生，线形；花冠白色，钟形，4 裂，裂片反卷；雄蕊 4；花柱短，2 裂。果实双生近球状，黑色，表面满布小瘤状突起。花期 7-8 月，果期 9 月。

生于灌丛、石砾质山坡林下及林缘，海拔 800m 以下。

产地：黑龙江省伊春、宁安，吉林省汪清、和龙、安图、敦化、梅河口、柳河，辽宁省西丰、清原、鞍山、丹东、大连、庄河、瓦房店、东港、宽甸、凤城、桓仁、岫岩、北镇、绥中、凌源、本溪，内蒙古宁城、科尔沁左翼后旗。

分布：中国（黑龙江、吉林、辽宁、内蒙古、河北、山西），朝鲜半岛，俄罗斯。

607　卵叶车叶草

Asperula platygalium Maxim.

多年生草本，高30-45cm。根状茎匍匐，带红色；茎直立，四棱形。叶质厚，4枚轮生，卵形、椭圆形或近圆形，长15- 30mm，宽8-15mm，先端钝，基部狭楔形，边缘具粗毛，基出5脉，膜质；具短柄。伞房状聚伞花序顶生，花多数；苞片2，对生，卵状披针形；花冠白色，筒部短，钟状漏斗形，4裂，裂片长圆形；雄蕊4。果实双生或仅1个发育，近球形，黑色，凹凸不平。花期6-7月，果期8-9月。

生于阔叶林下，海拔800m以下。

产地：黑龙江省牡丹江，吉林省安图、汪清、吉林，辽宁省宽甸、桓仁。

分布：中国（黑龙江、吉林、辽宁），朝鲜半岛，俄罗斯。

608　北方拉拉藤　砧草猪殃殃　砧草拉拉藤

Galium boreale L.

多年生草本，高约55cm。根细长，红色。茎直立，4棱。叶4枚轮生，披针形至线状披针形，长2-3cm，宽（3-）5-9mm，先端稍钝，基部楔形，具3条脉；叶无柄。聚伞花序顶生及腋生，多花密集形成圆锥状；苞片对生，卵形；花冠白色，4裂，裂片卵形。果实近球形，密被白色钩刺毛或近无毛。花期6-8月，果期8-9月。

生于山坡和沟旁的阔叶林、针阔混交林下或林缘灌丛及草丛中，海拔500-1400m。

产地：黑龙江省伊春、鹤岗、呼玛，吉林省安图、敦化、抚松、靖宇、临江，辽宁省本溪、庄河、桓仁、宽甸，内蒙古海拉尔、牙克石、根河、科尔沁右翼前旗、额尔古纳、陈巴尔虎旗、阿尔山、鄂伦春旗、鄂温克旗、巴林左旗、巴林右旗、林西、克什克腾旗、阿鲁科尔沁旗、宁城、科尔沁左翼后旗。

分布：中国（黑龙江、吉林、辽宁、内蒙古、河北、山西、陕西、甘肃、宁夏、青海、新疆、四川、西藏），朝鲜半岛，蒙古，俄罗斯，土耳其，伊朗；中亚，欧洲，北美洲。

609　线叶拉拉藤
Galium linearifolium Turcz.

多年生草本，高 25-40cm。根状茎横走，匍匐生根；茎直立，近四棱形，基部稍木质化，多分枝，有光泽。叶 4 枚轮生，

线形，长 2-4.5cm，宽 1-1.5mm，先端钝或稍急尖，边缘常反卷，有短刺毛，表面稍粗糙，有光泽，背面沿中脉被短刺毛，脉 1；叶近无柄。聚伞花序顶生或腋生，花稀疏，具细梗，花序梗和花梗纤细，无毛；花冠白色；雄蕊 4；花柱先端 2 裂。果实单生或双生，椭圆形或近球形，稍弯曲。花期 7 月，果期 8 月。

生于山坡草地、灌丛及林下，海拔 1000m 以下。

产地：辽宁省桓仁、新宾，内蒙古科尔沁左翼后旗、宁城。

分布：中国（辽宁、内蒙古、河北），朝鲜半岛。

茜草科 Rubiaceae

610 东北拉拉藤 东北猪殃殃

Galium manshuricum Kitag.

多年生草本,高30-60cm。茎直立或稍斜升,细弱,上部多分枝,四棱形,沿棱疏生倒生小刺。叶4-6枚轮生,倒卵状长圆形或倒披针形,长2-4cm,宽3-6mm,先端短凸尖,基部渐狭,边缘具倒向小刺,基出脉1,沿脉具倒生小刺;叶柄短。聚伞花序顶生或腋生;花有梗,花后伸长,无毛;苞片和小苞片匙状狭长圆形;花冠白色,4裂,裂片卵形,具明显脉纹;雄蕊4,花丝丝状;花药黄色;花柱2裂,柱头头状。果实单生或双生,近球形,密被钩状毛。花果期6-8月。

生于阔叶林下、沟谷湿地。

产地:黑龙江省伊春、宝清、密山、虎林、饶河、绥芬河、集贤、宁安、尚志、哈尔滨、汤原,吉林省抚松、安图、汪清、吉林、临江、敦化,辽宁省清原、桓仁、鞍山、本溪、宽甸。

分布:中国(黑龙江、吉林、辽宁)。

可入药,有利尿、消肿及清热解毒之功效。

611 刺果拉拉藤
Galium sputrium L. var. **echinospermum** (Wallr.) Hayek

一年生或二年生草本，长达 1m。茎上升或攀援，具 4 棱，沿棱具倒生小刺。叶 6-8 枚轮生，披针形、长倒披针形或线状披针形，长 1-2.5cm，宽 1.5-3mm，先端稍钝，具刺尖，基部渐狭，沿边缘及背面中脉具倒生小刺；叶有柄。聚伞花序腋生及顶生；花冠淡黄绿色，4 裂。果实双生或单生，近球形，有钩刺。花期 5-6 月，果期 7-8 月。

生于路旁、沙地。

产地：黑龙江省哈尔滨、尚志，吉林省洮南，辽宁省沈阳、鞍山、本溪、彰武、庄河，内蒙古宁城、满洲里、阿尔山。

分布：中国(全国广布)，朝鲜半岛，日本，俄罗斯，印度，尼泊尔，巴基斯坦；中亚，非洲，欧洲，北美洲。

茜草科 Rubiaceae

Galium verum L.

多年生草本，高 40-100cm。根状茎细长，匍匐生根；茎直立或斜升，基部稍木质化，近四棱形。叶 7-10 (-15) 枚轮生，线形，长 1.5-5cm，宽 0.5-2mm，先端突尖或具芒刺，边缘反卷，表面暗绿色，稍有光泽，背面色淡；叶无柄。聚伞花序顶生和腋生，花多数，密集成圆锥花序，有短梗；花冠黄色，4 裂，裂片卵形。果实双生，近球形，无毛。花期 6-7 月，果期 7-8 月。

生于草甸、林下、林缘及山坡草地，海拔 900m 以下。

产地：黑龙江省哈尔滨、大庆、黑河、嘉荫、伊春、呼玛、宁安、萝北、依兰、密山、安达、齐齐哈尔，吉林省长春、吉林、双辽、九台、镇赉、汪清、永吉、安图、靖宇、抚松，辽宁省沈阳、法库、西丰、昌图、辽阳、盖州、长海、彰武、义县、北镇、建平、凌源、葫芦岛、兴城、抚顺、清原、本溪、桓仁、凤城、丹东、庄河、大连、鞍山、宽甸、铁岭，内蒙古额尔古纳、牙克石、海拉尔、满洲里、阿荣旗、陈巴尔虎旗、鄂伦春旗、鄂温克旗、翁牛特旗、科尔沁左翼后旗、扎鲁特旗、科尔沁右翼前旗、通辽、新巴尔虎右旗、新巴尔虎左旗、根河、乌兰浩特、科尔沁右翼中旗、克什克腾旗、林西、巴林左旗、巴林右旗、阿鲁科尔沁旗、宁城。

分布：中国（黑龙江、吉林、辽宁、内蒙古、河北、山西、陕西、甘肃、宁夏、青海、新疆、山东、江苏、安徽、浙江、河南、湖北、四川、西藏），朝鲜半岛，日本，俄罗斯，土耳其；中亚，欧洲。

茎可提取绛红色染料。全草入药，有活血祛瘀、解毒止痒、利尿及通经之功效。

613 中国茜草

Rubia chinensis Regel et (Regel) Maack

多年生草本，高 40-60cm。须根细绳状。茎直立，单一或多分枝，具4棱，沿棱具倒生小刺。叶质薄，4枚轮生，广卵形至长卵形，长 3-11cm，宽 2-7cm，先端渐尖，基部圆形或心形，边缘具缘毛，两面或沿脉密被短粗毛，基出5脉；叶有柄，具棱，沿棱有倒生小刺。聚伞花序顶生或腋生，花序轴及花梗被短粗毛；花冠黄白色，辐状，裂片披针形或长卵形，先端尖；雄蕊着生于花冠筒上部，花药广椭圆形。浆果黑色，近球形。花期 6-7 月，果期 8-9 月。

生于阔叶林下、林缘及灌丛。

产地：黑龙江省虎林、萝北、密山、伊春、汤原、尚志，吉林省安图、抚松、汪清、珲春、靖宇、桦甸、长春、辽源、临江，辽宁省本溪、桓仁、凤城、鞍山、庄河、宽甸、岫岩、清原、西丰，内蒙古科尔沁左翼后旗。

分布：中国（黑龙江、吉林、辽宁、内蒙古、河北、陕西、甘肃、青海、贵州、云南、西藏），朝鲜半岛，日本，俄罗斯。

花葱科 Polemoniaceae

614 腺毛花葱

Polemonium laxiflorum Kitam.

多年生草本，高 40-120cm。根状茎横走；茎直立，单一，不分枝，中部以上密被长腺毛。奇数羽状复叶，小叶 9-21，卵形至卵状披针形，长 7-30mm，宽 3-10mm，先端尖或渐尖，基部圆形至楔形，全缘；茎上部叶渐小。聚伞状圆锥花序顶生或腋生，花少数，疏生，花序梗、花梗和花萼密被长腺毛；花萼钟状，5 深裂，裂片披针形，先端尖；花冠蓝色或淡蓝色，5 裂，裂片先端圆形或稍尖，喉部有毛；雄蕊 5；子房卵球形，花柱长，柱头 3 裂；花盘具存，先端有裂。蒴果卵球形。花期 6-8 月，果期 8 月。

生于湿草地及路旁湿处，海拔 600-1600m。

产地：吉林省靖宇、安图、抚松、长白、珲春。

分布：中国（吉林），朝鲜半岛，日本，俄罗斯。

615 花葱

Polemonium liniflorum V. Vassil.

多年生草本，高30-75cm。根状茎横走；茎直立或基部稍斜升，单一，上部被柔毛或短腺毛。奇数羽状复叶，小叶19-27，狭披针形、披针形至卵状披针形，长5-35mm，宽2-10mm，先端渐尖，基部楔形至圆形，全缘；茎上部叶渐小。聚伞状圆锥花序顶生或腋生，花序梗和花梗密被短腺毛或短柔毛；花稀疏；花萼钟状，被短柔毛或短腺毛，5裂，裂片三角形至狭三角形；花冠蓝色或淡蓝色，辐状或广钟状，裂片5，先端圆形或稍狭；雄蕊5；子房卵球形，花柱伸出花冠，柱头3裂；花盘杯状。蒴果广卵球形。花期6-8月，果期8月。

生于灌木林、湿草地及针阔混交林下，海拔800m以下。

产地：黑龙江省尚志、虎林、饶河、鹤岗、富锦、密山、北安、穆棱、呼玛、黑河、伊春、嘉荫，吉林省安图、靖宇、抚松、通化、前郭尔罗斯、磐石、舒兰，辽宁省彰武、清原、凤城、铁岭、西丰、庄河、桓仁、本溪，内蒙古通辽、科尔沁左翼后旗、克什克腾旗、宁城、额尔古纳、牙克石、阿尔山。

分布：中国（黑龙江、吉林、辽宁、内蒙古、河北），朝鲜半岛，蒙古，俄罗斯。

根入药，有祛痰、止血及镇静之功效。

616 打碗花

Calystegia hederacea Wall.

一年生草本，植株矮小，高不超过90cm。茎基部分枝，匍匐，有时缠绕，具细棱。茎基部叶卵状长圆形，长2-3（-5）cm，宽1.5-2.5cm，先端圆，基部心形，近全缘；上部叶3-5裂，中裂片卵形或卵状披针形，侧裂片卵状三角形，先端尖或稍圆，基部心形。花单一，腋生；花梗长；苞片卵圆形；萼片5；花冠淡红色，钟形；雄蕊5，花丝基部膨大；雌蕊较雄蕊长，无毛；柱头2裂。蒴果球形。种子卵圆形，黑褐色。花期5-7月，果期6-8（-9）月。

生于林缘、田间、路旁、荒地、河边草地及砂质草原，海拔800m以下。

产地：黑龙江省哈尔滨，吉林省汪清、双辽，辽宁省沈阳、大连、长海、北镇、建平、大洼、盘锦、营口、本溪，内蒙古海拉尔。

分布：中国（黑龙江、吉林、辽宁、内蒙古、河北、山西、陕西、甘肃、宁夏、青海、新疆、山东、江苏、安徽、浙江、河南、江西、湖北、湖南、四川、贵州、云南、西藏），朝鲜半岛，日本，蒙古，俄罗斯，马来西亚；中亚，南亚，非洲。

全草为救荒植物，幼苗晒干粉碎成面，根茎煮食或酿酒。

617 日本打碗花
Calystegia japonica Choisy

多年生草本。茎缠绕，稍被毛，具棱。叶 3 裂，中裂片卵状披针形或狭卵状三角形，长 4-9cm，侧裂片开展，基部深心形或戟形；叶有柄。花单一，腋生；花梗长；苞片卵形；萼片 5；花冠淡红色；雄蕊 5，花丝基部膨大；雌蕊比雄蕊长；子房 2 室，柱头 2 裂。蒴果球形，无毛。种子卵状圆形。花期 6-7 月，果期 8-9 月。

生于山坡草地、荒地，海拔 800m 以下。

产地：黑龙江省哈尔滨、富裕、伊春、黑河、呼玛，吉林省通化、梅河口、辉南、抚松、靖宇、和龙、临江、长春、汪清、安图，辽宁省西丰、庄河、瓦房店、大洼、辽阳、沈阳、建平、普兰店、凌源、凤城、大连、法库、北镇、本溪，内蒙古宁城、额尔古纳、科尔沁右翼前旗。

分布：中国（黑龙江、吉林、辽宁、内蒙古），朝鲜半岛，日本。

全草入药，有调经活血、滋阴补虚、健脾益肾及利尿之功效。

618 宽叶打碗花

Calystegia sepium (L.) R. Br. var. **communis** (Tryon) Hara

多年生草本。茎缠绕，具棱，有分枝。叶三角状卵形或广卵形，长 4-10cm，宽 3-8cm，先端渐尖或锐尖，基部截形或心形，全缘或基部伸展为 2-3 齿状裂片；叶具柄。花大；花梗长，有细棱；苞片 2，广卵形，先端尖；萼片 5，卵状披针形，先端尖；花冠漏斗状，粉红色或带紫色，冠檐微裂；雄蕊 5，花丝基部膨大；雌蕊无毛比雄蕊稍长；柱头 2。蒴果球形。种子卵圆形，黑褐色。花期 6-8 月，果期 8-9 月。

生于山坡草地、路旁稍湿草地，海拔 800m 以下。

产地：黑龙江省伊春、富裕、饶河、宝清、宁安、尚志、黑河、哈尔滨、萝北，吉林省通化、临江、梅河口、辉南、集安、靖宇、安图、汪清、和龙、镇赉、敦化、磐石，辽宁省瓦房店、庄河、北镇、凌源、西丰、清原、鞍山、岫岩、桓仁、宽甸、本溪，内蒙古宁城、额尔古纳。

分布：中国（全国广布），朝鲜半岛，日本，俄罗斯；欧洲，北美洲。

619 田旋花
Convolvulus arvensis L.

多年生草本。根状茎横走；茎匍匐或缠绕。叶卵状椭圆形或椭圆形，长 3-5cm，宽 1.5-3.5cm，先端钝，具小刺尖，基部箭形或心形，全缘；叶具柄。花 1-2 朵，腋生；花梗长；苞片 2，线形；萼片 5，不等长，边缘膜质；花冠漏斗状，粉红色，稀白色，5 浅裂；雄蕊 5；子房 2 室，柱头 2 裂，狭长。蒴果球形或圆锥形。种子黑褐色。花期 6-8 月，果期 6-11 月。

生于固定沙丘、路旁、人家附近及田间。

产地：黑龙江省齐齐哈尔，辽宁省凌源、大连、辽阳。

分布：中国（黑龙江、辽宁、河北、山西、陕西、甘肃、青海、宁夏、新疆、山东、江苏、河南、四川、西藏），蒙古、俄罗斯；中亚、欧洲、北美洲。

620 中国旋花

Convolvulus chinensis Ker-Gawl.

多年生草本。茎缠绕，有条纹及棱角。叶 3 裂，中裂片长椭圆形、披针形至广线形，长 2-7cm，宽 3-15mm，先端具小刺尖，侧裂片开展；叶具柄。花 1-2 朵，腋生；花梗细长；苞片 2，线形；萼片 5，广倒卵形；花冠淡红色，漏斗状；雄蕊 5，基部膨大；子房 2 室，柱头 2 裂。蒴果球形或圆锥形。种子黑褐色。花期 6-9 月，果期 6-10 月。

生于山坡、耕地旁、沟边、河边、田间、固定沙丘及干草原。

产地：黑龙江省齐齐哈尔、哈尔滨，吉林省白城、镇赉、洮南、通榆，辽宁省彰武、喀左、建平、绥中、凤城、北镇、大连、瓦房店，内蒙古扎兰屯、新巴尔虎右旗、海拉尔、满洲里、科尔沁右翼前旗、乌兰浩特、科尔沁左翼后旗、扎鲁特旗、赤峰、巴林右旗、克什克腾旗。

分布：中国（黑龙江、吉林、辽宁、内蒙古、河北、山西、陕西、甘肃、青海、宁夏、新疆、山东、江苏、河南、四川、西藏），朝鲜半岛，蒙古，俄罗斯。

621 菟丝子
Cuscuta chinensis Lam.

一年生寄生草本。茎缠绕，纤细，黄色。无叶。聚伞花序或总状花序，花簇生；花梗稍粗壮；苞片鳞片状；花萼钟形，5裂，裂片三角形，先端钝；花冠白色，钟形，5裂，裂片三角状卵形，先端尖或钝；雄蕊5；子房近球形，花柱2，柱头头状。蒴果球形。种子淡褐色。花期6-8（-9）月，果期8-10月。

生于河边、林内、灌丛、山坡路旁及田间，寄生于豆科、菊科、藜科等植物上，海拔800m以下。

产地：黑龙江省哈尔滨、依兰、呼玛、齐齐哈尔，吉林省通榆、镇赉，辽宁省大连、普兰店、瓦房店、庄河、长海、铁岭、抚顺、丹东、开原、沈阳、锦州、新宾、营口、康平、凌源、彰武，内蒙古根河、额尔古纳、翁牛特旗、赤峰。

分布：中国（黑龙江、吉林、辽宁、内蒙古、河北、山西、陕西、宁夏、甘肃、新疆、山东、江苏、安徽、浙江、福建、河南、四川、云南），朝鲜半岛，日本，蒙古，俄罗斯，伊朗，阿富汗，斯里兰卡；中亚，大洋洲。

种子和全草均入药，主治阳痿、遗精、遗尿、视物不清、耳鸣耳聋、妇女带下及习惯性流产等症。

旋花科　Convolvulaceae

622　金灯藤　大菟丝子

Cuscuta japonica Choisy

一年生寄生草本。茎缠绕，粗壮，肉质，黄色，常带紫红色瘤状斑点，多分枝。无叶。穗状花序；花具短梗或近无梗；苞片卵圆形，鳞片状；花萼肉质，5裂，裂片圆形或近圆形，先端钝圆，背面具紫红色瘤状斑点；花冠白色，钟形，5浅裂，裂片卵状三角形；雄蕊5；子房球形，平滑，花柱合生，柱头2裂。蒴果卵圆形，近基部周裂，花柱宿存。种子卵状三角形，黄褐色。花期6-8月，果期8-10月。

生于河边林内、灌丛、山坡路旁及田间，寄生于草本或灌木植物上，喜阳光充足的开阔环境，海拔1400m以下。

产地：黑龙江省虎林、依兰、尚志、伊春、萝北、哈尔滨，吉林省集安、长白、敦化、通榆、蛟河、安图、珲春、汪清、和龙、长春、扶余、辽宁省庄河、丹东、大连、营口、北镇、抚顺、鞍山、桓仁、沈阳、新宾、凤城、岫岩、本溪，内蒙古宁城、翁牛特旗、满洲里、科尔沁右翼前旗、科尔沁右翼中旗、喀喇沁旗。

分布：中国（全国广布），朝鲜半岛，日本，俄罗斯，越南。

种子和全草均入药，主治阳痿、遗精、遗尿、视物不清、耳鸣耳聋、妇女带下及习惯性流产等症。

623　圆叶牵牛　牵牛花　喇叭花
Pharbitis purpurea (L.) Voigt

　　一年生草本，全株被倒向硬毛。茎缠绕。叶心形或卵状心形，长 5-12cm，先端急尖，基部心形，全缘，两面疏被短硬毛；叶有长柄。花单生或 3-5 朵聚生成伞形花序，腋生；花具长梗；苞片 2，线形；萼齿 5，近等长，外萼齿长椭圆形，先端渐尖，内萼齿线状披针形；花冠紫红色或淡红色，漏斗状，花冠筒近白色；雄蕊 5；子房 3 室，柱头头状，3 裂。蒴果近球形。种子黑褐色，三棱状卵形。花期 7-8 月，果期 8-9 月。

　　生于田边、路旁、宅旁、平地及山谷林下。

　　产地：各地普遍逸生。

　　分布：现中国普遍逸生，原产热带美洲。

　　种子入药，有泻下去积、利尿、下气、消肿及驱虫之功效。

624 ｜ 山茄子

Brachybotrys paridiformis Maxim. ex Oliv.

　　多年生草本，高 30-40cm。根状茎横走，鞭状；茎直立，不分枝。茎下部叶鳞片状，披针形，褐色；中部叶匙形，长达 9cm，先端尖；上部叶 5-6，近轮生，倒卵状长圆形，长 7-17cm，宽 2.5-8cm，先端急尖；中部叶柄细长，上部叶柄短。伞形花序顶生，有花 6 朵；花梗细长；无苞片；花萼 5 深裂，裂片钻状披针形，密被灰白色伏柔毛；花冠紫色，5 裂，喉部有附属物 5；雄蕊 5；子房 4 裂，花柱细长。小坚果 4，四面体形，黑色，有光泽，被短毛。花果期 6-8 月。

　　生于林下、山坡草地及田边，海拔 900m 以下。

　　产地：黑龙江省尚志、伊春，吉林省安图、通化、临江、集安、抚松、汪清、蛟河、桦甸、柳河，辽宁省宽甸、凤城、本溪、新宾、开原、清原、西丰、鞍山、桓仁、庄河。

　　分布：中国（黑龙江、吉林、辽宁），朝鲜半岛，俄罗斯。

　　幼嫩的茎叶可作野菜。

紫草科 Boraginaceae

625 鹤虱

Lappula squarrosa (Retz.) Dumort.

一年生草本，高 20-40cm。茎单一或分枝，被细糙毛。基生叶匙形、狭披针形、倒披针形或线形，长 1.5-5cm，宽 3-5mm，被伏糙毛；基生叶叶柄长，茎生叶近无柄。总状花序顶生；花梗短，被毛；苞片狭卵形、披针形至线形；花萼 5 深裂，裂片狭披针形，被短糙毛；花冠淡蓝色，喉部附属物 5；雄蕊 5；子房 4 裂，花柱短。小坚果扁三棱形，密被灰白色小瘤状突起，背面披针形，沿脊线有 1 行短刺，边缘有 2-3 行锚状刺。花果期 5-9 月。

生于沙丘、干山坡、路旁草地、砂质地及人家附近，海拔 800m 以下。

产地：黑龙江省密山、哈尔滨，吉林省安图、磐石、双辽，辽宁省沈阳、盖州、长海、凌源、建平、丹东、宽甸、凤城、大连、彰武、本溪，内蒙古科尔沁右翼前旗、科尔沁右翼中旗、克什克腾旗、巴林右旗、赤峰、宁城、翁牛特旗、鄂伦春旗、牙克石、额尔古纳、阿尔山、通辽、新巴尔虎左旗、陈巴尔虎旗、海拉尔、新巴尔虎右旗。

分布：中国（黑龙江、吉林、辽宁、内蒙古、河北、山西、陕西、甘肃、宁夏、新疆、河南），朝鲜半岛，蒙古，俄罗斯，阿富汗，巴基斯坦；中亚、欧洲。

果实可入药，有消炎、杀虫之功效。

626　聚合草

Symphytum peregrinum Ledeb

多年生草本，高约 1m，全珠密被白色短刚毛。根较粗，幼根白色，老根红褐色，质脆，分泌黏液。茎直立。基生叶丛生，长卵状披针形，长达 55cm，宽达 19cm，基部截形至楔形，边缘波状；叶有长柄。总状花序顶生，常成对生出；无叶状苞；花萼 5 深裂，裂片披针形；花冠淡紫红色，先端5 浅裂，裂片三角形，喉部附属物 5，披针形；雄蕊 5；子房4 裂，花柱稍伸出，柱头小球形。小坚果 4，卵形，黑色，背面有网状皱褶。花期 6-7 月。

生于河畔、林缘及山地平原。

产地：有栽培。

分布：中国有栽培，原产俄罗斯。

茎叶富含蛋白质、维生素和其他各种营养成分，是一种很有前途的高产饲料作物。

627 森林附地菜

Trigonotis nakaii Hara

多年生草本，高 15-45cm，全株疏被短糙伏毛。茎稍丛生，花后伸长，着地生根并从叶腋伸出分枝。叶卵形或狭卵形，长 1.5-6cm，宽 1-3cm，先端锐尖，基部圆形至浅心形；基生叶叶柄长，茎生叶叶柄较短。花序皆有叶，疏生，花生于叶腋上方；花梗纤细，花期斜上，后稍下垂；花萼长 5 裂，裂片长圆状披针形；花冠淡紫色或天蓝色，裂片圆形，喉部附属物 5；雄蕊 5；子房 4 裂。小坚果未见。花期 5-7 月。

生于林下、灌丛中湿草地及河边，海拔 800m 以下。

产地：黑龙江省哈尔滨、嘉荫、牡丹江、尚志、宁安、伊春，吉林省蛟河、安图、长春、吉林、舒兰，辽宁省桓仁、鞍山、北镇、本溪、西丰、清原、丹东、沈阳、东港、法库、凤城、瓦房店、宽甸、庄河，内蒙古牙克石、扎赉特旗。

分布：中国（黑龙江、吉林、辽宁、内蒙古），朝鲜，日本，俄罗斯。

全草入药，有湿中健胃、消肿止痛及止血之功效。

628　附地菜

Trigonotis peduncularis (Trev.) Benth. ex Baker et Moore

一年生草本，高 5-20cm。茎直立或斜升，基部分枝，被糙伏毛。基生叶椭圆形、椭圆状卵形或匙形，长 1-2cm，宽 0.5-1cm；茎生叶似基生叶，两面均有糙伏毛；基生叶叶柄长，茎下部者叶柄短，上部叶无柄。总状花序生于枝端，花多数；花梗纤细，花萼下明显变粗；花萼长 5 深裂，裂片披针形或三角形，先端尖；花冠蓝色，5 裂，裂片钝，喉部黄色，附属物 5；雄蕊 5；子房 4 裂。小坚果 4，四面体形，疏被短毛，具锐棱，有短梗。花果期 5-7 月。

生于向阳草地、林缘、灌丛及荒地，海拔 1800m 以下。

产地：黑龙江省尚志、黑河、嘉荫、哈尔滨、萝北，吉林省蛟河、磐石、辉南、集安、安图，辽宁省沈阳、丹东、凤城、盖州、庄河、大连、宽甸、桓仁、北镇、东港、法库、建昌、清原、绥中、西丰、鞍山、本溪，内蒙古科尔沁右翼前旗、科尔沁左翼后旗、海拉尔、额尔古纳、乌兰浩特、扎赉特旗、牙克石、鄂伦春旗、喀喇沁旗。

分布：中国（黑龙江、吉林、辽宁、内蒙古、河北、陕西、甘肃、宁夏、青海、新疆、江苏、安徽、浙江、福建、江西、广西、广东、四川、贵州、云南、西藏），朝鲜半岛，日本，蒙古，俄罗斯；中亚。

花美观，可用以点缀花园。嫩叶可供食用。全草入药，有温中健胃、消肿止痛及止血之功效。

马鞭草科　Verbenaceae

629　海州常山

Clerodendrum trichotomum Thunb.

　　落叶灌木或小乔木，高 1.5-10m。嫩枝被短柔毛或近无毛。冬芽小，暗紫色。叶对生，广卵形、三角状卵形或卵状椭圆形，长 5-15cm，宽 4-13cm，先端渐尖或急尖，基部广楔形或近截形，极稀为近心形，全缘，表面深绿色，背面色淡，沿脉密被短柔毛；叶柄短，被短柔毛。聚伞花序顶生或腋生，二歧分枝；苞片叶状，椭圆形，早落；花萼 5 深裂，裂片菱状卵形或卵状长圆形，先端渐尖；花冠白色或淡粉红色，先端 5 裂，裂片长圆形；雄蕊 4；花柱较雄蕊短，柱头 2 裂。核果近球形，蓝紫色，花萼宿存。花期 8-9 月，果期 9-10 月。

　　生于山坡草地、林下、沙滩边、林缘、灌丛、沟谷及溪流旁，海拔 300m 以下。

　　产地：辽宁省大连、庄河、东港、长海。

　　分布：中国（辽宁、河北、山西、陕西、甘肃、山东、华中、西南），朝鲜半岛，日本。

　　根、茎、叶、花入药，有祛风湿、清热、利尿、止痛及降压之功效。

马鞭草科　Verbenaceae

630　荆条

Vitex negundo L. var. **heterophylla** (Franch.) Rehd.

落叶灌木，高达 2.5m。根黄白色。树皮灰褐色。小枝微带四棱形，褐色，老枝圆柱形，幼时稍被绒毛，枝叶揉碎后有香气。芽卵圆形，密被毛。掌状复叶，小叶 5，稀 3，长圆状卵形至披针形，顶生小叶最大，两侧依次渐小，长 3-10cm，宽 0.8-3.5cm，先端长渐尖，基部楔形，边缘有缺刻状锯齿，浅裂或羽状深裂，表面绿色，背面被灰白色短绒毛；复叶具柄，小叶具短柄，密被灰白色绒毛。聚伞花序顶生或腋生，组成大圆锥花序，各部密被白毛；花萼钟形，先端 5 齿裂；花冠淡紫色，漏斗状，被绒毛，喉部二唇形，上唇短，2 浅裂，下唇 3 裂，中裂片大；雄蕊 4，二强；子房上位，4 室，柱头 2 裂。核果球形或近椭圆形，棕褐色，花萼宿存。花期 6-8 月，果期 8-10 月。

生于山坡草地，海拔 800m 以下。

产地：辽宁省大连、北镇、建平、凌源、锦州、沈阳、建昌、兴城、喀左、绥中、朝阳、瓦房店、本溪，内蒙古库伦旗、敖汉旗。

分布：中国（辽宁、内蒙古、河北、山西、陕西、甘肃、江苏、安徽、河南、四川）。

为水土保持树种。花和枝叶可提取芳香油。茎皮可造纸及制人造棉。花为优质蜜源。枝可编筐篓。根、茎、叶入药，根可驱蛲虫，茎叶可治久痢等症，种子为清凉性镇痛、镇静药。

水马齿科 Callitrichaceae

631 沼生水马齿
Callitriche palustris L.

一年生小草本，长 10-20cm。茎纤细，多分枝。茎顶叶常密集呈莲座状，浮于水面，倒卵形或倒卵状匙形，长 4-6mm，宽约 3mm，先端钝或微凹，基部渐狭，全缘，两面疏生褐色小斑点，具脉 3；茎生叶匙形或线形，长 6-12（-20）mm，宽 2-5mm，先端圆或微凹，基部渐狭，具脉 3 或 1；叶无柄。花腋生，单性；苞片 2，膜质；雄花雄蕊 1，花丝细长，花药心形；雌花子房倒卵形，先端圆或微凹，花柱 2，纤细，分离。果实倒卵状椭圆形，具短梗，上部边缘有翼。

生于林下湿草地、水田沟渠、溪流旁及沼泽，海拔 1000m 以下。

产地：黑龙江省呼玛、汤原、伊春、萝北，吉林省靖宇、敦化、抚松、安图、扶余、珲春、汪清，辽宁省清原、本溪、桓仁，内蒙古根河、额尔古纳、牙克石、鄂伦春旗、科尔沁右翼前旗、扎鲁特旗、阿尔山、扎赉特旗、突泉。

分布：中国（黑龙江、吉林、辽宁、内蒙古，华东至西南各地），朝鲜半岛，日本，俄罗斯，土耳其；中亚，欧洲，北美洲。

全草入药，主治目赤肿痛、水肿及湿热淋痛等症。

632　藿香

Agastache rugosa (Fisch. et C. A. Mey.) O. Kuntze

　　多年生草本，高 30-100cm，有香味。茎直立。叶心状卵形至长圆状卵形，长 4-14cm，宽 3-7cm，先端尾状长渐尖，基部心形，边缘具钝齿，表面深绿色，背面色淡，被微柔毛和腺点；叶有柄。轮伞花序多花，集成顶生穗状花序；苞片披针形或线形；花萼管状，被微柔毛及腺点；萼齿狭三角形；花冠淡蓝紫色，被微柔毛，二唇形，上唇稍弯，下唇 3 裂，中裂片较宽，平展，边缘有波状细齿，侧裂片短；雄蕊伸出花冠筒，花丝扁平；子房先端被微柔毛，花柱先端 2 裂。小坚果 4，倒卵状长圆形，先端具短硬毛，深褐色。花果期 7-10 月。

　　生于山坡草地、林间及溪流旁。

　　产地：黑龙江省哈尔滨、饶河、宁安、虎林，吉林省临江、和龙、安图、汪清、集安、珲春、敦化，辽宁省清原、海城、抚顺、鞍山、瓦房店、大连、普兰店、庄河、岫岩、凤城、宽甸、桓仁、西丰、丹东、本溪，内蒙古宁城。

　　分布：中国（全国广布），朝鲜半岛，日本，俄罗斯；北美洲。

　　果可作香料。叶及茎有浓郁的香味，为芳香油原料。全草入药，有止呕吐、治霍乱腹痛、驱逐肠胃充气及清暑之功效。

633　水棘针

Amethystea caerulea L.

　　一年生草本，高约 1m。茎直立，多分枝，带紫色。叶 3 全裂或 3 深裂，裂片披针形至卵状披针形，长 2-5.5cm，宽 0.5-2cm，中裂片较大，先端渐尖，基部楔形或歪楔形，边缘具粗大锯齿；叶柄具狭翼。花序是由松散的具长梗的聚伞花序组成大圆锥花序；苞片线形或线状披针形；花萼钟形，5 齿裂，狭三角形或狭三角状披针形；花冠蓝色或蓝紫色，冠檐二唇形，上唇近直立，2 裂，下唇稍开展，3 裂，中裂片较大；雄蕊 4，二强，前雄蕊能育，后雄蕊退化。小坚果 4，倒卵形，背面凸，具网状皱纹，合生面高达果实的 2/3。花期（7-）8-9 月，果期 9-10 月。

　　生于田边、荒地、河岸沙地、路边及溪流旁，海拔 800m 以下。

　　产地：黑龙江省密山、虎林、萝北、黑河、东宁、孙吴、尚志、哈尔滨、伊春，吉林省抚松、安图、长白、和龙、敦化、珲春、汪清、九台、通榆、双辽、前郭尔罗斯，辽宁省开原、西丰、铁岭、昌图、新宾、北镇、清原、普兰店、庄河、营口、桓仁、宽甸、岫岩、建平、凌源、鞍山、抚顺，内蒙古根河、额尔古纳、扎兰屯、新巴尔虎右旗、新巴尔虎左旗、牙克石、鄂伦春旗、科尔沁右翼前旗、扎鲁特旗、满洲里、翁牛特旗、克什克腾旗、巴林右旗、阿鲁科尔沁旗、喀喇沁旗、赤峰、宁城、敖汉旗、科尔沁左翼后旗。

　　分布：中国（黑龙江、吉林、辽宁、内蒙古、河北、山西、陕西、甘肃、新疆、山东、江苏、安徽、河南、湖北、四川、云南），朝鲜半岛，日本，蒙古，俄罗斯，伊朗；中亚。

　　民间药用作荆芥代用品。

634　风车草

Clinopodium chinense O. Kuntze var. **grandiflorum** (Maxim.) Hara

多年生草本，高35-80cm。根状茎木质；茎直立，四棱形，带紫红色，被向下的疏柔毛，上部分枝。叶卵形、卵圆形或卵状披针形，长3-5cm，宽1.5-3cm，先端尖或钝，基部近圆形或稍成截形，边缘有锯齿，表面深绿色，背面色淡；茎下部叶有柄，上部叶柄向上渐短。轮伞花序，多花密集，彼此远离；苞片线形，带紫红色，边缘具长缘毛；花萼管状，上部带紫红色，二唇形，上唇3齿，长三角形，下唇2齿，稍长；花冠紫红色，冠檐二唇形，上唇倒卵形，先端微凹，下唇3裂，中裂片大；雄蕊4；花柱先端2浅裂。小坚果倒卵形，褐色，无毛。花期6-8月，果期8-9月。

生于沟旁湿草地、林缘及杂木林下，海拔900m以下。

产地：黑龙江省牡丹江、宁安、鸡西、密山、依兰、哈尔滨、伊春、萝北、集贤、虎林，吉林省长春、吉林、临江、九台、汪清、珲春、长白、安图、通化、抚松，辽宁省西丰、清原、新宾、法库、凌源、北镇、沈阳、抚顺、本溪、长海、绥中、瓦房店、鞍山、桓仁、宽甸、凤城、丹东、盖州、庄河、内蒙古宁城、科尔沁左翼后旗、敖汉旗、扎赉特旗、喀喇沁旗、扎鲁特旗、阿尔山、科尔沁右翼前旗。

分布：中国（黑龙江、吉林、辽宁、内蒙古、河北、山西、陕西、山东、江苏、河南、四川），朝鲜半岛，日本，俄罗斯。

635 光萼青兰
Dracocephalum argunense Fisch. ex Link

多年生草本，高 30-60cm。茎多数，自根状茎生出，不分枝或少分枝。叶长圆状披针形或线状披针形，长 1.5-6.7cm，宽 0.5-0.8cm，先端尖，基部狭，全缘，表面近无毛，背面被树脂状腺点；叶有短柄或近无柄。轮伞花序密集于茎顶；苞片卵状披针形，先端锐尖，全缘，具缘毛，背面有树脂状腺点；花萼呈不明显二唇形，萼齿锐尖，带紫色，上唇3齿，下唇2齿；花冠蓝紫色，上唇2浅裂，下唇3裂。花期7-9月，果期9-10月。

生于山阴坡灌丛及草丛，海拔 800m 以下。

产地：黑龙江省牡丹江、鹤岗、集贤、黑河、嫩江、萝北，吉林省长春、珲春、汪清，辽宁省西丰、开原、喀左、建平、本溪，内蒙古克什克腾旗、根河、鄂温克旗、牙克石、额尔古纳、科尔沁右翼前旗、扎鲁特旗、扎兰屯、扎赉特旗。

分布：中国（黑龙江、吉林、辽宁、内蒙古、河北），朝鲜半岛，俄罗斯。

636 香薷

Elsholtzia ciliata (Thunb.) Hyland.

一年生草本，高 30-100cm。茎直立，基部或中部以上多分枝。叶卵形或近长圆状卵形，长 3.5-9cm，宽 1.5-3.5cm，先端渐尖，基部广楔形，边缘具齿，表面沿脉被短柔毛，背面被短柔毛或微毛，密布腺点；叶有柄，茎上部叶柄短。轮伞花序顶生，组成压扁形穗状花序，偏向一侧的长 2-8cm，宽（4-）5-10mm，轮伞花序每轮有花 6-20 朵；苞片对生，广卵圆形或近圆形，先端具芒状突尖，排成纵列的 2 行；花萼钟形或筒状钟形，被短柔毛，疏生腺点；萼齿 5，三角形或狭三角形，边缘有长缘毛；花冠粉紫色，疏被毛及腺点，冠檐二唇形，上唇直立，2 裂，下唇 3 裂，中裂片大；雄蕊 4，二强；子房 4 裂，花柱先 2 裂；花盘前方呈指状膨大。小坚果长椭圆形，基部狭细，棕黄色。花期 6-9 月，果期 9-11 月。

生于住宅附近、田边、路旁、荒地、山坡、林缘、林内及河岸草地。

产地：黑龙江省哈尔滨、鸡西、安达、伊春、尚志、大庆、富裕、勃利、萝北、密山、虎林、呼玛，吉林省安图、和龙、敦化、长白、珲春，辽宁省沈阳、鞍山、抚顺、本溪、西丰、清原、新宾、宽甸、凤城、岫岩、营口、普兰店、庄河、北镇、喀左、桓仁、内蒙古翁牛特旗、额尔古纳、科尔沁右翼中旗、鄂伦春旗、牙克石、阿鲁科尔沁旗、喀喇沁旗、克什克腾旗、巴林右旗、林西。

分布：中国（全国广布），朝鲜半岛，日本，蒙古，俄罗斯，印度，中南半岛。

果可作香料。叶及茎有浓郁的香味，为芳香油原料。全草入药，有止呕吐、治霍乱腹痛、驱逐肠胃充气及清暑之功效。

637 细穗香薷

Elsholtzia densa Benth. var. **ianthina** (Maxim. ex Kanitz) C. Y. Wu et S. C. Huang

一年生草本，高 40-80cm。茎直立，单一，中上部分枝。叶长圆状披针形、披针形或近狭卵状披针形，长 2-9cm，宽 7-18mm，先端渐尖或锐尖，基部楔形至圆形、近截形（茎顶部叶），边缘基部以上具粗大的锯齿，表面绿色，背面色淡，密或疏生腺点；叶柄短。轮伞花序每轮具花（6-）8-10 朵，于茎顶及分枝顶端排列，多轮组成穗状花序，全花序圆柱状，长 1-4.5cm，宽 5-7（-8）mm，果期长达 6cm 或更长，宽达 1.3cm；苞片广卵状半圆形；花萼钟形，萼齿三角形，上方 3 齿稍长，下方 2 齿稍宽短；花冠淡紫色，宽筒状，向上端稍渐宽，被带紫色的具节长柔毛，里面花丝基部附近有不明显的不规则小疏柔毛环，冠檐稍呈二唇形，上唇 2 裂，裂片广卵形，下唇 3 裂；雄蕊 4；花柱先端 2 裂。小坚果倒卵形或椭圆形，黑褐色，先端具小疣状突起。花果期 7-10 月。

生于草地。

产地：内蒙古克什克腾旗、敖汉旗、阿尔山、牙克石、鄂伦春旗、鄂温克旗。

分布：中国（内蒙古、河北、山西、陕西、甘肃、青海、四川）。

638　海州香薷

Elsholtzia pseudo-cristata Levl. et Vant.

一年生草本，高 30-70cm。茎直立，多分枝，常带紫色。叶三角形、卵状披针形至近广卵形，长 3-7cm，宽（1-）1.5-4cm，先端渐尖，基部广楔形，边缘疏具齿，表面绿色，背面色淡，密布腺点；叶柄长。轮伞花序于茎顶或枝端形成密穗状花序，花后有时稍弯曲，稍偏向一侧，每轮具花（2-）4-6（-8）朵；苞片广卵圆形或近半圆形，带红紫色，先端具尾状突尖，边缘密生缘毛，苞片交错对生，排成纵列 4 行；花萼筒状钟形或筒形，萼齿 5，三角形至披针形或钻形，先端具芒尖，边缘密生缘毛；花冠玫瑰红紫色，近漏斗形，稍下弯，被柔毛及腺点，上唇直立，先端微缺或 2 浅裂，下唇 3 裂，中裂片较大；雄蕊 4；子房 4 裂，花柱先端 2 裂；花盘一端呈指状膨大。小坚果长圆形，基部狭，棕色至深棕色，具小疣。花期 9-10 月，果期 10 月。

生于林缘、灌丛、山坡草地、石砾质地、路旁及耕地旁，海拔 100-700m。

产地：黑龙江省尚志，吉林省安图、集安，辽宁省本溪、宽甸、凤城、庄河。

分布：中国（黑龙江、吉林、辽宁、河北），朝鲜半岛，俄罗斯。

全草入药，有发表解暑、散湿停水之功效，可治暑湿感冒、发热无汗、头痛及腹痛吐泻等症。

种内变化：狭叶香薷［*Elsholtzia pseudo-cristata* Levl. et Vant. var. *angustifolia*（Loes.）P. Y. Fu］叶狭披针形至线状披针形，长（1.5-）2-5.5cm，宽 0.2-0.8（-1）cm，基部楔形或狭楔形，先端长渐尖，花较小。

639 鼬瓣花
Galeopsis bifida Boenn.

一年生草本，高 30-80（-100）cm，全株被倒生刚毛。茎粗壮，基部开始分枝。叶卵形、卵状披针形或披针形，长（3-）5-9cm，宽 1.5-3（-4）mm，先端渐尖，基部广楔形或楔形，边缘有粗钝锯齿，表面密被伏毛，背面毛较少，混生黄色腺点；叶有柄。轮伞花序腋生，紧密排列茎顶及枝端，花多数；苞片披针形或线形，先端有长刺尖，背部及边缘被长毛；花萼管状钟形，萼筒疏被毛及腺点，5 齿裂，密被长毛，齿先端长刺尖；花冠粉红色或白色，漏斗状，疏被伏毛，冠檐二唇形，上唇扁平，先端钝圆，下唇 3 裂，中裂片较长，基部两侧内面有 2 个角状突起，外面疏被毛；雄蕊 4，二强；花药 2 室，横裂；花柱先端 2 裂。小坚果倒卵状三棱形，先端圆形。花期 7-8 月，果期 9 月。

生于林缘、路旁、田边、人家附近、灌丛及草丛，海拔 1500m 以下。

产地：黑龙江省呼玛、宁安、海林、虎林、哈尔滨、萝北、尚志、伊春、黑河、嫩江、漠河、吉林省安图、珲春、和龙、蛟河、长白、辽宁省桓仁、清原、凌源、内蒙古额尔古纳、扎兰屯、鄂伦春旗、牙克石。

分布：中国（黑龙江、吉林、辽宁、内蒙古、山西、陕西、甘肃、青海、湖北、四川、贵州、云南、西藏），朝鲜半岛，蒙古，日本，俄罗斯；中亚、欧洲。

种子富含脂肪油，用于油脂工业。

640 活血丹

Glechoma hederacea L. var. **longituba** Nakai

多年生草本，高 6-30cm。茎直立，基部淡紫红色，被短柔毛，具匍匐茎，逐节生根。茎下部叶较小，叶片心形或近肾形，长 0.8-3.2cm，宽 1-3cm，基部心形，先端急尖或钝三角形，边缘具圆齿，表面被短柔毛，背面常带紫色；叶有柄，被长柔毛。轮伞花序通常具 2 花，稀具 3-5 花；苞片及小苞片线形，长 4mm，被柔毛；花萼筒状，长 8-10mm，外面被长柔毛，沿脉尤多，里面多少被微柔毛；萼齿 5，二唇形，上唇 3 齿较长，下唇 2 齿稍短，顶端具芒尖；花冠淡蓝色、淡紫色至淡蓝紫色，长 1.4-2.3cm，外面被长柔毛及微柔毛，里面仅下唇喉部至花冠筒上具疏柔毛或近无毛，上唇直立，顶端深裂，下唇伸长，3 裂，中裂片大，顶端微缺；雄蕊 4，内藏，后雄蕊较长，着生于上唇上，前雄蕊着生于下唇两侧裂片下方冠筒中部；花药 2 室，岔开成直角；子房 4 裂，无毛，花柱光滑，柱头 2 裂。小坚果长圆状卵形，褐色，顶端圆，基部略呈三棱形。花期 4-5 月，果期 5-7 月。

生于林缘、疏林下、山坡草地及溪流旁，海拔约 300m。

产地：黑龙江省哈尔滨、尚志、虎林、宁安，吉林省永吉、蛟河、长春、梅河口、柳河、辉南、抚松、靖宇、舒兰，辽宁省新宾、抚顺、鞍山、沈阳、瓦房店、庄河、本溪、东港、法库、开原、桓仁、宽甸、大连、丹东、凤城。

分布：中国（全国广布），朝鲜半岛，俄罗斯。

全草入药，可治膀胱结石、尿路结石、风湿关节炎、跌打损伤、骨折、风寒咳嗽及白带等症。

641 夏至草

Lagopsis supina (Steph.) Ik.-Gal. ex Knorr.

多年生草本，高 15-45cm。茎直立或上升，基部分枝，被倒向柔毛。叶掌状 3 深裂，裂片长圆形，边缘有齿，基部心形；叶有柄，被微毛。轮伞花序腋生，径 1-1.5cm；苞片微弯曲，刚毛状，密被微毛；花萼管状钟形，密被微毛，5 齿裂，齿三角形，先端刺尖；花冠白色，上升，直立，下唇 3 浅裂；雄蕊 4，二强；花柱先端 2 浅裂。小坚果卵状三棱形，褐色，有鳞秕。花期 3-4 月，果期 5-6 月。

生于路旁、荒地。

产地：黑龙江省哈尔滨、尚志，吉林省通化、梅河口、抚松、辉南，辽宁省盖州、沈阳、北镇、建昌、大连、本溪，内蒙古科尔沁左翼后旗、翁牛特旗、喀喇沁旗、宁城、通辽、科尔沁右翼中旗、扎赉特旗、乌兰浩特。

分布：中国（黑龙江、吉林、辽宁、内蒙古、河北、山西、陕西、甘肃、青海、新疆、山东、江苏、浙江、安徽、河南、湖北、四川、贵州、云南），朝鲜半岛，日本，蒙古，俄罗斯。

全草入药。

642　野芝麻

Lamium album L.

多年生草本，高达 80cm。茎直立，中空，被开展或稍倒生硬毛。茎下部叶较小，中部叶较大，卵形，长（2.5-）3.5-5.5cm，宽 2.5-4cm，先端长渐尖，基部心形或微心形，边缘具粗钝锯齿或间有重锯齿，两面密被伏毛，上部叶渐小，先端长尾状尖；茎中下部有长柄，茎上部叶柄渐短。轮伞花序，花多数；苞片狭披针形；花萼广钟形，具脉 10，脉上有毛，5 齿裂，萼齿具芒尖，边缘有睫毛；花冠白色或淡黄色，被短柔毛，喉部膨大，冠檐二唇形，上唇盔瓣状，密被短柔毛，下唇 3 裂，中裂片大，先端 2 深裂，侧裂片不发达；雄蕊 4，二强。小坚果倒卵形，近三棱，有小突起。花期 5-7 月，果期 7-9 月。

生于路边、溪流旁、田间及荒地，海拔 1200m 以下。

产地：黑龙江省哈尔滨、伊春、尚志、宁安、汤原、密山、虎林、嘉荫、呼玛，吉林省蛟河、安图、珲春、抚松、临江、梅河口、通化、柳河、辉南、集安、靖宇、长白、桦甸，辽宁省鞍山、本溪、凤城、宽甸、清原、西丰、东港、庄河、新宾、桓仁，内蒙古科尔沁右翼前旗、额尔古纳、根河、牙克石、扎兰屯、阿尔山、通辽、鄂伦春旗、扎赉特旗、鄂温克旗、阿鲁科尔沁旗。

分布：中国（黑龙江、吉林、辽宁、内蒙古、山西、甘肃、新疆），朝鲜半岛，蒙古，俄罗斯，土耳其，伊朗，印度；中亚，欧洲，北美洲。

民间入药，花用于治白带、行经困难等症；全草可治跌打损伤、小儿疳积等症。

643 益母草

Leonurus japonicus Houtt.

一年生或二年生草本，高达 1m。茎直立，单一，被倒向短伏毛。茎下部叶花期脱落；茎中部叶 3 全裂，裂片长圆状菱形，又羽状分裂，裂片宽线形，先端锐尖或稍钝；茎上部叶向上分裂渐少至不分裂，全缘或具少数齿牙，两面密被短柔毛；茎中部叶有柄，向上近无柄。轮伞花序腋生，多数集生于茎顶成穗状花序，每轮花多数；苞片针刺状，密被伏毛；花萼管状钟形，密被伏柔毛，具刺状齿 5；花冠紫红色或淡紫红色，冠檐二唇形，上唇长圆形，直伸，被白色长柔毛，下唇 3 裂，中裂片倒心形；雄蕊 4；花柱先端相等 2 裂。小坚果长圆状三棱形，先端平截。花果期 7-9 月。

生于耕地旁、荒地及山坡草地，海拔 1000m 以下。

产地：黑龙江省黑河、哈尔滨、虎林、密山、北安、克山、尚志、肇东、肇源、伊春，吉林省长春、临江、吉林、九台、镇赉、安图、长白、和龙、汪清、珲春、抚松，辽宁省桓仁、宽甸、大连、鞍山、本溪、北镇、丹东、盖州、建昌、建平、葫芦岛、凌源、清原、沈阳、西丰、新宾、普兰店、营口、彰武、庄河、阜新、抚顺，内蒙古扎赉特旗、巴林右旗、宁城、海拉尔、额尔古纳、鄂温克旗、新巴尔虎左旗、科尔沁右翼中旗、科尔沁左翼后旗、喀喇沁旗。

分布：中国（全国广布），朝鲜半岛，日本，俄罗斯；亚洲温带至热带，非洲，北美洲。

全草入药，可治动脉硬化性、神经性的高血压及子宫出血引起的衰弱等症。

644　地瓜苗

Lycopus lucidus Turcz.

多年生草本，高 35-120cm。根状茎横走，先端肥大，圆柱形；茎直立，单一。叶质较厚，长圆状披针形，长 4.5-15cm，宽 0.8-3.5cm，稍弧弯，先端渐尖，基部渐狭，边缘具齿，表面绿色，有光泽，背面具腺点；叶具短柄或近无柄。轮伞花序无柄；花多数，密集呈圆球形；苞片卵圆形或披针形；花萼钟形，具小腺点；萼齿披针形或披针状三角形，具刺尖，边缘具缘毛；花冠白色，不明显二唇形，上唇近圆形，下唇 3 裂，冠檐外侧具腺点；雄蕊 4，二强，前雄蕊能育，后雄蕊退化，花柱先端 2 裂。小坚果倒卵状三棱形，黄褐色，腹面具小腺点。花期 7-9 月，果期 9-10 月。

生于草甸、林下、湿草地及溪流旁，海拔 1800m 以下。

产地：黑龙江省哈尔滨、伊春、富锦、集贤、依兰、密山、虎林、宁安、大庆、尚志、安达、黑河，吉林省汪清、珲春、和龙、安图、通化、抚松、镇赉、临江、梅河口、柳河、辉南、靖宇、长白，辽宁省西丰、彰武、沈阳、本溪、桓仁、鞍山、营口、长海、大连，内蒙古扎赉特旗、科尔沁右翼前旗、额尔古纳。

分布：中国（黑龙江、吉林、辽宁、内蒙古、河北、陕西、四川、贵州、云南），朝鲜半岛，日本，俄罗斯。

地上部分夏、秋采收干燥后作为常用中草药（泽兰），有降血脂、通九窍、利关节及养气血之功效。地下部分干燥后入药，功能与冬虫夏草相当。

唇形科　Labiatae

645　荨麻叶龙头草　美汉草

Meehania urticifolia (Miq.) Makino

多年生草本，高 15-40cm。茎直立，细弱，丛生，不分枝。不育枝常伸长为匍匐茎。茎中部叶较大，心形或卵状心形，长 1.8-9.5cm，宽 3-7cm，先端渐尖或急尖，基部心形，边缘具齿，两面密被长柔毛；叶有柄，向茎上部渐变短。轮伞花序或假总状花序；花梗被长柔毛；苞片卵形或披针形；花萼钟形，被毛，5 齿裂；花冠淡蓝紫色或蓝紫色，被疏柔毛，花冠筒上部膨大，冠檐二唇形，上唇直立，先端 2 裂，下唇伸长，3 裂，中裂片大；雄蕊 4；子房被微柔毛；花柱细长，先端 2 浅裂。小坚果卵状长圆形，被短柔毛。花期 4-7 月，果期 6-7 月。

生于混交林或针叶林林下多苔藓处、林缘、山坡草地及溪流旁，海拔 900m 以下。

产地：黑龙江省嘉荫，吉林省临江、安图、蛟河、靖宇、通化、柳河、集安、抚松、长白、桦甸，辽宁省清原、鞍山、庄河、岫岩、法库、西丰、开原、凤城、本溪、宽甸、桓仁、丹东。

分布：中国（黑龙江、吉林、辽宁），朝鲜半岛，日本，俄罗斯。

646 兴安薄荷

Mentha dahurica Fisch. ex Benth.

多年生草本，高 30-60cm。茎直立，单一，淡绿色，稍带紫色。叶卵形或卵状披针形，长（1.5-）3-7cm，宽 1-2cm，先端尖或稍钝，基部宽楔形至近圆形，边缘有浅锯齿，表面绿色，背面色淡，沿脉上被微柔毛，其余部分有腺点；叶有柄。轮伞花序于茎顶 2 轮聚成头状，其下 1-2 节轮伞花序稍远离，腋生；花梗带紫色；苞片线形，被微柔毛；花萼管状钟形，萼齿 5，广三角形；花冠钟形，粉红色或粉紫色，冠檐 4 裂，裂片圆形，上裂片 2 浅裂；雄蕊 4；子房褐色，花柱丝状，先端扁平，2 裂，稍带紫色。小坚果卵圆形，褐色。花期 7-9 月，果期 8-10 月。

生于路旁、湿草地，海拔 700m 以下。

产地：黑龙江省伊春、虎林、呼玛，吉林省蛟河、安图，辽宁省沈阳，内蒙古额尔古纳、根河、鄂伦春旗、鄂温克旗、扎赉特旗。

分布：中国（黑龙江、吉林、辽宁、内蒙古），俄罗斯。

全草入药，有祛风解热之功效，主治外感风热、头痛、咽喉肿痛及牙痛等症。

647 薄荷 野薄荷
Mentha haplocalyx Briq.

多年生草本，高 30-100cm。茎直立，上部具倒向微柔毛。叶卵形或披针状卵形，长 3-7cm，宽 1.5-3cm，基部楔形，边缘有锯齿，两面沿脉密被微毛或具腺点；叶具短柄。轮伞花序腋生；小花梗纤细，被柔毛；花萼管状钟形或钟形，萼齿 5，披针状钻形或狭三角形，先端尖；花冠淡紫色，冠檐 4 裂，上裂片先端 2 裂；雄蕊 4；柱头 2 裂。小坚果长圆形，黄褐色。花期 7-9 月，果期 8-10 月。

生于河边、沟边及林缘湿草地，海拔 1200m 以下。

产地：黑龙江省大庆、肇东、依兰、杜尔伯特、呼玛、东宁、密山、萝北、虎林、宁安、尚志、哈尔滨、伊春、安达、吉林省长春、大安、扶余、九台、蛟河、长白、珲春、安图、抚松、通化、临江、梅河口、柳河、辉南、靖宇、和龙、龙井、汪清、辽宁省西丰、康平、建平、凌源、新民、铁岭、清原、新宾、沈阳、本溪、鞍山、桓仁、丹东、庄河、普兰店、大连、长海、北镇、彰武、内蒙古科尔沁右翼前旗、科尔沁右翼中旗、阿尔山、额尔古纳、翁牛特旗、根河、扎鲁特旗、科尔沁左翼后旗、克什克腾旗、巴林右旗、喀喇沁旗、宁城、鄂伦春旗、鄂温克旗、陈巴尔虎旗、新巴尔虎左旗、巴林左旗、扎赉特旗、牙克石、海拉尔。

分布：中国（全国广布），朝鲜半岛，日本，俄罗斯；亚洲热带，北美洲。

幼嫩茎尖可作菜食。全草入药，主治感冒发热喉痛、头痛、目赤痛、皮肤风疹瘙痒及麻疹不透等症，此外对痈、疽、疥、癣、漆疮亦有效。

648　石荠苧

Mosla scabra (Thunb.) C. Y. Wu et H. W. Li

　　一年生草本，高 20-60cm。茎直立，多分枝，被短柔毛。叶卵形或卵状披针形，长 2-4.5cm，宽 1.5-2cm，先端尖或稍钝，基部宽楔形，边缘有锯齿，表面被疏柔毛，背面密布腺点，被疏柔毛；叶有柄。总状花序生于茎顶及枝端；苞片披针形；花萼钟状，密被短柔毛，二唇形；花冠粉红色，被柔毛，冠檐二唇形，上唇宽大，先端微凹，下唇 3 裂，中裂片稍大；雄蕊 4，前雄蕊退化，后雄蕊能育；花柱先端 2 裂。小坚果卵圆形或近圆形，表面具深雕纹。花期 8-9 月，果期 9-10 月。

　　生于山坡草地、林缘、林下及溪流旁，海拔 700m 以下。

　　产地：吉林省集安，辽宁省本溪、桓仁、宽甸、凤城、丹东、岫岩、长海、庄河。

　　分布：中国（吉林、辽宁、陕西、甘肃、江苏、安徽、浙江、福建、河南、湖北、江西、湖南、广东、广西、四川、台湾），朝鲜半岛，日本，越南。

　　全草入药，可治感冒、中暑、高烧、痱子、皮肤瘙痒、疟疾、便秘、内痔、便血、疥疮、湿脚气、外伤出血及跌打损伤等症，亦可杀虫。

唇形科 Labiatae

649 大叶糙苏 山苏子
Phlomis maximowiczii Regel

多年生草本，高达 1m。茎直立，上部分枝。茎下部叶花期枯萎，薄纸质，广卵形，长 10-18cm，宽 10-13cm，先端渐尖，基部浅心形，边缘具齿，表面绿色，疏被糙伏毛，背面色淡，疏被单毛及星状毛；茎上部叶渐小，长圆形或卵状长圆形；茎中上部叶有柄，上部叶柄短或无。轮伞花序腋生，花多数；苞片 3 全裂，裂片披针形；花萼管状钟形，脉上疏被长毛，萼齿截形，具 5 小刺尖；花冠粉红色，上唇盔瓣状，密被长绵毛及星状毛，边缘有不整齐小齿，下唇疏被柔毛，3 裂，中裂片广卵形，侧裂片较小，卵形；花柱 2 裂。小坚果先端无毛。花期 7-8 月，果期 8-9 月。

生于林下、林缘及山坡湿草地，海拔 900m 以下。

产地：吉林省安图、珲春、和龙、集安、抚松、长白，辽宁省凤城、桓仁、本溪、岫岩、清原、庄河、沈阳，内蒙古宁城。

分布：中国（吉林、辽宁、内蒙古、河北），朝鲜半岛，俄罗斯。

650 块根糙苏

Phlomis tuberosa L.

多年生草本，高 20-70cm。根木质，粗厚，具圆形或长圆形块根，有时成串生长，须根绳索状。茎直立，单一或分枝。基生叶多数，叶三角形或卵状三角形，长 5-10（-25）cm，宽 4-7（-15）cm，先端钝尖或渐尖，基部心形或戟形，边缘有粗大圆齿，表面被刚毛，背面被星状毛及刚毛；茎生叶与基生叶同形，较小；基生叶有长柄。轮伞花序多数，腋生，每轮多花密集；苞片 3 全裂，裂片线形，密被缘毛；花萼管状，长约 1.4cm，宽约 5mm，萼齿截形，先端有刺尖，脉被具节刚毛；花冠紫红色或淡紫红色，唇瓣密被星状毛，筒部无毛，花冠筒中下部有毛环，上唇边缘有不整齐尖齿，下唇 3 裂，中裂片倒心形，侧裂片卵形；后雄蕊花丝基部在毛环上方具向上的矩状附属器；花柱分枝，2 裂。小坚果顶端密生长绒毛。花期 7-8 月，果期 8-9 月。

生于丘陵、向阳草地、砂质地及沟谷，海拔 900m 以下。

产地：黑龙江省肇东、大庆、安达，内蒙古海拉尔、满洲里、新巴尔虎左旗、新巴尔虎右旗、额尔古纳、科尔沁右翼前旗、克什克腾旗。

分布：中国（黑龙江、内蒙古、新疆），蒙古，俄罗斯，伊朗；中亚、欧洲。

块根入药，主治月经不调、腹痛、痈疮肿毒、梅毒、呼吸道感染、头痛及关节痛等症。

651 糙苏 山芝麻

Phlomis umbrosa Turcz.

多年生草本，高（40-）70-100cm。根粗厚，近木质，须根纺锤状，肉质。茎直立，粗壮，疏被倒向刺毛。茎下部叶花期枯萎，广卵形或卵形，长（4-）8-12cm，宽4-9cm，先端渐尖或突尖，基部浅心形或近截形，边缘具粗大锯齿，两面被星状毛；茎上部叶渐小；茎中部叶有柄，上部叶柄渐短或无，密被倒向毛。轮伞花序腋生，每轮花约8朵；苞片3裂，裂片线状钻形，具缘毛；花萼钟形，带紫色，疏被星状毛；花冠粉红色，上唇盔瓣状，边缘有不规则齿，密被白色长毛及星状毛，下唇3裂；花柱先端2裂。小坚果先端无毛。花期7-8月，果期8-9月。

生于林下、林缘、山坡草地、灌丛及沟边。

产地：辽宁省凌源、建昌、朝阳、庄河、大连、普兰店、长海、凤城、本溪、东港、桓仁，内蒙古科尔沁右翼前旗、阿鲁科尔沁旗、克什克腾旗、林西、喀喇沁旗、根河、通辽、巴林右旗、巴林左旗、翁牛特旗、敖汉旗。

分布：中国（辽宁、内蒙古、河北、山西、陕西、甘肃、山东、湖北、广东、四川、贵州）。

652　尾叶香茶菜

Plectranthus excisus Maxim.

多年生草本，高达 1m。根状茎木质化，粗壮，横走；茎直立，黄褐色，有时带紫色。叶广卵形至卵状圆形，长 4-13cm，宽 3-10cm，先端具深凹，凹缺中有一尾状尖长齿，基部广楔形或近截形，骤然渐狭下延至柄成翼，边缘基部以上具粗齿，表面暗绿色，背面沿脉被短柔毛，两面具黄色腺点；叶有柄，长。圆锥花序顶生或腋生；苞片披针形，被疏毛及腺点；花萼钟形，二唇形，上唇 3 齿，下唇 2 齿；花冠蓝色、淡紫色或紫红色，花冠筒于基部上方成浅囊状，二唇形，上唇外先端 4 裂，下唇卵形；雄蕊 4；花柱先端 2 裂。小坚果卵状三棱形，先端具腺点。花期 8 月，果期 9-10 月。

生于林缘、林下、路旁及草地，海拔 1200m 以下。

产地：黑龙江省饶河、绥芬河、萝北、宁安、海林、尚志、伊春、哈尔滨、吉林省吉林、长春、桦甸、临江、蛟河、汪清、珲春、和龙、安图、敦化、抚松、前郭尔罗斯、辽宁省鞍山、抚顺、庄河、新宾、桓仁、宽甸、岫岩、凤城、本溪。

分布：中国（黑龙江、吉林、辽宁），朝鲜半岛，俄罗斯。

唇形科 Labiatae

653 内折香茶菜
Plectranthus inflexus (Thunb.) Vahl. ex Benth

多年生草本，高 40-90cm。根状茎木质，粗壮；茎直立，多分枝，钝四棱形，沿棱被倒生毛。叶片三角状广卵形，长 4-8cm，宽 3-7cm，表面深绿色，背面色淡，沿脉疏被毛，先端尖，基部广楔形，骤然渐狭，下延至柄，边缘基部以上具粗大锯齿；叶有柄。圆锥花序稍狭长，生于茎及分枝顶端或叶腋；苞片线状披针形；花萼钟形，被毛，萼齿 5；花冠淡紫色或蓝紫色，被短毛及腺点，花冠筒基部以上浅囊状，上唇外翻，先端 4 裂，下唇卵形；雄蕊 4；花柱先端 2 裂。小坚果卵圆形，先端具腺点。花果期 7-9 月。

生于山坡草地、林缘及灌丛，海拔 1200m 以下。

产地：黑龙江省牡丹江、宁安、尚志、哈尔滨，吉林省吉林、九台、集安、临江，辽宁省凌源、丹东、鞍山、大连、桓仁、普兰店、西丰，内蒙古宁城。

分布：中国（黑龙江、吉林、辽宁、内蒙古、河北、山东、江苏、浙江、江西、湖南），朝鲜半岛，日本。

654　蓝萼香茶菜

Plectranthus japonicus (Burm.) Koidz. var.
glaucocalyx (Maxim.) Koidz.

　　多年生草本，高 40-150cm。根状茎木质，粗壮；茎直立，基部木质化，多分枝。叶卵形或广卵形，先端具卵形或披针形顶齿，边缘有粗齿，基部广楔形，表面暗绿色，背面色淡，两面被腺点；叶有柄。圆锥花序顶生；苞片线形；花萼钟形，蓝色，被灰白毛，萼齿 5，三角形；花冠蓝色或暗蓝紫色，基部上方浅囊状，上唇 4 裂，下唇卵圆形；雄蕊 4；花柱先端 2 裂。小坚果卵状三棱形，黄褐色或带花纹，无毛或先端有小腺点。花期 7-8 月，果期 8-9 月。

　　生于阔叶林下、林缘、沟谷及灌丛，海拔 1000m 以下。

　　产地：黑龙江省伊春、萝北、密山、哈尔滨、宁安、鸡西、虎林，吉林省长春、临江、吉林、九台、安图、抚松、前郭尔罗斯、双辽、和龙、珲春，辽宁省沈阳、本溪、清原、开原、新宾、凌源、法库、庄河、建平、喀左、建昌、彰武、普兰店、岫岩、桓仁、鞍山、抚顺、北镇、西丰、宽甸、大连、内蒙古阿鲁科尔沁旗、宁城、敖汉旗、翁牛特旗、喀喇沁旗、巴林左旗、巴林右旗、林西、额尔古纳、牙克石。

　　分布：中国（黑龙江、吉林、辽宁、内蒙古、河北、山西、山东），朝鲜半岛，日本，俄罗斯。

　　全草入药，具有清热解毒、活血化瘀之功效。

唇形科 Labiatae

655 东亚夏枯草
Prunella asiatica Nakai

多年生草本，高（5-）20-50cm，全株初被毛，后渐脱落。茎多数，直立或斜升，有匍匐茎，须根多数。不育枝叶莲座状，

有长柄，叶片卵状长圆形；茎生叶交互对生，有柄，叶片长圆形或卵状长圆形，长 2.5-8cm，宽 1-2.5cm，先端钝尖，基部楔形，下延至柄成狭翼，近全缘；不育枝叶有长柄，茎生叶有柄，上部叶柄渐短至无柄。轮伞花序集成穗状花序，顶生；苞片近半圆形，先端有尾状尖，具缘毛；花萼带紫色，二唇形，疏被毛，上唇扁平，宽大，有短齿 3，下唇较狭，2 深裂，裂片披针形；花冠淡紫色、紫色或蓝紫色，二唇形，上唇盔瓣状，先端微凹，下唇 3 裂；前雄蕊较长，花丝先端 2 裂；子房棕褐色，花柱先端 2 裂；花盘 4 浅裂。小坚果倒卵形，棕色，无毛。花期 6-7 月，果期 8-9 月。

生于林缘、路旁及山坡草地，海拔 2200m 以下。

产地：黑龙江省黑河，吉林省通化、抚松、安图、珲春、汪清、长白，辽宁省清原、铁岭、沈阳、西丰、鞍山、岫岩、凤城、本溪、丹东、桓仁、庄河。

分布：中国（黑龙江、吉林、辽宁、山西、山东、江苏、安徽、浙江、河南、江西），朝鲜半岛，日本，俄罗斯。

茎、叶及花序入药，有清肝、散结及利尿之功效。

656　一串红

Salvia splendens Ker-Gawl.

一年生草本，高约90cm。茎直立，无毛。叶卵圆形或三角状卵形，长2-7cm，宽1.5-5cm，先端渐尖，基部截形或圆形，边缘具锯齿，表面绿色，背面色淡，有腺点；叶有柄。轮伞花序组成假总状花序，顶生；花2-6朵；花梗密被红色长柔毛；苞片早落；花萼红色，钟形，花后增大，沿脉被红色长柔毛，二唇形，上唇三角状卵形，下唇2裂；花冠红色，二唇形，上唇长圆形，先端微缺，下唇3裂；能育雄蕊2；花柱先端2裂。小坚果椭圆形，暗褐色，先端具不规则突起。花果期7-8月。

东北地区常有栽培。

产地：各地广泛栽培。

分布：中国各地广泛栽培，原产巴西。

为美丽的观赏花卉，花多为红色，也有紫色、白色等颜色。

657 多裂叶荆芥 东北裂叶荆芥

Schizonepeta multifida (L.) Briq.

多年生草本，高 25-60cm。根状茎木质；茎直立，被长柔毛，侧枝短，不发育。叶羽状深裂或浅裂，有时具不规则的浅裂或近全缘，长 2.8-6cm，宽 1.5-3.8cm，裂片长圆形或卵形，全缘或具疏齿，两面及边缘具长柔毛，背面有树脂状腺点；叶有柄。轮伞花序组成穗状花序，顶生；苞片绿色或变紫色，深裂或全缘，被白色长柔毛，具树脂状腺点，小苞片卵状披针形或披针形，带紫色；花萼带紫色，具脉 15，脉间具树脂状腺点，萼齿 5，三角形，先端尖；花冠蓝紫色，干后变黄色，外被柔毛，二唇形，上唇 2 裂，下唇 3 裂；雄蕊 4；花柱先端 2 裂。小坚果扁长圆形，黄褐色，基部渐狭。花期 7-9 月，果期 9-10 月。

生于林缘、山坡草地，海拔 1000m 以下。

产地：黑龙江省哈尔滨、萝北、虎林、黑河、呼玛，辽宁省凌源，内蒙古根河、额尔古纳、海拉尔、扎鲁特旗、牙克石、新巴尔虎右旗、科尔沁右翼前旗、赤峰、满洲里、阿尔山、通辽、巴林右旗、阿鲁科尔沁旗、克什克腾旗。

分布：中国（黑龙江、辽宁、内蒙古、河北、山西、陕西、甘肃），朝鲜半岛，蒙古，俄罗斯。

唇形科　Labiatae

658　黄芩

Scutellaria baicalensis Georgi

多年生草本，高 20-60cm。根粗大肥厚，圆锥状或圆柱状，外皮暗褐色，内部深黄色。茎丛生，单一或分枝，上升或直立。叶片披针形至线状披针形，长 1.5-5cm，宽 2-13mm，先端钝或稍尖，基部圆形，全缘，常反卷，表面深绿色，背面色淡，密布腺点；叶有短柄。总状花序顶生，偏向一侧，下方的花生于叶腋；花有梗；花萼长盾片高 1-1.5mm；花冠蓝紫色，二唇形，上唇盔瓣状，下唇 3 裂；雄蕊 4；子房柄极短；花盘杯状。小坚果椭圆形，近黑色，表面被锐尖的瘤状突起。花期（6-）7-8（-9）月，果期 8-9 月。

生于向阳山坡草地、荒地，海拔 1000m 以下。

产地：黑龙江省黑河、大庆、安达、哈尔滨、呼玛、肇东，吉林省镇赉、双辽、通榆、前郭尔罗斯，辽宁省法库、本溪、凤城、营口、盖州、普兰店、长海、大连、北镇、葫芦岛、兴城、绥中、建平、建昌、凌源、庄河，内蒙古根河、额尔古纳、阿尔山、鄂伦春旗、通辽、赤峰、牙克石、科尔沁右翼前旗、海拉尔、满洲里、鄂温克旗、扎赉特旗、扎鲁特旗、巴林左旗、巴林右旗、宁城、喀喇沁旗、克什克腾旗。

分布：中国（黑龙江、吉林、辽宁、内蒙古、河北、山西、陕西、甘肃、山东、河南、四川），朝鲜半岛，蒙古，俄罗斯。

根入药，有清热燥湿、凉血安胎及解毒之功效。

659 京黄芩

Scutellaria pekinensis Maxim.

多年生草本，高 20-40cm。根状茎细长；茎直立，分枝或不分枝，被白色柔毛，上部毛较密。叶卵圆形、三角状卵圆形或椭圆状卵形，长 1.5-5.5cm，宽 1.3-3.5cm，先端钝或稍尖，基部圆形、截形或近广楔形，边缘具略钝大齿牙，两面疏被伏柔毛；叶有柄，被柔毛。花对生，总状花序生于茎顶或枝端，花序轴密被白柔毛，混生腺毛；苞片近披针状，全缘或近全缘；花萼密被白色柔毛，有时有腺毛，盾片高 1-1.5mm；花冠蓝紫色或近蓝色，被短腺毛，二唇形，上唇盔瓣状，先端微凹，下唇 3 裂。小坚果栗色，广卵圆形至卵形，具瘤状突起。花期 6-7 月，果期（6-）7-8 月。

生于林缘、林间、沟边湿地、干山坡及溪流旁草地，海拔 600-1800m。

产地：黑龙江省饶河、虎林、伊春、宝清、富锦、尚志，吉林省安图，辽宁省岫岩、清原、西丰、铁岭、沈阳、本溪、宽甸、庄河、长海、大连、兴城、桓仁、朝阳，内蒙古科尔沁左翼后旗、克什克腾旗、扎赉特旗。

分布：中国（黑龙江、吉林、辽宁、内蒙古、河北、陕西、山东、浙江、河南）。

根入药，主治高热烦渴、肺热咳嗽、热毒泻痢、血热吐衄、胎动不安、疮痈肿毒及跌打损伤等症。

660 狭叶黄芩

Scutellaria regeliana Nakai

多年生草本，高 25-60cm。根状茎细，直伸、斜行或横走；茎直立，单一或稍分枝。叶长圆状披针形、狭长圆形或狭三角状披针形，长 1.7-4（-5）cm，宽 3-6mm，先端钝，基部近截形或微心形，全缘或近全缘，表面被微糙毛，背面被微柔毛，有颗粒状腺点；叶柄极短，密被柔毛。花单生于叶腋，偏向一侧；花梗密被柔毛；小苞片线形；萼片密被短柔毛，盾片短小，高 0.5-0.8mm；花冠紫蓝色，二唇形，上唇盔瓣状，先端微凹，下唇 3 裂；雄蕊 4；子房 4 裂，花柱细长，扁平，先端锐尖，微裂。小坚果黄褐色，密被瘤状突起。花期 6-8 月，果期 8-9 月。

生于草甸、湿草地、沼泽湿地、山阴坡、林缘及杂木林内。

产地：黑龙江省呼玛、虎林、伊春、哈尔滨、密山，吉林省珲春、敦化、抚松、靖宇、安图，辽宁省法库、桓仁、沈阳、新宾，内蒙古额尔古纳、牙克石、海拉尔、扎鲁特旗、科尔沁左翼后旗、扎赉特旗、鄂伦春旗、科尔沁右翼中旗、巴林右旗。

分布：中国（黑龙江、吉林、辽宁、内蒙古、河北），朝鲜半岛，俄罗斯。

661 并头黄芩
Scutellaria scordifolia Fisch. ex Schrank

多年生草本，高 10-35cm。根状茎较细，斜行、直伸或横走；茎直立，下部分枝。叶长圆形至线状长圆形或近披针形，长 1.5-4（-5.5）cm，宽 2-16（-20）mm，先端钝，基部近圆形、近截形或浅心形，边缘疏生齿牙，背面沿脉被微柔毛及腺点；叶具短柄或近无柄。花单生于叶腋，偏向一侧；花梗被短柔毛；花梗下方有 2 枚线形小苞；萼长盾片高 1（-1.3）mm，密被柔毛；花冠蓝紫色，被腺毛，二唇形，上唇盔瓣状，先端微凹，下唇 3 裂；雄蕊 4；子房 4 裂，花柱先端锐尖，微裂；花盘前方隆起，后方延伸成子房柄。小坚果椭圆形，具瘤状突起。花期 6-7（-8）月，果期 8（-9）月。

生于河滩草地、山地草甸、林缘、林下、撂荒地及路旁。

产地：黑龙江省五大连池、北安、安达、密山、伊春、哈尔滨、佳木斯、大庆、尚志、虎林、呼玛、萝北、黑河、嘉荫、鹤岗，吉林省通榆、长春、白城、汪清，辽宁省桓仁、凌源、昌图、新民、彰武，内蒙古赤峰、克什克腾旗、巴林右旗、扎鲁特旗、科尔沁左翼后旗、科尔沁右翼前旗、牙克石、海拉尔、鄂温克旗、陈巴尔虎旗、根河、额尔古纳、翁牛特旗、扎赉特旗、乌兰浩特、满洲里、阿尔山、新巴尔虎左旗、喀喇沁旗、宁城、鄂伦春旗、阿荣旗、扎兰屯。

分布：中国（黑龙江、吉林、辽宁、内蒙古、河北、山西、陕西、青海），朝鲜半岛，蒙古，俄罗斯。

用于各种热毒病症，如疮痈、丹毒、斑疹、咽喉肿瘤等症，亦治膀胱湿热所致湿热淋症。

唇形科 Labiatae

662 毛水苏
Stachys baicalensis Fisch. ex Benth.

多年生草本，高达 1m，全株密被白色长毛。根状茎长；茎直立，单一或上部分枝，沿棱密被长刺毛。茎下部叶花期枯萎；中上部叶卵状长圆形或长圆状线形，长 3.5-10cm，宽 0.6-2cm，先端稍尖，基部圆形，边缘具圆齿，两面密被长伏毛；叶有短柄或近无柄。轮伞花序集成穗状花序顶生，下部远离，上部密集；苞片线形；花萼钟形，萼齿 5；花冠淡紫色，二唇形，上唇直伸，先端圆形，下唇 3 裂，中裂片大；雄蕊 4；花柱先端 2 裂。小坚果卵形。花期 7 月，果期 8 月。

生于湿草地及河岸上，海拔 450-1700m。

产地：黑龙江省黑河、伊春、呼玛、虎林、萝北、宝清、哈尔滨、尚志、密山、集贤、嫩江、安达，吉林省靖宇、抚松、安图、珲春、汪清、长春、和龙、蛟河，辽宁省沈阳，内蒙古科尔沁右翼前旗、根河、额尔古纳、牙克石、海拉尔、满洲里、克什克腾旗、鄂伦春旗、扎兰屯。

分布：中国（黑龙江、吉林、辽宁、内蒙古、河北、山西、陕西、山东），朝鲜半岛、日本、俄罗斯。

在园林中用作花境、岩石园及庭院观赏，也常作为观赏植物栽培于花圃中。

663 华水苏

Stachys chinensis Bunge ex Benth.

多年生草本，高 50-100cm。根状茎长；茎直立，棱上疏被倒生刺毛。叶长圆状披针形、长圆状线形或线形，长6-10cm，宽 0.5-1.5cm，先端钝尖或渐尖，基部广楔形至楔形，边缘有圆锯齿或近全缘，两面疏生短柔毛，背面沿脉被倒生刺毛，茎上部叶渐小；叶无柄或近无柄。轮伞花序于茎顶或枝端排列成上部紧密、下部疏松的穗状花序；花萼钟形，被白色长毛，5 齿裂，先端具刺尖；花冠紫红色或粉红色，二唇形，上唇稍呈盔瓣状，下唇 3 裂；雄蕊 4；花柱先端 2 裂。

小坚果卵状球形，黑褐色。花期 6-7 月，果期 7-10 月。

生于湿草地、河边及水甸子边。

产地：黑龙江省呼玛、齐齐哈尔、虎林、大庆、密山、安达、哈尔滨、黑河、伊春，吉林省安图、通化、前郭尔罗斯、镇赉、汪清、抚松、长白，辽宁省凤城、彰武、普兰店、抚顺、本溪、盘山、凌源、丹东、大连、瓦房店、新民、法库、新宾，内蒙古科尔沁右翼前旗、扎赉特旗、乌兰浩特、扎鲁特旗、突泉、额尔古纳、通辽、巴林右旗、翁牛特旗、宁城。

分布：中国（黑龙江、吉林、辽宁、内蒙古、河北、山西、陕西、甘肃）。

664 百里香

Thymus mongolicus Ronn.

半灌木，高（1.5-）2-10cm。茎多数，匍匐或上升。不育枝被短柔毛。叶卵圆形，长 4-10mm，宽 2-4.5mm，先端钝或锐尖，基部楔形，全缘，两面无毛；叶有短柄。花序头状，花具短梗；花萼管状钟形或狭钟形；花冠紫红色、淡紫色或粉红色，上唇先端微凹，下唇 3 裂；雄蕊 4；花柱先端 2 裂。小坚果近圆形或卵圆形，压扁状。花期 7-8 月。

生于沙地。

产地：辽宁省北镇，内蒙古鄂伦春旗、扎鲁特旗、喀喇沁旗。

分布：中国（辽宁、内蒙古、河北、山西、陕西、甘肃、青海）。

665 曼陀罗
Datura stramonium L.

一年生草本，高 30-60（-100）cm，全株近平滑，有臭气。茎直立，单一，上部二歧状分枝。叶卵形或广椭圆形，长 8-16cm，宽 4-12cm，先端渐尖，基部歪楔形，边缘具不规则波状浅裂，表面暗绿色，背面色淡；叶有柄。花单生于枝杈间或叶腋，直立，有短梗；花萼筒状，筒部有 5 棱角，两棱间稍内陷，基部稍膨大，5 浅裂，裂片卵状披针形；花冠漏斗状，下部带绿色，上部白色，5 浅裂，裂片有短尖头，

雄蕊 5；子房密生针刺毛，花柱丝状，柱头 2 浅裂。蒴果直立，卵状，表面生有坚硬针刺，4 瓣裂。种子卵圆形或肾形，稍扁，黑色，表面密被网纹。花期 6-9 月，果期 9-10 月。

生于路旁草地、人家附近。

产地：黑龙江省哈尔滨、尚志，吉林省通化、临江、梅河口、柳河、辉南、集安、长白，辽宁省绥中、兴城、朝阳、阜新、沈阳、本溪、海城、大连、长海、葫芦岛、庄河、丹东、凤城、桓仁、清原，内蒙古扎鲁特旗、翁牛特旗、阿鲁科尔沁旗、喀喇沁旗、宁城、科尔沁左翼后旗。

分布：现中国各地有分布，原产墨西哥。

666 日本散血丹 白姑娘
Physaliastrum japonicum (Franch. et Sav.) Honda

多年生草本，高 30-60cm。茎直立，有分枝。叶卵形或广卵形，长 4-9cm，宽 3-6cm，先端急尖或渐尖，基部歪楔形下延至柄，成翼，全缘或微波状，具缘毛；叶有柄，狭翼状。花 2-3 朵，生于叶腋或枝腋，俯垂；花萼短钟状，疏被长柔毛和不规则肉质小鳞片，萼齿极短，扁三角形；花冠钟状，5 浅裂，裂片具缘毛；雄蕊 5。浆果球形，被增大的果萼包围，先端裸露。种子近圆盘形。花果期 6-8 月。

生于林下、河岸灌木丛及山坡草地。

产地：黑龙江省饶河，吉林省蛟河，辽宁省凌源、义县、葫芦岛、盖州、西丰、本溪、凤城、丹东、桓仁、宽甸，内蒙古科尔沁左翼后旗。

分布：中国（黑龙江、吉林、辽宁、内蒙古、陕西、山东），朝鲜半岛，日本，俄罗斯。

667 挂金灯酸浆 挂金灯 红姑娘

Physalis alkekengi L. var. **francheti** (Mast.) Makino

多年生草本，高 40-80cm。根状茎长，横走；茎直立。叶长卵形至广卵形或菱状卵形，长 4-10（-15）cm，宽 2-7cm，先端渐尖，基部广楔形，近全缘、波状或具不规则粗齿，具缘毛，两面近无毛或沿脉疏被短毛；叶有柄。花单生于叶腋；花梗直立，花后向下弯曲；花萼绿色，果期橙红色，钟状，5 齿裂；萼齿三角形；花冠白色，辐状，5 浅裂，裂片广三角形，被短柔毛，具缘毛；雄蕊 5。果梗无毛；果萼卵状，膨胀成灯笼状，薄革质，基部凹陷，先端萼齿闭合；浆果球形，橙红色，包于宿存萼片内。种子多数，肾形，淡黄色。花期 6-7 月，果期 8-10 月。

生于林缘、灌丛间、山坡草地、沟谷、岸边、田野、路旁及村舍。

产地：黑龙江省哈尔滨、尚志、集贤、密山，吉林省通化、柳河、抚松、靖宇、长白、前郭尔罗斯、安图、临江、辉南，辽宁省彰武、凤城、桓仁、庄河、鞍山、岫岩、大连、昌图、兴城、丹东、营口、海城、盖州、西丰、北镇、凌源、建昌、绥中、法库、清原、沈阳、宽甸、本溪、抚顺、朝阳、铁岭，内蒙古翁牛特旗、新巴尔虎右旗。

分布：中国（除西藏外，全国广布），朝鲜半岛，日本。

药食两用型草本水果，可制成茶、饮料、果酒、罐头。红色萼片所提取的色素可作为无公害口红的主要原料。可治糖尿病等症，外敷可治疗疱疮。

668 泡囊草

Physochlaina physaloides (L.) G. Don

多年生草本，高 20-35cm。根状茎粗，丛生；茎直立，幼茎具腺质短柔毛，后渐脱落。叶卵形、广卵形或三角状广卵形，长 3-6cm，宽 2.5-4cm，先端急尖，基部广楔形，下延至柄，全缘或微波状；叶有柄。伞房状聚伞花序顶生；苞片鳞片状；花梗密被腺质短柔毛，果期渐脱落；花萼筒状狭钟形，萼齿 5，三角形，长，密生缘毛，果期增大成卵形或近球形；花冠紫色，漏斗状，5 浅裂，裂片先端钝圆；雄蕊 5；子房近球形。蒴果近球状，被增大的宿存萼包围。种子扁肾状，黄色。花期 4-5 月，果期 5-7 月。

生于山坡草地、村边。

产地：内蒙古满洲里。

分布：中国（内蒙古、河北、新疆），蒙古，俄罗斯。

含莨菪碱、东莨菪碱和山莨菪碱。民间用全草作消毒剂。可入药，有镇痛、镇静及解痉之功效。花和茎可作止血用。

669 龙葵 黑天天
Solanum nigrum L.

一年生草本，高 30-60cm。茎直立或斜升。分枝开展，绿色或紫色。叶卵形或近菱形，长 2.5-10cm，宽 1.5-6cm，先端短尖或渐尖，基部宽楔形，下延至叶柄，全缘或具波状粗齿，表面深绿色，背面色淡；叶有柄，被短柔毛。蝎尾状花序腋外生；花 3-10 朵；花梗下垂；花萼绿色，浅杯状，5 浅裂，裂片卵圆形；花冠白色，5 深裂，裂片三角状卵形，反折；雄蕊 5；子房卵形。浆果球形，黑色。种子多数，近卵形，两侧压扁。花期 7-9 月，果期 8-10 月。

生于林下、河岸灌丛、山坡草地、田边、荒地及住宅附近。

产地：黑龙江省哈尔滨、密山，吉林省吉林、安图、汪清、镇赉、珲春，辽宁省沈阳、大连、长海、庄河、建平、锦州、法库，内蒙古科尔沁右翼中旗。

分布：中国（全国广布），世界温带至热带。

果实可食。全株入药，有毒，有解热、利尿、解疲劳及防睡眠之功效。所含龙葵碱具扩瞳作用。茎、叶、根捣烂可治敷疗毒肿、痈疮及跌打损伤等症。民间将茎、叶煎汁外用治顽癣。

670 金鱼草

Antirrhinum majus L.

一年生草本，高30-70cm。茎直立，下部分枝。叶线状披针形或长圆状披针形，长3-6cm，宽2-8mm，先端锐尖或渐尖，基部楔形，全缘；叶具短柄。总状花序顶生，密被腺毛；苞片卵形，先端渐尖，被腺毛；花萼5深裂，裂片卵圆形或长卵圆形，先端钝，密被腺毛；花冠紫红色、粉红色、黄色或白色，基部在前面延成兜状，上唇直立，2裂，下唇3浅裂，于中部成"八"字形向上隆起，隆起间具长绒毛，隆起封闭喉部，使花冠呈假面状；雄蕊4，二强。蒴果偏卵球形，被腺毛，先端以下孔裂。种子多数，蜂窝状。花期6-9（-10）月，果期7-10月。

东北地区常有栽培。

产地：各地有栽培。

分布：中国有栽培，原产地中海沿岸。

为优良的花坛和花境材料。高型品种可做切花和背景材料，矮型品种可盆栽观赏和作花坛镶边，中型品种则兼备高型品种和矮型品种的用途。

671 东北小米草

Euphrasia amurensis Freyn

草本植株粗壮，高 10-40cm。茎直立，中上部多分枝，被腺毛及柔毛。叶长圆形至卵圆形，长 5-15mm，宽 3-8mm，先端钝或急尖，基部楔形至广楔形，有时延成短柄，每边有齿 3-6。穗状花序顶生，花多数；花萼筒状钟形，4 裂，裂片三角状披针形；花冠白色，二唇形，上唇直立，盔瓣状，先端 2 裂，下唇 3 裂，裂片先端凹缺；雄蕊 4，二强。蒴果长圆形，被柔毛，上部边缘具缘毛，先端微凹。种子多数，狭卵形。花期 7-8 月，果期 9 月。

生于林草过渡区、林间草地。

产地：黑龙江省黑河、嫩江，内蒙古科尔沁右翼中旗、科尔沁右翼前旗、克什克腾旗、鄂伦春旗、根河、牙克石、鄂温克旗、阿尔山。

分布：中国（黑龙江、内蒙古），俄罗斯。

672　柳穿鱼

Linaria vulgaris Mill. var. **sinensis** Bebeaux

　　多年生草本，高 10-80cm。茎直立，单一或上部多分枝。叶披针形或线状披针形，长 3-8cm，宽 2-4mm，先端渐尖，基部渐狭，全缘；叶无柄。总状花序顶生，花多数；苞片披针形；花萼 5 裂，裂片披针形；花冠淡黄色，花冠管基部有长距，二唇形，上唇直立，2 裂，下唇 3 裂，喉部附属物位于下唇，橘黄色，有须毛；雄蕊 4，二强；花柱 1，线形，柱头细小。蒴果卵圆形或球形，开裂。种子多数，圆盘形，边缘有宽翼，中央有瘤状突起。花期 6-9 月，果期 8-10 月。

　　生于沙地、山坡草地及路边。

　　产地：黑龙江省哈尔滨、尚志、虎林、依兰、密山、呼玛、杜尔伯特、塔河、绥芬河、逊克、黑河、萝北、齐齐哈尔，吉林省汪清、洮南、白城、大安、珲春、吉林，辽宁省长海、绥中、新民、沈阳、盖州、彰武、大连、瓦房店、普兰店，内蒙古海拉尔、鄂温克旗、牙克石、额尔古纳、根河、陈巴尔虎旗、新巴尔虎左旗、科尔沁右翼前旗、科尔沁右翼中旗、扎鲁特旗、奈曼旗、扎赉特旗、克什克腾旗、翁牛特旗、乌兰浩特、敖汉旗、科尔沁左翼后旗、阿鲁科尔沁旗、巴林左旗、巴林右旗、宁城。

　　分布：中国（黑龙江、吉林、辽宁、内蒙古、河北、山西、陕西、甘肃、山东、江苏、河南）。

　　全草入药，有清热解毒、散瘀消肿之功效。可治头痛、头晕、黄疸、痔疮、便秘、皮肤病及烫火伤等症。

673　陌上菜
Lindernia procumbens (Krock.) Borbas

　　一年生草本，高 5-20cm。茎直立，基部多分枝。叶椭圆形至长圆形，长 1-2.5cm，宽 0.6-1.2cm，先端钝，基部渐狭，全缘或有不明显钝齿，有脉 3-5；叶无柄。花单生于叶腋；花梗纤细；花萼 5 深裂，裂片线状披针形或线性，先端钝尖；花冠粉红色或紫色，二唇形，上唇直立，2 浅裂，下唇 3 裂；雄蕊 4，二强；柱头细长，先端 2 裂。蒴果卵球形，室间 2 裂。种子多数，黄白色，有格纹。花期 7-8 月，果期 8-9 月。

　　生于水边及潮湿处。

　　产地：黑龙江省哈尔滨、宁安、依兰、萝北，吉林省吉林、集安、蛟河、汪清、敦化、长白、靖宇，辽宁省沈阳、本溪、铁岭、丹东、普兰店、清原、桓仁，内蒙古扎兰屯、乌兰浩特。

　　分布：中国（黑龙江、吉林、辽宁、内蒙古、河北、安徽、江苏、浙江、河南、江西、湖北、湖南、广东、广西、四川、贵州、云南），日本，马来西亚；欧洲。

674　通泉草　小通泉草

Mazus japonicus (Thunb.) O. Kuntze

一年生草本，高 3-15（-20）cm。茎直立或倾卧状上升，基部多分枝。基生叶少或多数，有时莲座状，早落，叶膜质至薄纸质，倒卵状匙形或倒卵状披针形，长 2-4cm，宽 0.5-1.5cm，先端钝，基部楔形，下延至柄，边缘具不规则粗齿；茎生叶少数，长椭圆形至披针形；基生叶有短柄，茎生叶无柄或具短柄。总状花序顶生；花 3-20 朵，稀疏；花梗果期伸长；苞片披针状；花萼钟形，5 裂，裂片卵状披针形或卵状三角形；花冠粉紫色或蓝紫色，二唇形，上唇短直，2 裂，裂片尖，下唇 3 裂；雄蕊 4，二强。蒴果卵状球形，包于宿存萼片内。种子多数，黄色，种皮具不规则网纹。花果期 5-10 月。

生于山坡湿草地、沟边、路旁、林缘及耕地旁。

产地：黑龙江省哈尔滨、依兰，吉林省临江，辽宁省本溪、凤城、宽甸、桓仁、清原、新宾、大连、长海。

分布：中国（全国广布），朝鲜半岛，日本，俄罗斯，菲律宾，越南。

全草入药，有清热、解毒及调经之功效。

玄参科 Scrophulariaceae

675 山萝花
Melampyrum roseum Maixm.

一年生草本，高 30-80cm，全株疏被鳞片状短毛。茎直立，多分枝。叶卵状披针形至披针形，长 2-6（-8）cm，宽 0.8-2.5cm，先端渐尖，基部圆或楔形；叶有短柄。总状花序顶生，长 2-10cm；花梗短；苞片绿色，基部具尖齿，先端急尖至长渐尖；花萼钟形，4 裂，裂片三角形至钻状三角形；花冠紫红色至蓝紫色，长二唇形，上唇风帽状，2 裂，裂片反卷，下唇 3 裂；雄蕊 4，二强。蒴果卵形，先端渐尖，被鳞片状毛，室背 2 裂。种子黑色。花期 7-8 月，果期 9 月。

生于林间草地、林缘及疏林下，海拔 1000m 以下。

产地：黑龙江省饶河、宝清、密山、虎林、萝北、伊春、依兰、宁安、绥芬河、鹤岗、北安、黑河、呼玛、嘉荫，吉林省长春、吉林、临江、通化、集安、抚松、安图、汪清、珲春、辉南、长白、九台、敦化、龙井、和龙，辽宁省西丰、铁岭、沈阳、抚顺、本溪、清原、新宾、桓仁、营口、鞍山、盖州、普兰店、岫岩、喀左、瓦房店、朝阳、凌源、凤城、宽甸、法库、庄河、丹东、大连，内蒙古鄂伦春旗、扎鲁特旗、喀喇沁旗、宁城、莫力达瓦达斡尔旗、科尔沁左翼后旗、扎赉特旗等。

分布：中国（黑龙江、吉林、辽宁、内蒙古、河北、山西、甘肃、山东、河南、湖北、湖南），朝鲜半岛，日本，俄罗斯。

根及全草入药，全草有清热解毒之功效，主治痈肿疮毒等症，根泡茶有清凉之效。

玄参科 Scrophulariaceae

676 狭叶山萝花

Melampyrum setaceum (Maxim.) Nakai

一年生草本，高 30-45cm。茎直立，有分枝，密被糙硬毛。叶线形或线状披针形，长 3-8cm，宽 1.5-10mm，先端尾状尖，基部楔形，边缘具糙硬毛；叶有短柄。穗状花序顶生，长 2-6cm，花多数；苞片线状披针形或长披针形，先端刺状尖，边缘具刺毛状长齿；花萼裂片三角状，先端锐尖；花冠红紫色，二唇形，上唇 2 裂，下唇 3 浅裂，裂片卵形或长圆形。蒴果疏被糙硬毛。花期 7-8 月，果期 9 月。

生于林缘、灌丛间。

产地：吉林省安图，辽宁省丹东、本溪、凤城、宽甸。

分布：中国（吉林、辽宁），朝鲜半岛，俄罗斯。

677 大花马先蒿　大野苏子马先蒿
Pedicularis grandiflora Fisch.

多年生草本，高 50-110cm。茎直立，单一或多分枝。基生叶丛生；茎生叶互生；叶近长圆形，长 10-20cm，宽 4-7cm，3 回羽状全裂，小裂片线状披针形，具白色胼胝尖齿；茎生叶有柄。总状花序，多分枝，花疏生；下部花具短梗；苞片叶状，羽状分裂；花萼钟形，5 齿裂，稍反卷；花冠紫红色或粉红色，二唇形，上唇盔瓣状，镰刀形，下部边缘密被短毛，下唇 3 浅裂，裂片近卵形；雄蕊 4，二强。蒴果卵圆形，有突尖。种子黑色，具网纹和纵棱线。花果期 7-8 月。

生于林间沼泽、草甸，海拔约 350m。

产地：黑龙江省萝北、黑河、呼玛、伊春、孙吴，内蒙古牙克石、额尔古纳、根河。

分布：中国（黑龙江、内蒙古），俄罗斯。

678　返顾马先蒿

Pedicularis resupinata L.

多年生草本，高 30-85cm。茎直立，单一或多分枝。叶互生或近对生，叶披针形、卵状披针形至卵形，长 4-10cm，宽 1-4.5cm，先端渐尖，基部稍圆或广楔形，边缘具钝圆齿及小重锯齿，齿上有白色胼胝或刺尖；叶有短柄，上部叶近无柄，无毛。花单生于茎顶端叶腋，多花形成头状、总状或圆锥状；花萼近膜质，一侧深裂，有 2 齿，全缘或略有小齿；花冠紫红色或淡紫红色，二唇形，上唇呈镰刀状弯曲，先端具短喙，下唇 3 浅裂，中裂片较小；雄蕊 4，二强，花丝有毛；柱头自喙端伸出。蒴果长圆形，开裂。种子狭卵形，暗褐色。花期 7-9 月，果期 8-9 月。

生于山地林下、林缘草甸及沟谷草甸。

产地：黑龙江省嫩江、呼玛、密山、绥芬河、尚志、萝北、伊春，吉林省永吉、安图、蛟河、珲春、汪清、吉林、长白、通化、抚松，辽宁省本溪、凤城、东港、宽甸、桓仁、岫岩、丹东、庄河、开原、西丰、鞍山，内蒙古科尔沁左翼后旗、克什克腾旗、巴林右旗、喀喇沁旗、宁城、科尔沁右翼前旗、阿尔山、鄂温克旗、根河、额尔古纳、牙克石、陈巴尔虎旗、扎兰屯。

分布：中国（黑龙江、吉林、辽宁、内蒙古、河北、山西、陕西、甘肃、山东、安徽、四川、贵州），朝鲜半岛，日本，蒙古，俄罗斯。

679 穗花马先蒿
Pedicularis spicata Pall.

一年生草本，高 20-60cm。茎单一或基部丛生，直立或侧枝向上。基生叶早枯；茎生叶 3-5 轮生，叶长圆形或披针形，长 3-7cm，宽约 1cm，羽状深裂，裂片三角状卵形，边缘反卷或有胼胝，具小齿，两面被白毛；叶有柄，被白毛。穗状花序生于茎顶或下部间断生于叶腋成花轮；苞片叶状；花萼钟形，4 齿裂，被白毛；花冠紫红色或桃红色，二唇形，上唇盔瓣状，下唇 3 裂；雄蕊花丝基部有毛；柱头稍突出。蒴果长卵形。花期 7-9 月，果期 9-10 月。

生于林缘、针阔混交林下。

产地：黑龙江省呼玛、鸡东、密山、虎林、伊春、萝北，吉林省安图、汪清、敦化，辽宁省桓仁、内蒙古牙克石、额尔古纳、根河、鄂温克旗、克什克腾旗、巴林右旗、赤峰、宁城、陈巴尔虎旗、扎兰屯、扎鲁特旗、阿尔山、科尔沁右翼前旗。

分布：中国（黑龙江、吉林、辽宁、内蒙古、河北、山西、陕西、甘肃、湖北、四川），朝鲜半岛，日本，蒙古，俄罗斯。

玄参科　Scrophulariaceae

Pedicularis striata Pall.

多年生草本，高 20-60cm。茎直立，单一或基部分枝。基生叶花期枯萎；茎生叶互生，叶长圆状披针形，长 6-10cm，宽 2-4cm，羽状全裂，裂片 10-20 对，中肋两侧有翼，裂片平展，线形，边缘有小锯齿，齿端有胼胝；茎生叶具短柄。穗状花序，花多数，花轴密被短毛；苞片 3 裂或不裂，全缘；花萼钟形，5 齿裂；花冠黄色带紫色细脉纹，二唇形，上唇 2 齿裂，下唇 3 浅裂，裂片近圆形。蒴果卵状椭圆形或长圆形，具短凸头。种子近三棱形，褐色，具小网格。花期

6-7 月，果期 8-9（-10）月。

生于山坡林下、山坡草地及草原。

产地：黑龙江省黑河、嫩江、尚志、北安、萝北、大庆、安达、伊春、呼玛，吉林省镇赉，辽宁省建平，内蒙古额尔古纳、根河、牙克石、陈巴尔虎旗、新巴尔虎右旗、新巴尔虎左旗、扎赉特旗、扎兰屯、鄂温克旗、海拉尔、赤峰、阿尔山、乌兰浩特、通辽、翁牛特旗、敖汉旗、扎鲁特旗、科尔沁右翼前旗、克什克腾旗、阿鲁科尔沁旗、喀喇沁旗、巴林左旗、巴林右旗、宁城。

分布：中国（黑龙江、吉林、辽宁、内蒙古、河北、山西、陕西、宁夏），蒙古，俄罗斯。

681　轮叶马先蒿
Pedicularis verticillata L.

多年生草本，高达 6-20cm。茎单一或基部丛生。基生叶羽状分裂；茎生叶 4 枚轮生，下部有时对生；叶长圆形，长

2-4cm，宽 5-13mm，羽状深裂至全裂，裂片具不规则缺刻状齿，齿端具白色胼胝；基生叶具长柄，被白毛。花序多花，聚集成头状或短总状；苞片叶状；花萼钟形，密被白毛，4 齿裂或近全缘；花冠紫红色，二唇形，上唇盔瓣状，镰刀状弯曲，下唇 3 裂；花柱稍伸出。蒴果长三角状披针形，先端有刺尖，开裂。种子半圆形。花期 7-8 月，果期 8-9 月。

生于高山冻原、林缘。

产地：吉林省吉林、长白、安图，内蒙古通辽、克什克腾旗、科尔沁右翼中旗、巴林右旗。

分布：中国（吉林、内蒙古、河北、四川），朝鲜半岛，日本，蒙古，俄罗斯；欧洲，北美洲。

682　松蒿

Phtheirospermum japonicum (Thunb.) Kanitz

一年生草本，高（10-）30-60（-100）cm，全株被腺毛。茎直立，多分枝。叶三角状卵形，长 1.5-5.5cm，宽 0.8-3cm，羽状全裂、羽状深裂至浅裂，裂片长卵形或长圆形，边缘具重锯齿或深裂；叶有柄，具狭翅。单花腋生，具短梗；花萼钟状，裂片 5，叶状披针形，羽状深裂，裂片先端尖；花冠紫红色或淡紫红色，被柔毛，二唇形，上唇裂片三角状卵形，下唇 3 裂，裂片下有 2 条褶襞，被白色长柔毛；雄蕊 4，二强。蒴果卵状圆锥形，被腺毛。种子多数，椭圆形，稍扁，具狭翅及网纹。花果期 7-9 月。

生于山坡灌丛阴湿处，海拔 150-1900m。

产地：黑龙江省尚志、漠河、绥芬河、鸡西、萝北、密山、哈尔滨、伊春、东宁，吉林省吉林、长白、通化、抚松、临江、安图、永吉、梅河口、辉南、和龙、长春、集安、蛟河，辽宁省彰武、法库、新民、西丰、新宾、凌源、朝阳、绥中、锦州、北镇、营口、抚顺、本溪、鞍山、海城、盖州、岫岩、庄河、普兰店、清原、桓仁、宽甸、凤城、丹东、大连、东港，内蒙古翁牛特旗、敖汉旗、科尔沁左翼后旗、科尔沁右翼中旗、科尔沁右翼前旗。

分布：中国（全国广布），朝鲜半岛，日本，俄罗斯。

全草入药，有清热利湿之功效，主治湿热黄疸、水肿等症。

683 地黄

Rehmannia glutinosa (Gaert.) Libosch. ex Fisch. et C. A. Mey.

多年生草本，高 10-30cm，全株密被灰白色多细胞长柔毛和腺毛。根状茎肉质，纺锤形或圆柱形，鲜时黄色，干后灰黄色；茎直立，单一或基部分枝，带紫红色。基生叶莲座状，倒卵形至长椭圆形，长 3-10 (-15) cm，宽 1-5cm，先端钝，基部楔形下延，边缘具不规则钝或尖齿，表面绿色，背面略带紫色或紫红色；茎生叶向上渐小；叶有长柄。总状花序顶生；花梗细弱；苞片叶状，向上渐小；花萼钟状，萼齿 5，长圆状披针形或近三角状，先端钝；花冠筒状，微弯，外面紫红色，里面黄紫色，两面均被多细胞长柔毛，檐部唇形，开展，上唇 2 裂，下唇 3 裂；雄蕊 4；子房卵形，老时

因隔膜撕裂而成一室，无毛，花柱细长，柱头 2 裂。蒴果卵形，先端尖，花柱宿存，外面包有宿存萼。种子卵形，淡棕色或黑褐色，表面具蜂窝状腹质网眼。花期 5-6 月，果期 7 月。

生于砂质壤土、荒山坡、山脚、墙边、路旁等处，海拔 50-1100m 以下，野生或栽培。

产地：吉林省靖宇，辽宁省朝阳、北票、凌源、建平、兴城、绥中、北镇、锦州、黑山、义县、盖州、大连、宽甸、凤城、辽阳、内蒙古赤峰、喀喇沁旗、通辽、宁城、敖汉旗。

分布：中国（吉林、辽宁、内蒙古、河北、山西、陕西、甘肃、山东、江苏、河南、湖北），朝鲜半岛。

根状茎入药，鲜地黄有清热、生津及凉血之功效，生地黄有清热、生津、润燥、凉血及止血之功效，熟地黄有滋阴补肾、补血调经之功效。

684　鼻花

Rhinanthus vernalis (Zing.) B. Schischk. et Serg.

一年生草本，高（10-）20-40（-50）cm。茎直立，不分枝或分枝。叶革质，披针形，长（2-）4-6cm，宽0.5-1cm，先端渐尖，基部浅心形或圆截形，边缘具三角形锯齿，齿缘具胼胝尖，被硬毛；叶无柄。总状花序顶生；花梗短；苞片叶状，广卵状三角形，先端长渐尖，边缘具尖齿；花萼筒状，4裂，裂片狭三角形或三角形；花冠黄色，被短柔毛或无毛，二唇形，上唇盔瓣状，先端延成短喙，下唇3裂；雄蕊4；花柱细，柱头头状。蒴果扁圆形，藏于宿存萼片内。种子近肾形，扁平。花期6-8月。

生于林区草甸。

产地：内蒙古牙克石。

分布：中国（内蒙古、新疆），俄罗斯，土耳其；欧洲。

685 北玄参

Scrophularia buergeriana Miq.

多年生草本，高 1-1.5m。根状茎直立，支根粗大，纺锤形，具须根；茎直立，粗壮，单一或上部稍分枝。叶近革质，卵形、三角状卵形、椭圆形或卵状披针形，长 5-12cm，宽 2-5cm，先端锐尖，基部截形或广楔形，边缘具尖锯齿；叶有柄，具狭翅。聚伞花序集成长穗状圆锥花序，花梗稍被腺毛；苞片线形或线状披针形；花萼钟形，5 深裂，裂片卵形；花冠黄绿色，二唇形，上唇 2 裂，下唇 3 裂；雄蕊 4，花丝多毛，退化雄蕊近圆形。果卵形。种子多数，黑色。花期 7-8 月，果期 8-9 月。

生于山坡阔叶林下、湿草地。

产地：黑龙江省哈尔滨，辽宁省沈阳、铁岭、辽阳、西丰、开原、凤城、桓仁、丹东、普兰店、大连、长海、凌源、本溪。

分布：中国（黑龙江、辽宁、河北、河南、山东），朝鲜半岛，日本，俄罗斯。

根入药，主治热痛烦渴、发斑、齿龈炎、扁桃体炎、咽喉炎、痈肿、急性淋巴结炎、淋巴结结核及肠燥便秘等症。

玄参科 Scrophulariaceae

686 大婆婆纳

Veronica dahurica Stev.

多年生草本，高 20-90（-100）cm。茎直立，单一或丛生，密被腺毛或短柔毛。叶卵形或卵状披针形，长 2-7cm，宽 1.5-4cm，先端钝，基部微心形或圆状截形，常羽状深裂，边缘具缺刻状锯齿或重锯齿，两面被短腺毛。总状花序长穗状，单一或分枝，花序轴与花梗密被腺毛或短毛；花萼 4-5 裂，裂片线状披针形，被腺毛和短毛；花冠白色、粉色或淡紫色；雄蕊 2。

蒴果近圆形或倒心形，花萼宿存。花期 7-8 月，果期 8-9 月。

生于草地、沙丘及疏林下。

产地：黑龙江省鸡西、漠河、呼玛，吉林省珲春，内蒙古海拉尔、额尔古纳、根河、陈巴尔虎旗、鄂温克旗、新巴尔虎左旗、牙克石、克什克腾旗、满洲里、阿鲁科尔沁旗、巴林左旗、巴林右旗、翁牛特旗、敖汉旗、科尔沁右翼前旗、扎鲁特旗、阿尔山。

分布：中国（黑龙江、吉林、内蒙古、河北、河南），朝鲜半岛，蒙古，俄罗斯。

687 白婆婆纳

Veronica incana L.

多年生草本，高 20-45cm，全株密被白色绵毛。茎丛生，直立或上升。茎下部叶长圆形至椭圆形；基生叶莲座状，长

2-5cm，宽 0.4-1.5cm，先端钝至急尖，基部楔形，边缘具圆钝齿或全缘；茎上部叶宽线形或长圆状披针形，两面密被白绵毛或表面疏被毛，呈灰绿色；茎下部叶具长柄，上部叶近无柄。总状花序长，单一或分枝；花梗极短；苞片线形或披针形；花萼裂片狭卵形或卵状披针形；花冠蓝色、蓝紫色或白色，裂片卵形、卵圆形或倒卵形，常反折；雄蕊伸出花冠。蒴果近圆形，密被短腺毛。花期 6-8 月，果期 8 月。

生于沙丘间湿地、山坡草地及林缘草甸，海拔约 600m。

产地：内蒙古海拉尔、陈巴尔虎旗、科尔沁右翼前旗、鄂温克旗、牙克石、新巴尔虎左旗、新巴尔虎右旗、额尔古纳、赤峰、巴林右旗、克什克腾旗、巴林左旗、科尔沁左翼后旗。

分布：中国（内蒙古），俄罗斯。

全草入药，有清热消肿、凉血止血之功效。

688　长毛婆婆纳

Veronica kiusiana Furumi

多年生草本，高 70-100cm。茎单一或丛生，有时上部分枝。叶卵状披针形或三角状卵形，长 4-13cm，宽 2-4.5（-6）cm，先端渐尖，基部近截形、浅心形或楔形，边缘具稍尖锯齿；茎下部叶柄长，上部叶柄较短，具宽翼，被柔毛。总状花序单生或多分枝，花序轴及花梗被柔毛；苞片披针形，被毛；花萼 4 裂，裂片披针形或卵状披针形，边缘有缘毛；花冠紫色、蓝色或淡蓝色，4 裂，裂片卵圆形或长圆形；雄蕊 2。蒴果近球形，无毛，花萼及花柱宿存。花期 7-9 月，果期 8-9 月。

生于水沟边、林缘草地。

产地：黑龙江省宁安，吉林省汪清、敦化、和龙、安图，辽宁省丹东、本溪、庄河。

分布：中国（黑龙江、吉林、辽宁），朝鲜半岛，日本。

玄参科 Scrophulariaceae

689 细叶婆婆纳
Veronica linariifolia Pall. ex Link

多年生草本，高 35-90cm。茎直立或斜升，单一，被白卷毛。叶对生或互生，线形或线状披针形，长 2-6.5cm，宽 2-7mm，先端锐尖，基部狭楔形，边缘中上部疏具小锯齿，两面被白卷毛或近无毛。总状花序顶生，多花密集成长穗状，单生或分枝；花梗被白卷毛；苞片线形；花萼 4 深裂，裂片卵状披针形，边缘具缘毛；花冠蓝色、蓝紫色、淡蓝紫色、淡红紫色或白色，花冠 4-5 裂；雄蕊 2；花柱丝状，柱头头状。蒴果椭圆形或近圆状肾形，先端微凹。种子多数，近圆形或长卵形。花期 7-8 月，果期 8-10 月。

生于草甸、草地、灌丛及疏林下。

产地：黑龙江省大庆、伊春、东宁、鸡西、哈尔滨、黑河、呼玛、萝北、依兰、密山、海林、克山、安达，吉林省双辽、汪清、九台、镇赉、通榆，辽宁省沈阳、大连、鞍山、丹东、铁岭、西丰、瓦房店、法库、庄河、本溪、桓仁、新民、凤城、阜新、盖州、凌源、长海、宽甸、抚顺，内蒙古海拉尔、莫力达瓦达斡尔旗、鄂伦春旗、陈巴尔虎旗、鄂温克旗、新巴尔虎左旗、额尔古纳、根河、牙克石、扎兰屯、通辽、赤峰、翁牛特旗、科尔沁右翼前旗、科尔沁右翼中旗、宁城、扎赉特旗、林西、巴林右旗、阿鲁科尔沁旗、喀喇沁旗、克什克腾旗、扎鲁特旗。

分布：中国（黑龙江、吉林、辽宁、内蒙古），朝鲜半岛，日本，蒙古，俄罗斯。

690 东北婆婆纳

Veronica rotunda Nakai var. **subintegra** (Nakai) Yamazaki

多年生草本，高 50-70cm。茎单一，不分枝或上部分枝。叶披针形、广披针形或长圆形，长 5-14cm，宽 1.5-3cm，先端急尖至渐尖，基部楔形；茎中下部叶无柄，抱茎，上部叶无柄或有短柄。总状花序单生或分枝，花序轴密被白色短柔毛；花梗密被腺毛或短柔毛；苞片线形；花萼 4 裂，裂片披针形；花冠蓝色或蓝紫色、淡紫色，4 裂；雄蕊 2。蒴果倒心状椭圆形或近椭圆形。种子卵圆形或椭圆形，褐色，扁平。花期 6-8 月，果期 8-9 月。

生于草甸、林缘草地、山坡及沼泽地。

产地：黑龙江省黑河、宁安、尚志、哈尔滨、嫩江、饶河、萝北、汤原、孙吴、伊春，吉林省蛟河、安图、汪清、抚松、和龙，辽宁省本溪，内蒙古鄂伦春旗，

分布：中国（黑龙江、吉林、辽宁、内蒙古），朝鲜半岛，日本，俄罗斯。

691 长白婆婆纳

Veronica stelleri Pall. ex Link var. **longistyla** Kitag.

多年生草本，高（5-）10-20cm。茎直立或上升，单一，被白色长柔毛。叶卵形或椭圆形，长1-2.5cm，宽0.5-1.8cm，先端钝，基部圆，边缘有稍钝锯齿；叶无柄。总状花序顶生，被腺毛；花梗密被腺毛；苞片披针形或椭圆形，全缘；花萼4裂，裂片披针形或椭圆形，被腺毛；花冠蓝色或紫色，4裂，裂片卵形或卵圆形；雄蕊2。蒴果椭圆形或倒卵形，先端微凹，疏被腺毛。种子卵形。花期7-8月，果期8-9月。

生于高山苔原，海拔2200-2700m。

产地：吉林省长白、安图、抚松。

分布：中国（吉林），朝鲜半岛，日本，俄罗斯；北美洲。

692 水婆婆纳

Veronica undulata Wall.

一年生或二年生草本，高 30-50cm。茎直立或稍斜升，近肉质，中空。叶质薄，卵状披针形、披针形或长圆状披针形，长 3-8（-10）cm，宽 1-3cm，先端稍尖，基部微心形或稍呈耳状抱茎，边缘具微波状细锯齿；叶无柄。总状花序腋生，花序轴与花梗疏被腺毛或近无毛；苞片线形或线状披针形；花萼 4 深裂，裂片卵状披针形或长圆形；花冠淡蓝色、淡蓝紫色或粉白色，4 裂，其中 3 枚较大，裂片倒卵形或广卵形；雄蕊 2。蒴果近扁球形，花柱及花萼宿存。花期 6-9 月，果期 6-10 月。

生于水边、溪流旁及湿草地。

产地：黑龙江省哈尔滨、尚志，吉林省集安、临江、汪清，辽宁省大连、本溪、西丰、清原、建平、凌源、彰武，内蒙古克什克腾旗、科尔沁右翼中旗。

分布：中国（全国广布），朝鲜半岛，日本，印度，巴基斯坦，尼泊尔。

可入药，带虫瘿的全草有和血止痛、通经止血之功效，可治闭经、跌打红肿及吐血等症，也可治妇女产后风寒。

693 轮叶腹水草 轮叶婆婆纳

Veronicastrum sibiricum (L.) Pennell

多年生草本，高达 1m。茎直立，圆柱形，疏被长毛或近无毛。叶（3-）4-8（-9），轮生，近革质，广披针形、长圆状披针形或倒披针形，长 8-13cm，宽 1.5-4cm，先端渐尖或锐尖，基部楔形，边缘具尖锯齿；叶近无柄或具短柄。长尾状穗状花序顶生，单一或分枝；花无梗或近无梗；苞片线形，先端尖；花萼 5 深裂，裂片线形或线状披针形，边缘具缘毛；花冠淡蓝紫色、红紫色、紫色、淡紫色、粉红色或白色，先端 4 裂，裂片卵形；雄蕊 2，花丝下部多毛。蒴果卵形或卵状椭圆形，花萼或花柱宿存。种子多数，卵状椭圆形。花期 7 月，果期 8-9 月。

生于林边草甸、山坡草地及灌丛。

产地：黑龙江省黑河、北安、集贤、密山、虎林、宁安、东宁、鹤岗、哈尔滨、尚志、呼玛、伊春、齐齐哈尔、嘉荫、吉林省蛟河、九台、汪清、珲春、和龙、安图、敦化、靖宇、抚松、集安、吉林、通化、梅河口、柳河，辽宁省清原、西丰、岫岩、本溪、鞍山、绥中、大连、丹东、凤城、桓仁、宽甸，内蒙古额尔古纳、根河、牙克石、新巴尔虎左旗、扎兰屯、海拉尔、阿荣旗、莫力达瓦达斡尔旗、陈巴尔虎旗、鄂温克旗、科尔沁右翼前旗、扎鲁特旗、克什克腾旗、巴林左旗、巴林右旗、阿鲁科尔沁旗、喀喇沁旗、宁城、敖汉旗。

分布：中国（黑龙江、吉林、辽宁、内蒙古、河北、山西、陕西、甘肃、山东），朝鲜半岛，日本，俄罗斯。

为良好的花境材料，也可群植点缀林缘、草地及岩石园。

紫葳科 Bignoniaceae

694 梓树 臭梧桐

Catalpa ovata G. Don

落叶乔木,高 6m。树皮暗灰色或灰褐色,浅纵裂。枝粗壮,开展,幼枝绿色,被柔毛及腺毛,老枝灰色或淡灰褐色。芽卵球形,紫褐色。叶对生,稀 3 叶轮生,广卵形或近圆形,长 10-20cm,宽 8-18cm,先端渐尖或锐尖,基部浅心形或圆形,边缘具缘毛,表面深绿色,被短柔毛,沿脉尤密,背面黄绿色,近无毛,仅沿脉被灰白色毛,脉腋被褐色毛并有紫黑色腺点。圆锥花序顶生;花梗疏被毛;苞片早落;花萼 2 裂,裂片广卵形,先端锐尖;花冠浅黄色,二唇形,上唇 2 裂,下唇 3 裂,边缘波状,筒部内有 2 黄色条带及暗紫色斑点;能育雄蕊 2,不育雄蕊 3;子房卵形,花柱丝状,柱头 2 裂。蒴果长圆柱形,深褐色,冬季不落。种子长椭圆形,两端密被长软毛,背部稍隆起。花期 6-7 月,果期 8-10 月。

东北地区常有栽培。

产地:东北各地有栽培。

分布:现我国东北、华北、西北、华中、西南等地广泛栽培,原产我国。

常栽培作庭院树或行道树供观赏。木材轻软、耐朽,供建筑及制家具、乐器等用。嫩叶可食用。果实入药,即"梓实",除含钾盐外还含有梓醇及对羟基苯甲酸脂(称为梓贰),可作利尿剂,主治慢性肾炎、浮肿和蛋白尿等症。

695 角蒿 羊角蒿 角蒿透骨草
Incarvillea sinensis Lam.

一年生草本，高 30-50cm。茎直立，圆柱形，具条棱。叶互生或于茎基部近对生，2-3 回羽状深裂或全裂，裂片 4-7 对，下部裂片再分裂，终裂片线形或线状披针形，长 0.5-1.5cm，宽 1-3mm，先端尖，裂片全缘；叶有柄。总状花序顶生，花 3-5（-15）朵，花梗短；苞片钻形，被毛；花萼钟状，先端 5 裂，裂片钻形，基部膨胀，球形，裂片间具膜质短齿；花冠红色或淡红紫色，漏斗状，先端 5 裂，稍呈二唇形，上唇 2 裂片，下唇 3 裂；雄蕊 4，花丝内曲，花药歧出，基有附属物；子房上位，花柱红色，柱头 2 裂；花盘环状。蒴果圆柱形，先端渐尖，略向外弯曲，成羊角状，2 裂。种子卵圆形，浅褐色，周围具白色膜质翼，全缘或不规则浅裂。

花期 6-8 月，果期 8-9 月。

生于荒地、路旁、河边及沟谷。

产地：黑龙江省哈尔滨、齐齐哈尔，吉林省镇赉、通榆、前郭尔罗斯，辽宁省沈阳、辽阳、绥中、彰武、新民、盖州、岫岩、普兰店、瓦房店、本溪、建平、建昌、喀左、凌源、康平、营口，内蒙古喀喇沁旗、扎鲁特旗、科尔沁右翼前旗、莫力达瓦达斡尔旗、宁城、科尔沁左翼后旗、翁牛特旗、巴林右旗、敖汉旗。

分布：中国（黑龙江、吉林、辽宁、内蒙古、陕西、甘肃、宁夏、青海、四川、云南、西藏、华北），蒙古，俄罗斯。

全草入药，有散风祛湿、解毒止痛之功效，主治风湿关节痛、筋骨拘挛、瘫痪、胃病、耳流脓及月经不调等症，外用可治疮疡肿毒、毒蛇咬伤。

696　茶菱

Trapella sinensis Oliv.

多年生水草。根状茎横走，须根多数；茎细长，绿色，长 40-60cm，疏生分枝。叶对生，浮水叶三角状圆形至肾圆形，长 1.5-2.5cm，宽 1.5-3cm，先端钝，基部浅心形，边缘具钝齿，表面有光泽，背面淡紫红色；沉水叶线状长圆形，长 2-3cm，宽 5-10mm，基部狭，边缘疏锯齿；浮水叶柄长，沉水叶柄短。花单生于叶腋，有梗；花萼钟形，5 齿裂，宿存；花冠淡红色，漏斗状，背面膨胀，5 裂，裂片圆形，薄膜质；雄蕊 2；子房下位；茎上部多为闭锁花。蒴果圆柱形，基部稍狭，具翼 3，宿存花萼下有触角状刺 3，先端卷曲。种子黄色，有 4 棱。花果期 7-9 月。

生于池沼、湖泊。

产地：黑龙江省哈尔滨、密山，吉林省敦化、吉林，辽宁省沈阳、新民、铁岭，内蒙古扎赉特旗。

分布：中国（黑龙江、吉林、辽宁、内蒙古、河北、安徽、江苏、浙江、福建、湖南、湖北），朝鲜半岛，日本，俄罗斯。

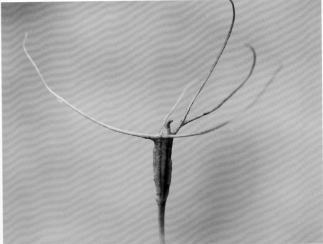

苦苣苔科 Gesneriaceae

697 猫耳旋蒴苣苔
Boea hygrometrica (Bunge) R.Br.

多年生草本，高约10cm。叶基生，肉质，近圆形、卵形或倒卵形，长2-5cm，宽1.5-5cm，先端钝，基部楔形，边缘有齿或波状小齿，表面被白色长伏毛，背面被白色或淡褐色绒毛；叶无柄。花葶1-4，被短腺毛，聚伞花序密被短腺毛；苞片卵形；花萼5深裂，裂片披针形；花冠淡蓝紫色，二唇形，上唇2裂，下唇3裂；能育雄蕊2；子房密生短毛。蒴果螺旋状扭曲。

生于岩石壁上，海拔900m以下。

产地：吉林省长白，辽宁省凌源、绥中、喀左。

分布：中国（吉林、辽宁、河北、山西、陕西、山东、浙江、福建、河南、江西、湖南、湖北、广东、广西、四川、云南）。

全草入药，可治中耳炎、跌打损伤等症。

698　列当　兔子拐棍

Orobanche coerulescens Steph.

寄生植物，多年生草本，高 10-30（-40）cm，全株被白色蛛丝状绵毛。茎单一或分枝，黄褐色。叶膜质，鳞片状，披针形或卵状披针形，长 9-16mm，宽 2-5mm，先端渐尖，基部宽，黄褐色。穗状花序顶生；苞片黄褐色，卵状披针形或三角状卵形，先端渐尖；花萼 2 深裂，裂片再 2 浅裂；花冠蓝紫色或紫色，二唇形，上唇先端微凹，下唇 3 裂；雄蕊 4。蒴果近椭圆形。种子多数，黑色，有光泽。花期 6-7 月，果期 8-9 月。

生于山坡草地、湖边沙地及固定沙丘，寄生于蒿属植物根上。

产地：黑龙江省密山、北安、伊春、杜尔伯特、哈尔滨，吉林省柳河、抚松、靖宇、辉南、安图、通榆，辽宁省建平、凌源、彰武、大连、本溪、清原、新民、海城、凤城、宽甸、桓仁，内蒙古海拉尔、满洲里、阿尔山、新巴尔虎右旗、新巴尔虎左旗、额尔古纳、克什克腾旗、翁牛特旗、巴林右旗、宁城、敖汉旗、科尔沁左翼后旗、科尔沁右翼前旗。

分布：中国（黑龙江、吉林、辽宁、内蒙古、河北、山西、陕西、甘肃、新疆、山东、湖北、四川、云南、西藏），朝鲜半岛、日本、蒙古、俄罗斯；中亚、欧洲。

全草入药，有补肾壮阳、强筋骨之功效，主治阳痿、腰腿冷痛、神经官能症及小儿腹泻等症，外用可消肿。

699 黄花列当

Orobanche pycnostachya Hance

寄生植物，多年生草本，高 10-22（-40）cm，全株被腺毛。茎直立，单一，黄褐色。叶带黄褐色，鳞片状，卵状披

针形或披针形，长 10-18mm，宽 3-5mm，先端渐尖，基部宽。穗状花序顶生，密被短腺毛；苞片黄褐色，卵状披针形，密被腺毛，先端渐尖；花萼广卵形，2 深裂，裂片再 2 裂；花冠黄色或淡黄色，密被腺毛，二唇形，上唇 2 裂，下唇 3 裂；雄蕊 4，2 强；花柱细长，被短腺毛，柱头头状。蒴果长圆形，包在花被片内。种子多数，椭圆形，稍带棱角。花期 5-6 月，果期 7-8 月。

生于干山坡、山地草原及固定沙丘，寄生于万年蒿等植物根上。

产地：黑龙江省黑河、宁安、哈尔滨、齐齐哈尔，吉林省抚松，辽宁省昌图、鞍山、沈阳、北镇、彰武，内蒙古牙克石、科尔沁右翼前旗、乌兰浩特、扎鲁特旗、科尔沁左翼后旗。

分布：中国（黑龙江、吉林、辽宁、内蒙古、河北、陕西、山东、河南），朝鲜半岛，俄罗斯。

700　狸藻

Utricularia vulgaris L.

多年生水草，全株细弱。茎细，长50-70cm，分枝。叶互生，2-3回羽状分裂，裂片丝状，边缘具白色毛刺状齿，小羽片下部有歪卵形捕虫小囊体，有短柄，浓绿色后变黑褐色。花葶由茎分歧处生出，疏总状花序顶生，花有梗；苞片膜质，卵形，先端稍尖；花萼绿色，2裂；花冠黄色，二唇形，上唇广卵形，下唇圆状方形，先端3浅裂，里面中部有囊状突起，外侧基部有长距；雄蕊2；子房上位，花柱短，柱头膜质，圆片状。蒴果球形，下垂，花萼宿存。种子多数。花期6-9月，果期7-9月。

生于池沼、河边水中及沼泽地。

产地：黑龙江省抚远、密山、萝北、虎林、汤原、哈尔滨、齐齐哈尔、伊春，吉林省安图、汪清、双辽、扶余、珲春、抚松，辽宁省沈阳、新民、彰武、康平、辽阳、盖州、大连，内蒙古额尔古纳、鄂温克旗、新巴尔虎右旗、科尔沁右翼前旗、科尔沁右翼中旗、扎赉特旗、满洲里、牙克石、扎兰屯、海拉尔、通辽、科尔沁左翼后旗、科尔沁左翼中旗、奈曼旗。

分布：中国（黑龙江、吉林、辽宁、内蒙古、河北、山西、陕西、甘肃、青海、新疆、山东、河南、四川），朝鲜半岛、日本，俄罗斯；中亚，欧洲，北美洲。

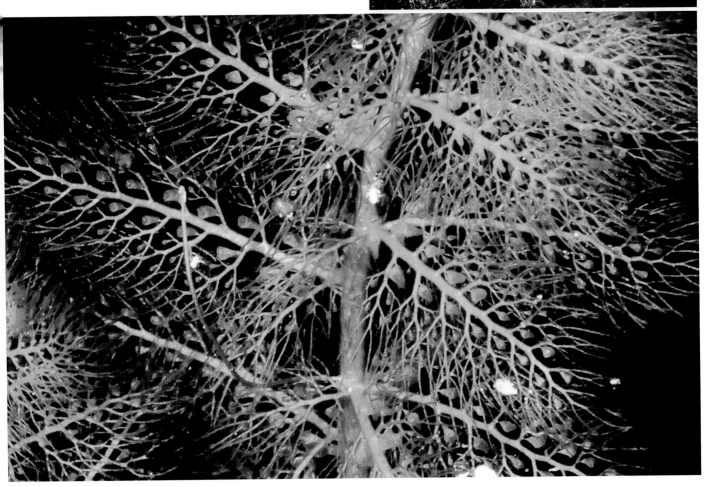

701 透骨草

Phryma leptostachya L. var. **asiatica** Hara

多年生草本，高 30-70cm。茎直立，4 棱，被细柔毛，上部分枝。叶薄纸质，对生，卵形、广卵形或三角状卵形，长 4-10cm，宽 2-8cm，先端渐尖至长渐尖，基部楔形或近截形，下延至柄，边缘具粗锯齿，表面疏被短柔毛，背面被毛或仅脉被毛；叶柄被细柔毛。总状花序细长如穗状，顶生或腋生；花疏生；花梗极短；苞片披针形；花萼筒状，二唇形，上唇 3 裂，裂片刺芒状，下唇 2 齿裂，裂齿三角形，具缘毛；花冠白色，带淡紫色，二唇形，上唇 2 裂，下唇 3 裂；雄蕊 4，2 强；子房狭倒卵形或长圆形，棒状，下垂，贴近花轴。瘦果包于宿存萼内，贴近花轴。种子长椭圆形，淡黄褐色，

先端尖。花期 7-8 月，果期 8-9 月。

生于林下、路旁，海拔 1300m 以下。

产地：黑龙江省伊春、哈尔滨、虎林、尚志、宁安、饶河，吉林省吉林、安图、长白、抚松、通化、和龙、珲春、汪清、靖宇，辽宁省沈阳、本溪、鞍山、大连、丹东、普兰店、凤城、桓仁、西丰、清原、绥中、凌源、宽甸，内蒙古科尔沁左翼后旗。

分布：中国（黑龙江、吉林、辽宁、内蒙古、河北、山西、陕西、甘肃、山东、江苏、安徽、浙江、福建、河南、湖北、湖南、广西、四川、贵州、云南、西藏），朝鲜半岛，日本，俄罗斯，印度，尼泊尔，越南；北美洲。

全草入药，有清热利湿、活血消肿之功效，主治黄水疮、湿疹、跌打损伤及骨折等症，并可杀蛆灭蝇。

702 平车前

Plantago depressa Willd.

多年生草本，高 10-40cm。主根圆柱形。叶基生，椭圆形、长椭圆形或椭圆状披针形，长 5-13cm，宽 1-4cm，先端锐尖，基部楔形下延，边缘具不规则疏齿，表面绿色，背面色淡，弧形脉明显隆起；叶有柄，槽状，中脉明显。穗状花序，上部花密生，下部花疏生；苞片披针形，先端尖，边缘白色膜质；花萼裂片 4，倒卵形，先端钝圆，背部隆起；雄蕊 4；子房椭圆形至卵形，花柱短，柱头丝状。蒴果卵状圆形，盖裂。种子椭圆形，黑色。花期 6 月，果期 7-8 月。

生于田间路旁、草地沟边。

产地：黑龙江省哈尔滨、安达、大庆、伊春、汤原、萝北、密山、鸡东、黑河、呼玛，吉林省桦甸、临江、吉林、通化、安图、抚松、长白、和龙、双辽、镇赉、通榆、辽宁省沈阳、西丰、本溪、桓仁、开原、东港、清原、鞍山、盖州、营口、普兰店、大连、长海、庄河、岫岩、凤城、丹东、义县、锦州、兴城、绥中、建平、凌源、喀左、内蒙古海拉尔、满洲里、牙克石、根河、新巴尔虎左旗、鄂温克旗、科尔沁右翼前旗、扎鲁特旗、扎赉特旗、通辽、乌兰浩特、宁城、克什克腾旗、阿尔山。

分布：中国（黑龙江、吉林、辽宁、内蒙古、河北、山西、陕西、甘肃、宁夏、青海、新疆、山东、江苏、安徽、河南、江西、湖北、四川、云南、西藏），朝鲜半岛，日本，蒙古，俄罗斯，哈萨克斯坦，阿富汗，印度，巴基斯坦。

全草入药，有利尿、清热及明目之功效。

703 大车前

Plantago major L.

多年生草本，高 20-80（-110）cm。根状茎粗，须根多数。叶基生，卵形、广卵形或椭圆状卵形，长 10-20（-26）cm，宽 5-15（-21）cm，先端钝或锐尖，基部楔形或广楔形，下延至柄，全缘或边缘疏具不规则锯齿，表面深绿色，背面色淡；叶柄无毛或疏被茸毛，基部稍扩大成鞘状。穗状花序圆柱形；基部花疏生，无梗；苞片卵形或长卵形，先端钝；花萼 4 裂，裂片背面有龙骨状突起；花冠 4 裂，裂片卵形；雄蕊 4；雌蕊 1。蒴果卵圆形，盖裂。种子椭圆形、长卵形或不规则形，黑色。花期 7-8 月，果期 8-9 月。

生于田间路旁、草地及水沟等潮湿地。

产地：黑龙江省呼玛、伊春、汤原、密山、鸡东，吉林省汪清、安图、抚松、靖宇、辽宁省沈阳、西丰、清原、本溪、桓仁、大连、长海、营口、彰武、凌源，内蒙古新巴尔虎右旗、扎鲁特旗、阿尔山、通辽、海拉尔、满洲里、科尔沁右翼前旗、翁牛特旗。

分布：中国（黑龙江、吉林、辽宁、内蒙古、河北、山西、陕西、甘肃、青海、新疆、山东、江苏、浙江、福建、江西、湖南、湖北、广东、广西、海南、四川、贵州、云南、西藏、台湾），欧亚大陆温带及寒温带。

全草入药，可治跌打损伤、肾炎水肿、接筋接骨、感冒咳嗽、气管炎、肾炎、肝炎、疮疖、感冒咳嗽、高血压、目赤翳障、水肿、肠炎、黄疸及肝区疼痛等症。

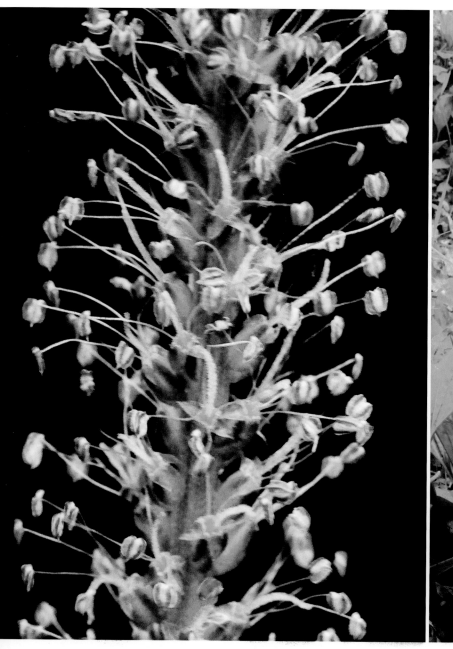

忍冬科　Caprifoliaceae

704　二花六道木

Abelia biflora Turcz.

落叶灌木，高 1-2.5m。树皮浅灰色。枝具 6 条纵沟，小枝绿色、淡褐色至灰色。芽卵形。叶对生，厚纸质，叶狭卵形或卵状披针形，长 3-7cm，宽 1-4cm，先端锐尖至渐尖，基部广楔形，边缘有不规则粗齿或全缘，表面绿色，背面色淡，两面疏被刚毛状柔毛；叶有短柄。花 2 朵，腋生，具短梗；小苞片 3；萼片 4，倒披针状匙形或狭椭圆形；花冠筒状，淡黄色；雄蕊 4；子房下位，花柱长。瘦果状核果，有纵棱，萼片宿存。种子 1 粒。花期 5 月，果期 7 月。

生于多石质的山坡灌丛。

产地：辽宁省沈阳、喀左、凌源、建昌、绥中、朝阳、内蒙古宁城、喀喇沁旗。

分布：中国（辽宁、内蒙古、河北、山西、陕西）。

用作观赏植物，常栽培于庭院或公园。

705 黄花忍冬

Lonicera chrysantha Turcz.

落叶灌木，高达 4m。树皮灰色或稍暗。幼枝被毛，小枝无毛。芽狭卵形。叶菱状卵形至卵状披针形，长 6-12cm，宽 1.5-4cm，先端渐尖，基部广楔形或近圆形，全缘，表面暗绿色，背面色淡，沿脉被柔毛；叶柄短，被柔毛。花腋生，有长梗；苞片线形，小苞片卵状长圆形至近圆形，有腺点；花萼 5 齿裂，脱落；花冠黄白色，后变黄色，二唇形；雄蕊 5；子房长椭圆状卵形，被腺毛，花柱被疏柔毛，柱头头状。浆果红色，球形。花期 6 月，果期 8-9 月。

生于山坡林缘、林内及石砬子旁，海拔 150-1700m。

产地：黑龙江省呼玛、宁安、密山、尚志、虎林、伊春、哈尔滨、穆棱、安达、嘉荫、饶河，吉林省汪清、安图、抚松、吉林、蛟河、敦化、集安、珲春、长白、和龙、临江，辽宁省桓仁、凤城、沈阳、清原、本溪、岫岩、鞍山、宽甸、建昌、凌源、朝阳，内蒙古科尔沁右翼中旗、科尔沁右翼前旗、阿尔山、满洲里、牙克石、喀喇沁旗、克什克腾旗、宁城。

分布：中国（黑龙江、吉林、辽宁、内蒙古、河北、山西、陕西、甘肃、宁夏、青海、山东、河南、江西、湖北、四川），朝鲜半岛，日本，俄罗斯。

用作庭院观赏。

706　蓝靛果忍冬

Lonicera edulis Turcz.

落叶灌木，高 1.5m。树皮片状剥裂。多分枝，枝直立或开展，幼枝被柔毛，红褐色，老枝红棕色。芽卵形。叶长圆状卵形、长圆形、长卵形或倒卵状披针形，长 2-7cm，宽 1-2.3cm，先端钝尖，基部广楔形，全缘，有缘毛；叶柄短，被长毛。花腋生；花梗下垂；相邻的 2 花萼筒 1/2 至全部合生，萼齿小，疏被柔毛；花冠黄白色，带粉红色或紫色，花冠筒基部膨大成囊状，5 裂；雄蕊 5。浆果椭圆形或长圆形，暗蓝色，

被白粉。花期 5-6 月，果期 8-9 月。

生于林区河岸、山坡及林缘，海拔 300-900m。

产地：黑龙江省尚志、呼玛、海林、伊春，吉林省安图、抚松、汪清、珲春、靖宇、长白、临江，内蒙古根河、额尔古纳、阿鲁科尔沁旗、巴林右旗、克什克腾旗、阿尔山、科尔沁右翼前旗、牙克石。

分布：中国（黑龙江、吉林、内蒙古、河北、山西、甘肃、宁夏、青海、四川、云南），朝鲜半岛，日本，俄罗斯。

可用作庭园观赏。浆果酸甜，可供饮料、酿酒或制果酱。民间用果入药，有清热解毒之功效。

707 金银忍冬

Lonicera maackii (Rupr.) Maxim.

落叶灌木,高 5-6m。树皮灰褐色。小枝开展,被短柔毛。芽卵形。叶卵状椭圆形至卵状披针形,长 5-8cm,宽 2.5-4cm,先端长渐尖,基部广楔形,全缘,表面暗绿色,背面色淡,两面沿脉被短柔毛;叶有短柄,被毛。花腋生;总花梗被腺毛;苞片线形;相邻 2 花萼筒分离,花萼钟状,5 裂,裂片卵状披针形,边缘有缘毛;花冠白色,后变黄色,二唇形,上唇 4 裂,下唇不裂;雄蕊 5;子房下位。浆果红色,球形,离生。花期 5-6 月,果期 9 月。

生于山坡林缘,海拔 800m 以下。

产地:黑龙江省伊春、尚志、哈尔滨、依兰、宁安、萝北,吉林省安图、蛟河、吉林、桦甸、前郭尔罗斯、珲春、临江、长白、和龙、敦化,辽宁省鞍山、盖州、凤城、宽甸、本溪、新宾、桓仁、抚顺、大连、岫岩、庄河、西丰、义县、北镇、沈阳、彰武,内蒙古科尔沁左翼后旗。

分布:中国(黑龙江、吉林、辽宁、内蒙古、河北、山西、陕西、甘肃、山东、江苏、安徽、浙江、河南、湖北、湖南、四川、贵州、云南、西藏),朝鲜半岛,日本,俄罗斯。

用作庭院观赏。种子可榨油。

708　单花忍冬

Lonicera monantha Nakai

落叶灌木，高 1-1.5m。树皮灰色或暗灰色，纵裂。多分枝，髓白色，小枝灰色，被毛或脱落。芽卵形。叶对生，广卵形、卵形、倒卵形、长圆形或长圆状卵形，长 4-7（-9）cm，宽 1.5-4（-5）cm，先端短尖，基部广楔形或楔形，全缘，有缘毛，表面深绿色，背面色淡，两面被毛；叶有短柄，被长毛。花与叶近同时开放，单生于叶腋；花梗短，被毛，果期伸长；花冠淡黄色或白色；子房无毛。浆果红色，椭圆形或纺锤形。花期 5 月，果期 6 月。

生于山坡针阔混交林下，海拔 700-1000m。

产地：吉林省安图、临江，辽宁省本溪、宽甸、桓仁、盖州。

分布：中国（吉林、辽宁），朝鲜半岛。

用作庭院观赏。

忍冬科 Caprifoliaceae

709 早花忍冬
Lonicera praeflorens Batalin

落叶灌木，高约2m。树皮灰褐色，不规则开裂。芽卵形。叶广卵圆形至椭圆形，长4-7cm，宽2-4.5cm，先端尖，基部广楔形至圆形，全缘，被长毛，两面密被长毛，背面苍白色；叶有短柄，密被毛和腺点。花腋生，先叶开放，成对生于总花梗上；小花梗短，苞片卵形至披针形，被长毛；萼片卵形；花冠淡紫色，花冠筒短；子房无毛。浆果红色，球形，花萼宿存。种子3粒。花期4-5月，果期5-6月。

生于山坡、杂木林下及林缘，海拔200-800m。

产地：黑龙江省伊春、宁安、哈尔滨、尚志，吉林省安图、集安，辽宁省庄河、鞍山、凤城、宽甸、盖州、桓仁、本溪、沈阳、凌源。

分布：中国（黑龙江、吉林、辽宁），朝鲜半岛，日本，俄罗斯。

用作庭院观赏。

710 长白忍冬

Lonicera ruprechtiana Regel

落叶灌木，高 3-5m。树皮灰色，剥裂。枝直立，开展，小枝灰褐色，疏被短柔毛，后无毛。叶长圆状倒卵形至披针形，长 5-10cm，宽 1.4-2cm，先端渐尖，基部广楔形或近圆形，全缘，表面暗绿色，无毛或近无毛，背面灰绿色，被短柔毛；叶柄长，被短柔毛。花腋生；花梗疏被短柔毛；花萼 5 齿裂，脱落；花冠白色，后黄色，花冠筒膨大，二唇形，上唇 4 裂，下唇不裂；雄蕊 5；子房下位，花柱头状。浆果红色或橘红色，球形，相邻两果中上部合生。花期 6 月，果期 7 月。

生于山坡、河边、林缘及林中，海拔 750m 以下。

产地：黑龙江省宁安、哈尔滨、尚志、孙吴、依兰、伊春、宝清、虎林、密山、黑河，吉林省汪清、抚松、安图、临江、长春、桦甸、靖宇，辽宁省凤城、本溪、盖州、沈阳、抚顺、桓仁、宽甸、清原、黑山、开原。

分布：中国（黑龙江、吉林、辽宁），朝鲜半岛，俄罗斯。

用于庭院观赏。

忍冬科 Caprifoliaceae

711 毛接骨木
Sambucus buergeriana Blume ex Nakai

落叶灌木，高 5-6m。树皮灰褐色，有较厚的木栓层。小枝褐色或带紫色。奇数羽状复叶，对生，小叶（3-）5-7（-9），小叶长圆形至椭圆形，稀近倒卵状长圆形或卵形，中下部最宽，先端渐尖或尾状尖，基部楔形、圆形或心形，两面疏被伏毛；小叶有柄或近无柄。圆锥花序顶生，花序分枝较细，花序轴、花序分枝及花梗被毛；花密集，黄绿色，被毛或无毛；花药黄色；柱头短圆锥形，浅裂，紫色。浆果状核果红色，球形。种子有皱纹。花期 5-6 月，果期 8 月。

生于林内、林缘，海拔 750-1650m。

产地：黑龙江省伊春、呼玛、哈尔滨、密山，吉林省安图、抚松、和龙、汪清、珲春，辽宁省本溪、宽甸、凤城、桓仁，内蒙古根河、科尔沁右翼前旗、阿尔山、阿鲁科尔沁旗、巴林右旗、克什克腾旗。

分布：中国（黑龙江、吉林、辽宁、内蒙古），朝鲜半岛，日本。

712 东北接骨木

Sambucus manshurica Kitag.

落叶灌木，高2-4m。树皮红灰色。一年生枝微紫灰褐色，幼枝绿色，先端渐尖，无毛。奇数羽状复叶，对生，小叶（3-）5-7，长圆形，长4.5-8.5cm，宽1.5-3cm，中下部最宽，先端渐尖或短尾尖，基部楔形至圆形，边缘有密细锯齿，表面绿色，背面色淡；叶柄无毛或有疏柔毛。圆锥花序顶生；花密集；花萼筒卵圆形，萼片5，卵状椭圆形；花瓣5，长圆形，黄绿色或先端微紫堇色；雄蕊5；花柱短。浆果状核果红色，球形。花期5-6月，果期7-8月。

生于山坡杂木林林缘、林内，海拔100-1300m。

产地：黑龙江省哈尔滨、塔河、黑河、呼玛、尚志、宁安，吉林省安图、抚松，辽宁省建昌、盖州、北镇、清原、桓仁、凌源、沈阳、本溪、凤城、丹东、岫岩、庄河、大连，内蒙古额尔古纳、根河、满洲里、牙克石、扎鲁特旗、科尔沁右翼前旗、喀喇沁旗。

分布：中国（黑龙江、吉林、辽宁、内蒙古），朝鲜半岛，蒙古，俄罗斯。

用于庭院观赏。

忍冬科 Caprifoliaceae

713 接骨木
Sambucus williamsii Hance

落叶小乔木或灌木，高达 6m。树皮灰褐色。枝淡黄褐色。奇数羽状复叶，对生，小叶 5-7 (-11)，椭圆形、倒卵状长圆形，长 4.5-6.5cm，宽 2-3.5cm，中上部最宽，先端长渐尖或尾状渐尖，基部楔形，边缘具锯齿，表面深绿色，背面色淡，两面无毛，揉之有臭味；小叶具柄。聚伞状圆锥花序顶生；花白色至黄白色；花萼杯状，萼片 5；花冠辐状，裂片 5；雄蕊 5。浆果状核果黑紫红色、红色或暗红色，近球形；核 2-3，卵形至椭圆形，有皱纹。花期 5 月中下旬至 6 月上旬，果期 6 月底至 8 月上旬。

生于林下、灌丛及平地路旁，海拔 800m 以下。

产地：黑龙江省哈尔滨、伊春、嘉荫、尚志、海林、依兰、呼玛，吉林省吉林、双辽、安图、临江、桦甸、抚松，辽宁省凌源、义县、彰武、沈阳、鞍山、盖州、瓦房店、桓仁、西丰、大连、丹东、凤城、抚顺、本溪，内蒙古科尔沁左翼后旗、根河、扎赉特旗、克什克腾旗、扎鲁特旗、库伦旗、巴林左旗、巴林右旗、喀喇沁旗、阿尔山、额尔古纳、陈巴尔虎旗、科尔沁右翼前旗。

分布：中国（黑龙江、吉林、辽宁、内蒙古、河北、山西、陕西、甘肃、山东、江苏、浙江、福建、安徽、河南、湖北、湖南、广东、广西、四川、贵州、云南），朝鲜半岛，日本，俄罗斯。

用于庭院观赏。种子可榨油。

714 腋花莛子藨

Triosteum sinuatum Maxim.

多年生草本，高60-100cm。根状茎粗大，木质化；茎单一，直立，被开展刚毛和腺毛。叶卵形或卵状椭圆形，长8-15cm，宽3-9cm，先端渐尖，基部下延与相邻叶合生，茎贯穿其中，全缘或茎中下部叶具2-3缺刻或波状，表面绿色，疏被伏毛，背面沿脉密被软毛和腺毛。花腋生，无梗；花萼5裂，裂片狭披针形，密被腺毛；花冠淡黄绿色，里面带紫色，二唇形，上唇4裂，下唇不裂；雄蕊5；花柱被长毛，柱头头状。核果卵球形，被腺毛，花萼宿存。花期5-6月，果期8-10月。

生于山坡灌丛、林缘及林下。

产地：辽宁省西丰、桓仁、铁岭、新宾、抚顺、宽甸、凤城、本溪。

分布：中国（辽宁、新疆），朝鲜半岛，日本，俄罗斯。

715 暖木条荚蒾
Viburnum burejaeticum Regel et Herd.

灌木，高达 5m。树皮暗灰色。幼枝淡灰色，被星状毛，后无毛。叶对生，卵圆形、卵状椭圆形、椭圆形或椭圆状倒卵形，长（3-）4-10cm，宽 1.8-4cm，先端尖或钝，基部圆形或近歪心形，边缘有锯齿，表面疏被毛，背面疏被星状毛，后无毛；叶柄被星状毛。聚伞花序，密被星状毛；花萼小，5 齿裂；花冠白色，钟状，5 裂；雄蕊 5，花药黄色；子房长圆形，有毛，花柱小，近无。核果椭圆形至长圆形，蓝黑色；核两面有沟。花期 5-6 月，果期 8-9 月。

生于山坡或河流附近的杂木林中，海拔 600-900m。

产地：黑龙江省呼玛、哈尔滨、伊春、尚志、宝清、勃利、饶河、宁安，吉林省安图、抚松、临江、长白、和龙、汪清、珲春、舒兰、蛟河、桦甸、通化、集安，辽宁省桓仁、新宾、宽甸、凤城、本溪、鞍山、盖州、沈阳、朝阳、凌源，内蒙古翁牛特旗。

分布：中国（黑龙江、吉林、辽宁、内蒙古），朝鲜半岛，俄罗斯。

用作庭院观赏。种仁可榨油。

忍冬科　Caprifoliaceae

716　鸡树条荚蒾
Viburnum sargenti Koehne

落叶灌木，高达3m。树皮灰褐色，有纵条裂。小枝褐色至赤褐色。单叶对生，叶广卵形至卵圆形，3裂，裂片微向两侧开展，长2-12cm，宽5-10cm，先端渐尖或凸尖，基部圆形或截形，表面暗绿色，掌状三出脉，背面色淡；叶柄粗壮，上部有腺点；托叶钻形。复伞形花序顶生；花密集，外圈为不孕性的辐射状小花；花冠白色，内面为乳白色杯状花冠的小花，裂片5；雄蕊5，花药紫色。浆果状核果鲜红色，球形，有臭味；核扁圆形。花期5-6月，果期8-9月。

生于山谷、山坡及林下，海拔300-1100m。

产地：黑龙江省伊春、饶河、虎林、勃利、宝清、鸡西、海林、宁安、哈尔滨、尚志、呼玛、萝北、逊克、嘉荫，吉林省桦甸、通化、和龙、靖宇、珲春、汪清、蛟河、临江、安图、敦化、抚松，辽宁省西丰、新宾、桓仁、宽甸、凤城、丹东、普兰店、清原、铁岭、岫岩、庄河、本溪、盖州、鞍山、抚顺、沈阳、北镇、义县、朝阳、凌源、葫芦岛、大连、建昌、绥中、内蒙古阿荣旗、鄂伦春旗、牙克石、乌兰浩特、科尔沁右翼前旗、科尔沁左翼后旗、克什克腾旗、宁城、喀喇沁旗、巴林右旗、扎兰屯。

分布：中国（黑龙江、吉林、辽宁、内蒙古、河北、山西、陕西、甘肃、山东、安徽、浙江、河南、江西、湖北、四川），朝鲜半岛，日本，俄罗斯。

用作庭院观赏。种仁可榨油，为工业用油。

忍冬科 Caprifoliaceae

717 锦带花

Weigela florida (Bunge) DC.

落叶灌木，高 1-3m。树皮灰色。幼枝褐灰色，常有 2 条棱，被短柔毛。叶对生，椭圆形或卵状长圆形，长 5-10cm，宽 4-6cm，先端凸尖或渐尖，基部圆形至楔形，边缘有锯齿，表面绿色，疏生短柔毛或无毛，沿中脉密被白色短柔毛，背面色淡，疏被毛，沿脉被白毡毛；叶有短柄。聚伞花序或圆锥花序；花萼疏被毛，5 裂；花冠鲜紫红色，被毛，漏斗状钟形，中部以下突然变狭，5 浅裂，裂片先端圆形；雄蕊 5；子房下位，柱头头状。蒴果圆柱形，具柄状喙，2 瓣裂。种子细小。花期 5-6 月，果期 6-7 月。

生于石砬子上，海拔 1400m 以下。

产地：吉林省抚松、集安，辽宁省大连、盖州、鞍山、本溪、凤城、宽甸、桓仁、丹东、北镇、义县、凌源、庄河，内蒙古敖汉旗、喀喇沁旗、宁城、克什克腾旗。

分布：中国（吉林、辽宁、内蒙古、河北、山西、陕西、山东、江苏、河南），朝鲜半岛，日本。

观赏植物，常栽植于公园、庭院及人行道旁。

718　早锦带花

Weigela praecox (Lemoine) Bailey

　　落叶灌木，高 1-2m。树皮灰褐色。幼枝无棱，小枝赤褐色，无光泽，通常被毛。叶对生，倒卵形，稀椭圆形或椭圆状卵形，长 5-8cm，宽 2.5-3.5cm，先端渐尖，基部楔形，边缘有锯齿，表面亮绿色，疏被伏毛，沿中脉密被短柔毛，背面色淡，疏被茸毛，沿中脉被茸毛；叶柄极短或近无柄。聚伞花序；花梗短；苞片膜质钻形；花萼二唇形，上唇 3 浅裂，下唇 2 浅裂，被毛；花冠漏斗状钟形，中部以下突然变狭，粉紫色、粉红色或带粉色，5 浅裂；雄蕊 5；子房下位，花柱细长，柱头头状。蒴果有喙，2 瓣裂。种子细小。花期 5 月，果期 6-7 月。

　　生于山坡石砬子上。

　　产地：吉林省珲春、集安、和龙，辽宁省宽甸、桓仁、新宾、本溪、凤城、清原、葫芦岛、丹东、岫岩、庄河、大连、瓦房店、鞍山、抚顺、沈阳、北镇、喀左、凌源、建昌、绥中、盖州，内蒙古宁城。

　　分布：中国（吉林、辽宁、内蒙古、河北），朝鲜半岛，日本，俄罗斯。

　　用作庭院观赏。

五福花科　Adoxaceae

719　五福花

Adoxa moschatellina L.

多年生草本，高 8-20cm。根状茎横走；茎单一，细弱，无毛。基生叶 1-2 回三出复叶，小叶广卵形或圆形，长 1-2cm，再 3 裂，先端钝圆，具小突尖，基部近圆形或广楔形，边缘具不整齐圆齿；茎生叶 2，对生，三出复叶，小叶卵圆形，3 裂；基生叶柄长，茎生叶柄短。聚伞花序头状，顶生；花 5-7 朵，绿色或黄绿色；顶生花与侧生花不同，顶生花花萼 2 裂，花冠 4 裂，雄蕊 8，花柱 4；侧生花花萼 3 裂，花冠 5 裂，雄蕊 10，花柱 5。核果球形。花期 4-6 月，果期 5-7 月。

生于林下、林缘、灌丛及溪边湿草地。

产地：黑龙江省哈尔滨、尚志、伊春，吉林省安图、蛟河、柳河，辽宁省本溪、清原、桓仁、凤城、东港、庄河、瓦房店、普兰店、宽甸、西丰、大连、丹东、鞍山，内蒙古根河、阿尔山、科尔沁右翼前旗、巴林右旗、科尔沁左翼后旗。

分布：中国（黑龙江、吉林、辽宁、内蒙古、河北、山西、青海、新疆、四川、云南），朝鲜半岛，日本，俄罗斯；中亚、欧洲、北美洲。

720 异叶败酱

Patrinia heterophylla Bunge

多年生草本，高 20-80cm。根状茎横走或稍斜升；茎直立，单一或基部以上分枝，被短毛。基生叶卵形，边缘具圆齿，多毛；茎生叶对生，下部叶深裂至全裂，裂片 2-5 对，顶裂片比侧裂片稍大或近等大；中部叶大头羽状分裂，1-3 对，顶裂片最大，卵形或卵状披针形，先端长渐尖，边缘具圆齿状缺刻，两面上部叶较狭；基生叶具长柄。聚伞花序顶生或腋生，多花密集成伞房状，总花梗与花梗密被短腺毛或粗毛；苞片线状披针形或披针形，全缘或具少数尖齿；花萼不明显；花冠黄色，筒状钟形，5 裂，裂片卵状椭圆形；雄蕊 4；子房下位，花柱 1，柱头头状。瘦果长圆形或长倒卵形；苞片椭圆形或广椭圆形，膜质，具网状脉纹。花期 7-8 月，果期 9 月。

生于山坡草地、岩石缝中。

产地：吉林省集安，辽宁省北镇、大连、凌源、绥中，内蒙古喀喇沁旗、敖汉旗、赤峰、科尔沁左翼后旗。

分布：中国（吉林、辽宁、内蒙古、河北、山西、陕西、甘肃、宁夏、青海、山东、安徽、浙江、河南、云南）。

根或全草入药，有清热燥湿、止血、止带及截疟之功效，可治子宫糜烂、早期宫颈癌、白带、崩漏及疟疾等症。

721　岩败酱
Patrinia rupestris (Pall.) Juss.

多年生草本，高 30-80cm。根状茎稍粗，木质化；茎单一或丛生，基部木质化。基生叶为不育叶丛，椭圆形或长圆形，长 3-5cm，宽 1.5-2.5cm，基部下延，边缘具缺刻状齿，两面疏被短伏毛后无毛；茎生叶对生，羽状深裂至全裂，裂片 3-8 对，披针形或线状披针形，全缘或具少数小齿，顶裂片较大，两面疏被短伏毛；基生叶有长柄，茎生叶具短柄或近无柄。聚伞花序，多花密集组成伞房状，总花梗与花梗密被短粗毛及腺毛；花萼不明显；花冠黄色，钟形，先端 5 裂，裂片卵状椭圆形或近圆形；雄蕊 4；子房下位，柱头头状。瘦果倒卵形，两侧边缘被粗毛；苞片卵状椭圆形，膜质，具明显脉纹。花期 7-9 月，果期 8-9 月。

生于石质山坡岩缝、草地、草甸草原、杨桦林林缘及林下，海拔 400-1800m。

产地：黑龙江省伊春、黑河、绥芬河、尚志、五大连池、萝北、饶河、宝清、汤原、密山、鸡西、宁安、呼玛，吉林省吉林、汪清、长白、通化、珲春、安图，辽宁省抚顺、鞍山、宽甸、桓仁、开原、彰武、本溪、凤城、庄河、大连、沈阳、内蒙古鄂伦春旗、牙克石、海拉尔、满洲里、额尔古纳、根河、扎兰屯、鄂温克旗、新巴尔虎左旗、阿尔山、科尔沁右翼前旗、科尔沁右翼中旗、扎赉特旗、翁牛特旗、林西、克什克腾旗、巴林右旗、阿鲁科尔沁旗、喀喇沁旗、赤峰、宁城。

分布：中国（黑龙江、吉林、辽宁、内蒙古、河北、山西），朝鲜半岛、俄罗斯。

种子入药，有清热解毒、活血及排脓之功效，可治肠炎、痢疾、阑尾炎及肝炎等症。

722 败酱 黄花败酱长虫把

Patrinia scabiosaefolia Fisch. ex Trev.

多年生草本，高 70-150cm。根状茎横走；茎直立，粗壮，无毛或被白色粗毛。基生叶丛生，卵形或椭圆形，长 6-12cm，宽 3-7cm，先端钝或稍尖，基部下延，边缘具粗齿，表面被伏毛，背面沿脉有被毛；茎生叶对生，长 6-14cm，宽 4-8cm，羽状深裂至全裂，裂片 1-3 对，顶裂片狭卵形或披针形，侧裂片披针形或线状披针形；基生叶有长柄，茎生叶近无柄或具短柄。聚伞花序，多花组成开展的伞房状圆锥花序，分枝多，总花梗与花梗被白色粗毛；苞片披针形；花萼不明显；花冠黄白色，钟形，5 裂，裂片卵形或卵状三角形；雄蕊 4；子房下位，花柱 1，柱头头状。瘦果椭圆形或长圆形，扁平，边缘具狭翅。花期 7-9 月，果期 8-10 月。

生于荒山草地、林缘灌丛，海拔 500-800m。

产地：黑龙江省大庆、黑河、伊春、北安、孙吴、逊克、萝北、集贤、汤原、依兰、密山、虎林、鸡西、宁安、绥芬河、安达、塔河、尚志、哈尔滨、克山、呼玛、齐齐哈尔，吉林省吉林、临江、九台、汪清、珲春、安图、和龙、镇赉、前郭尔罗斯，辽宁省鞍山、盖州、大连、瓦房店、普兰店、庄河、新宾、清原、本溪、宽甸、桓仁、北镇、绥中、岫岩、凤城、丹东、沈阳、开原、西丰、彰武、法库、长海、喀左、东港、建平、凌源、建昌、抚顺，内蒙古额尔古纳、根河、莫力达瓦达斡尔旗、扎兰屯、阿荣旗、鄂温克旗、扎赉特旗、牙克石、科尔沁右翼前旗、科尔沁右翼中旗、科尔沁左翼后旗、扎鲁特旗、克什克腾旗、巴林右旗、宁城。

分布：中国（全国广布），朝鲜半岛，日本，蒙古，俄罗斯。

根状茎及根入药，有清热利湿、解毒排脓及活血祛瘀之功效，主治阑尾炎、肠炎、肝炎、痢疾、产后瘀血腹痛及痈肿疔疮等症。

723 白花败酱
Patrinia villosa (Thunb.) Juss.

多年生草本，高 40-100cm。根多数。根状茎细长，横走；茎直立，被倒生白色粗毛。基生叶丛生，卵形至卵圆形，长 6-8cm，宽 3.5-6cm，先端稍尖，基部楔形下延至柄，边缘有粗齿，两面被伏毛；茎生叶对生，大头羽状分裂，侧裂片 1-2 对，顶裂片最大，先端渐尖；基生叶具长柄，茎生叶柄较短，向上叶柄渐短至近无柄。聚伞花序多数集生于茎顶，组成伞房状圆锥花序；花萼小；花冠白色，5 裂；雄蕊 4；子房下位，花柱 1。瘦果倒卵形或狭倒卵形；苞片近圆形，网脉明显。花期 7-9 月，果期 9 月。

生于林缘草地、山沟林下及山坡灌丛。

产地：黑龙江省哈尔滨、伊春，吉林省通化、临江，辽宁省本溪、北镇、凤城、鞍山、庄河、丹东、新宾、西丰、宽甸。

分布：中国（黑龙江、吉林、辽宁、江苏、安徽、浙江、河南、江西、湖北、湖南、广东、广西、四川、贵州、台湾），朝鲜半岛，日本。

724　黑水缬草

Valeriana amurensis Smirn. ex Kom.

多年生草本，高 80-150cm。根状茎短，具匍匐枝；茎直立，单一，多少密被长白毛或近无毛。基生叶羽状全裂，裂片 1-4（-6）对，卵形或歪卵形，长约 9cm，宽约 5cm，基部下延，边缘具不整齐粗齿；茎生叶对生，羽状全裂，2-6 对，顶裂片较大，卵形或近菱形，长 3.5-5cm，宽 1.7-2.8cm，边缘具粗齿，侧裂片长圆形、长圆状卵形或线状披针形，先端长渐尖，基部狭楔形，边缘具粗齿；基生叶具长柄，茎生叶柄向上渐短，被白毛。多歧聚伞花序顶生；苞片羽状全裂；花序分枝及花梗密被腺毛及粗毛；花萼内卷；花冠粉紫色或淡红色；雄蕊 3；子房下位。瘦果长圆状卵形，被白色粗毛，先端具 9-12 条冠毛状宿存萼。花期 7 月，果期 7-8 月。

生于落叶松林或桦木林下、山坡草甸，海拔 500-1000m。

产地：黑龙江省密山、集贤、尚志、伊春、呼玛，吉林省珲春、安图。

分布：中国（黑龙江、吉林），朝鲜半岛，俄罗斯。

根及根状茎或全草入药，可治神经衰弱、失眠、癔症、癫痫、胃腹胀痛、腰腿痛、跌打损伤、心悸气短、肋下胀痛、肺脓肿、关节疼痛、月经不调、漏经引起的体虚、食物中毒引起的发烧、扁桃体肿大及疮疖溃烂等症。

725 华北蓝盆花

Scabiosa tschiliensis Grun.

多年生草本，高 40-70cm。茎直立或斜升，单一或多分枝。基生叶丛生，卵状披针形或狭卵形，长 6-10cm，边缘具圆齿或缺刻状浅裂，边缘有缘毛，表面近无毛，背面疏被长柔毛或仅沿脉被长柔毛；茎生叶羽状分裂，长 4-7cm，宽 6-15mm，上部叶裂片线状披针形，长 4-6cm，宽 4-5mm；基生叶具长柄，茎生叶柄向上渐短。头状花序顶生，总花梗被白色短卷毛；总苞片及苞片线状披针形；花萼 5 裂，裂片刺毛状；花冠蓝紫色，边花较大，近唇形，先端 5 裂，中央花冠较小，5 裂，裂片近等大；雄蕊 4；子房被包于杯状小总苞内。果序椭圆形或近球形；瘦果小，外面被杯状小总苞包围，被白毛。花期 8-9 月，果期 9-10 月。

生于山坡草地、灌丛及油松林下。

产地：黑龙江省伊春、肇东、黑河、萝北、依兰、密山、宁安、大庆、逊克、鸡东、鸡西、哈尔滨、呼玛，吉林省九台、吉林、延吉、汪清、珲春、和龙、安图、抚松、乾安、通榆、洮南、镇赉，辽宁省沈阳、鞍山、抚顺、新宾、本溪、桓仁、北镇、凤城、岫岩、彰武、开原、法库、西丰、朝阳、建昌、建平、凌源、营口，内蒙古翁牛特旗、克什克腾旗、巴林右旗、喀喇沁旗、宁城、敖汉旗、扎鲁特旗、扎赉特旗、阿尔山、科尔沁右翼中旗、牙克石、鄂伦春旗、海拉尔、扎兰屯、鄂温克旗、额尔古纳。

分布：中国（黑龙江、吉林、辽宁、内蒙古、河北、山西、陕西、甘肃、宁夏）。

采集盛开的花朵晒干可作为药用花茶饮用，有清热泻火之功效，可治肝火头痛、肺热咳嗽及黄疸等症。

桔梗科 Campanulaceae

726 展枝沙参 东北沙参 四叶菜

Adenophora divaricata Franch. et Sav.

多年生草本，高（50-）70-100cm。根粗壮，纺锤形。茎直立，单一。基生叶早枯；茎生叶质较厚，3-5轮生，菱状卵形、椭圆形或狭卵状披针形，长4-7（-11）cm，宽2-4（-7）cm，先端锐尖至渐尖，基部楔形，边缘具锐齿；叶无柄或柄极短。圆锥状花序分枝较阔展，轮生或叉状互生，花下垂；花萼筒倒圆锥形，5裂，裂片全缘；花冠蓝色、蓝紫色或淡蓝色，钟形，5浅裂；雄蕊5；花柱与花冠近等长，有微毛，柱头3裂；花盘短筒状。蒴果扁倒圆锥形。种子黑褐色，有3条钝棱。花期8-9月，果期9-10月。

生于山地草甸、林缘。

产地：黑龙江省哈尔滨、克山、黑河、虎林、伊春、宁安、北安、呼玛、依兰、萝北、密山、东宁、鸡西、鸡东、饶河、绥芬河，吉林省安图、临江、通化、珲春、汪清、吉林、九台、和龙、敦化、长春，辽宁省建昌、沈阳、辽阳、鞍山、丹东、庄河、大连、瓦房店、本溪、宽甸、法库、桓仁、北镇、岫岩、新宾、凌源、西丰、铁岭、内蒙古扎兰屯、牙克石、宁城、翁牛特旗、根河、鄂伦春旗、科尔沁右翼前旗、奈曼旗、克什克腾旗、喀喇沁旗。

分布：中国（黑龙江、吉林、辽宁、内蒙古、河北、山西、山东），朝鲜半岛，日本，俄罗斯。

727 长白沙参
Adenophora pereskiifolia (Fisch. ex Roem. et Schuit.) G. Don

多年生草本，高 70-100cm。主根肉质粗壮，黄褐色，具横皱纹。茎直立，单一。基生叶早枯；茎生叶质较薄，3-5 轮生，椭圆形、菱状倒卵形或狭倒卵形，上部叶有时长椭圆形或线状披针形，长（3.5-）7-9（-12）cm，宽 2-4（-5）cm，先端锐尖，基部楔形，边缘具锐齿；叶无柄或近无柄。圆锥花序较狭，花序分枝互生，斜上，花疏生；苞片线状披针形；萼筒广倒卵状球形，5 裂；花冠蓝紫色或淡蓝紫色，漏斗状钟形，5 浅裂；雄蕊 5；花柱有毛，上部膨大，柱头 3 裂；花盘环状或短筒状。蒴果倒圆锥形。种子扁椭圆形，棕色，有 1 条棱。花期 7-8 月，果期 8-9 月。

生于林缘、灌丛及林间草地。

产地：黑龙江省伊春、虎林、塔河、鸡西、佳木斯、牡丹江、绥芬河、宁安、黑河、呼玛、嫩江、尚志、萝北、饶河、密山、海林，吉林省辉南、长白、靖宇、安图、和龙、汪清、抚松、珲春、临江、辽宁省凌源、建昌、义县、北镇、鞍山、本溪、新宾、丹东、桓仁、宽甸、庄河、普兰店、瓦房店、凤城、西丰，内蒙古根河、额尔古纳、牙克石、阿尔山、科尔沁右翼前旗、满洲里、宁城、鄂伦春旗。

分布：中国（黑龙江、吉林、辽宁、内蒙古），朝鲜半岛，日本，蒙古，俄罗斯。

728　薄叶荠苨

Adenophora remotiflora (Sieb. et Zucc.) Miq.

　　多年生草本，高 50-100cm。根粗壮，肉质，长圆柱形。茎直立。叶互生，质薄，广卵形、卵形、长卵形或长卵状披针形，长 6.5-12cm，宽 3.5-6.5（-8）cm，先端渐尖或长渐尖，基部心形、截形或广楔形，叶缘具锐齿或齿牙状的重锯齿；叶有柄。总状或狭圆锥花序顶生，花疏生；萼筒倒卵状圆锥形至广倒卵形，5 裂，全缘；花冠淡蓝紫色，广钟形，5 浅裂；雄蕊 5；花柱短于花冠或稍超出；花盘筒状。蒴果倒圆锥形或近球形，基部孔裂。种子长圆形，棕褐色，稍有光泽。花期 7-8 月，果期 9-10 月。

　　生于山坡林缘。

　　产地：黑龙江省尚志、宁安、海林，吉林省临江、通化、柳河、梅河口、辉南、集安、抚松、靖宇、长白、安图、珲春、和龙、敦化、汪清、蛟河，辽宁省本溪、桓仁、宽甸、海城、盖州、沈阳、大连、庄河、瓦房店、鞍山、法库、凤城、凌源、北镇，内蒙古鄂伦春旗、科尔沁左翼后旗。

　　分布：中国（黑龙江、吉林、辽宁、内蒙古），朝鲜半岛，日本。

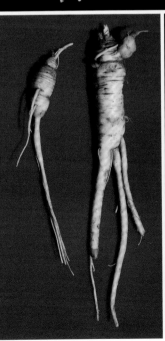

桔梗科 Campanulaceae

729 轮叶沙参 南沙参 四叶沙参
Adenophora tetraphylla (Thunb.) Fisch.

多年生草本，高 50-100（-150）cm。根倒圆锥形，灰黄褐色，具横纹。茎直立，不分枝。叶质较厚，3-6轮生，椭圆形、长椭圆状披针形、狭倒卵形或倒披针形，长（2-）5-10cm，宽 1-2.5mm，先端锐尖，基部楔形，边缘具锐齿，近基部全缘；叶无柄或近无柄。圆锥花序较狭，花序分枝轮生；花下垂，有短梗；苞片细线形；花萼筒倒圆锥形，5裂，裂片全缘；花冠蓝色或蓝紫色，筒状钟形，口部缢缩，先端5浅裂；雄蕊5；花柱显著超出花冠，柱头3裂；花盘筒状，无毛。蒴果广倒卵状球形，基部孔裂。种子黄棕色，长圆状圆锥形，稍扁，有1条棱。花期 7-8 月，果期 8-9 月。

生于山地林缘、山坡草地及河滩草甸。

产地：黑龙江省伊春、大庆、虎林、萝北、黑河、密山、饶河、依兰、哈尔滨、友谊、勃利、塔河、牡丹江、呼玛、安达、宁安，吉林省临江、通化、柳河、梅河口、辉南、集安、抚松、靖宇、长白、汪清、安图、珲春、和龙、九台、镇赉、辽宁省凌源、建昌、绥中、义县、北镇、彰武、沈阳、鞍山、抚顺、新宾、本溪、凤城、丹东、庄河、大连、瓦房店、清原、西丰、宽甸、桓仁、朝阳、内蒙古鄂伦春旗、海拉尔、牙克石、扎兰屯、扎鲁特旗、科尔沁左翼后旗、额尔古纳、阿荣旗、陈巴尔虎旗、科尔沁右翼前旗、扎赉特旗、阿鲁科尔沁旗、巴林右旗、翁牛特旗、敖汉旗、喀喇沁旗、宁城。

分布：中国（黑龙江、吉林、辽宁、内蒙古、河北、山西、山东、广东、广西、四川、贵州、云南），朝鲜半岛，日本，俄罗斯，越南。

根入药，有消炎散肿、润肺及化痰之功效，可治咳嗽、咽干、风湿性关节炎、神经疼及黄水病等症。

730 荠苨 心叶沙参 甜桔梗

Adenophora trachelioides Maxim.

多年生草本，高（50-）70-100（-120）cm。根长圆柱形或纺锤状圆柱形。茎直立，稍呈"之"字形弯曲。基生叶心状肾形，宽大于长；茎生叶互生，心状广卵形或心状卵形，长 4-7（-12）cm，宽 3-7.5cm，先端钝尖、短渐尖或急尖，基部心形或近截形，边缘具锐齿或不整齐锐尖重锯齿；叶有长柄。圆锥花序顶生，分枝近平展或不分枝呈总状；萼筒倒三角状圆锥形，5 裂，裂片全缘；花冠鲜蓝色或淡蓝紫色，广钟形，5 浅裂；雄蕊 5；花柱与花冠近等长；花盘短圆筒状或圆筒状，黄褐色。蒴果卵状圆锥形。种子扁长圆形，黄棕色，两端黑色，有 1 条棱。花期 7-9 月，果期 9-10 月。

生于林间草地、山坡及路旁。

产地：吉林省长白、安图，辽宁省丹东、凌源、法库、桓仁、葫芦岛、东港、西丰、绥中、大连、北镇、建昌、建平、盖州、鞍山、凤城、新民、长海、庄河、瓦房店、本溪、沈阳、朝阳、开原、内蒙古科尔沁左翼后旗、奈曼旗、赤峰、敖汉旗、牙克石、喀喇沁旗、翁牛特旗、科尔沁右翼中旗。

分布：中国（吉林、辽宁、内蒙古、河北、山东、江苏、安徽、浙江），朝鲜半岛，俄罗斯。

桔梗科 Campanulaceae

731 锯齿沙参

Adenophora tricuspidata (Fisch. ex Roem. et Schult.) A. DC.

多年生草本,高70-100cm。根粗壮,圆柱形。茎直立,单一。叶互生,卵状披针形、披针形或线状披针形,长4-10cm,宽

1-2cm,先端锐尖,基部钝或楔形,边缘有锯齿;叶无柄。聚伞状狭圆锥花序顶生;花梗短;萼筒球状倒圆锥形,5裂,先端渐尖,边缘有两对长齿;花冠蓝色或蓝紫色,广钟状,先端5浅裂;雄蕊5;花柱比花冠短;花盘短筒状。蒴果倒圆锥形,具纵肋及横脉,基部孔裂。花期7-8月,果期9月。

生于湿草甸、桦木林下及向阳山坡草地。

产地:黑龙江省嫩江、伊春、萝北、克山、呼玛、黑河、逊克,内蒙古克什克腾旗、阿鲁科尔沁旗、鄂伦春旗、牙克石、莫力达瓦达斡尔旗、鄂温克旗、额尔古纳、根河、扎兰屯、扎鲁特旗、阿尔山、扎赉特旗、科尔沁右翼前旗、巴林右旗、翁牛特旗、突泉。

分布:中国(黑龙江、内蒙古),蒙古,俄罗斯。

桔梗科 Campanulaceae

732 牧根草

Asyneuma japonicum (Miq.) Briq.

多年生草本，高 50-100cm。根胡萝卜状，下部常分枝。茎直立，单一，疏被粗毛。叶互生，质薄，卵形、卵状椭圆形、狭椭圆形或广披针形，长 5-10cm，宽 2.5-3.5（-4.4）cm，先端渐尖，基部圆或广楔形，有时下延至柄，边缘具稍不整齐的锐齿，两面疏被短毛；茎下部叶柄较长，上部叶柄短或无柄。花序狭长，顶生，呈中断穗状或花轴下部稍有分枝成狭圆锥状；花梗短；苞片狭披针形或线形；花萼 5 裂，裂片细线形；花冠蓝紫色，5 深裂，裂片线形；雄蕊 5；子房下位，花柱与花冠近等长，柱头 3 裂。蒴果扁卵形，上部孔裂，花萼宿存。种子卵状椭圆形，棕褐色。花期 7-8 月，果期 9 月。

生于山地阔叶林及杂木林下、林缘草地。

产地：黑龙江省哈尔滨、宁安、桦川，吉林省和龙、安图、汪清、珲春、抚松、靖宇、通化，辽宁省庄河、桓仁、本溪、丹东、东港、宽甸、北镇、凌源、凤城、西丰、鞍山、清原。

分布：中国（黑龙江、吉林、辽宁），朝鲜半岛，日本，俄罗斯。

桔梗科 Campanulaceae

733 聚花风铃草 灯笼花

Campanula glomerata L.

多年生草本，高 50-100（-125）cm。茎直立，单一，有时上部分枝。基生叶丛生，被粗毛，卵形，先端钝尖，基部截形、广楔形或浅心形；茎生叶披针形、卵状披针形或狭披针形，长 6-8cm，宽 1.5-2（-3）cm，先端钝尖，基部圆形、浅心形或楔形下延半抱茎，边缘具稍不整齐圆形细锯齿，两面密被粗毛；基生叶有长柄，茎生叶无柄。花多数，聚生于茎顶及上部叶腋，直立，无梗或近无梗；花萼 5 裂，裂片线状披针形，被粗毛；花冠蓝紫色，钟形；雄蕊 5；花柱被微毛，柱头 3 裂。蒴果倒卵状圆锥形，成熟时侧面开裂。种子扁长圆形。花期 7-9 月，果期 9-10 月。

生于山坡草地、林间草地、林缘及路边，海拔 2200m 以下。

产地：黑龙江省漠河、呼玛、嘉荫、萝北、尚志、塔河、富锦、伊春、哈尔滨、密山、饶河、虎林、黑河、绥芬河、集贤、宁安、孙吴、通河，吉林省临江、通化、柳河、梅河口、辉南、集安、永吉、抚松、靖宇、长白、珲春、安图、敦化、和龙、汪清、九台，辽宁省沈阳、抚顺、本溪、鞍山、凤城、大连、庄河、桓仁、宽甸、岫岩、北镇、营口、开原、西丰、辽阳，内蒙古额尔古纳、牙克石、阿尔山、根河、鄂温克旗、科尔沁右翼前旗、陈巴尔虎旗、新巴尔虎左旗、鄂伦春旗。

分布：中国（黑龙江、吉林、辽宁、内蒙古、新疆），朝鲜半岛，日本，蒙古，俄罗斯；中亚，欧洲。

全草入药，有清热解毒、止痛之功效。

734 紫斑风铃草

Campanula punctata Lam.

多年生草本，高 20-50cm，全株被刺状软毛。茎直立，不分枝或中部以上分枝。基生叶卵状心形；茎生叶卵形或卵状披针形，长 4-5cm，宽 1.5-3cm，先端尖或渐尖，基部圆形或楔形下延至柄，边缘具不整齐浅锯齿，两面被刺状柔毛，背面沿脉毛较密；基生叶有长柄，茎下部叶基部下延叶至柄成翼，上部叶无柄。花生于茎顶或上部叶腋，1-5 朵，下垂；花梗密被刺状软毛；花萼密被刺状柔毛，5 裂，裂片直立，裂片间具附属物；花冠白色，具紫色斑点，钟形，先端 5 浅裂；雄蕊 5；子房下位，花柱无毛，柱头 3 裂。蒴果扁倒圆锥形，3 瓣裂，萼片宿存。种子扁长圆形，灰褐色。花期 6-7 月，果期 7-9 月。

生于山地林下、林缘、灌丛及草丛。

产地：黑龙江省呼玛、伊春、萝北、尚志、密山、黑河、嘉荫、虎林、集贤、富锦、宁安、哈尔滨，吉林省临江、通化、柳河、梅河口、辉南、集安、抚松、靖宇、长白、安图、珲春、磐石，辽宁省北镇、西丰、本溪、宽甸、桓仁、鞍山、庄河、瓦房店、凌源、义县、法库、抚顺、建昌、昌图、铁岭、清原、沈阳、彰武，内蒙古额尔古纳、根河、科尔沁左翼后旗、牙克石、巴林右旗、克什克腾旗、翁牛特旗、喀喇沁旗、鄂伦春旗、赤峰、宁城。

分布：中国（黑龙江、吉林、辽宁、内蒙古、河北、山西、陕西、甘肃、河南、湖北、四川），朝鲜半岛，日本，俄罗斯。

桔梗科 Campanulaceae

735 羊乳 轮叶党参

Codonopsis lanceolata (Sieb. et Zucc.) Trautv.

多年生草本，具白色乳汁及特殊气味。根肉质，纺锤形，长 10-20cm，表面灰黄褐色，具横纹。茎缠绕，细弱，长约 1m，常有多数细短分枝。茎生叶互生，菱状卵形、菱状狭卵形或披针形，长 1-2cm，宽 5mm；分枝上的叶常 2-4 集生于枝端，对生或轮生，卵形、菱状卵形或椭圆形，长 3.5-7（-10）cm，宽 1.5-3.5（-4.5）cm，先端尖或钝尖，基部楔形，全缘或具微波状齿，表面绿色，背面灰绿色；叶有短柄。花单生或 2-3 朵生于分枝顶端，具短梗；花萼 5 裂；花冠黄绿色或乳白色，内有紫色斑点或带紫色，广钟形，先端 5 浅裂，裂片反卷；雄蕊 5；子房半下位，花柱短，柱头漏斗状 3 歧。蒴果扁圆锥形，果熟时上部 3 瓣裂，花萼宿存。种子卵形，淡褐色，先端有膜质翼。花期 7-8 月，果期 8-9 月。

生于沟谷、溪流旁、林缘、山坡草地及灌丛，海拔 1100m 以下。

产地：黑龙江省哈尔滨、宁安、尚志、鸡西、虎林、伊春、吉林省抚松、长白、临江、通化、柳河、梅河口、辉南、集安、靖宇、珲春、安图、吉林、敦化、辽宁省西丰、开原、清原、桓仁、宽甸、凤城、丹东、鞍山、抚顺、本溪、沈阳、葫芦岛、岫岩、庄河、凌源、建昌、朝阳、阜新、瓦房店、北镇、内蒙古科尔沁左翼后旗。

分布：中国（黑龙江、吉林、辽宁、内蒙古、河北、山西、河南、山东、江苏、安徽、浙江、江西、福建、湖北、湖南、广西、贵州），日本，朝鲜，俄罗斯。

根可提取淀粉及酿酒。根入药，有补虚通乳、排脓解毒之功效，主治病后体虚、乳汁不足、乳腺炎、肺脓肿及痈疖疮疡等症。

桔梗科 Campanulaceae

736 党参 辽党 黄参

Codonopsis pilosula (Franch.) Nannf.

多年生草本，具白色乳汁及特殊气味。根肥大，锥状圆柱形或纺锤状圆柱形，长达30cm，外皮黄褐色至灰棕色，具粗皱纹，顶部膨大处具多数茎痕。茎缠绕，长达2m，多分枝，侧枝长30-50cm，小枝长1-5cm。茎及侧枝叶互生，小枝叶近对生，卵形或狭卵形，长1.5-5（-6）cm，宽1-3（-4）cm，先端略尖，稍近圆形，基部广楔形、圆形或浅心形，边缘具微波状钝齿或近全缘，表面绿色，背面灰绿色；叶有柄。花1-3朵生于分枝顶端；花梗细；花萼筒近半球形，先端5裂；花冠淡黄绿色，广钟形，先端5浅裂；雄蕊5；子房半下位，花柱短，柱头漏斗状3歧，具白色刺毛。蒴果下部球形，上部短圆锥状。果熟时顶部3瓣裂。种子棕褐色，有光泽，无翼。花期（7-）8-9月，果期9-10月。

生于林缘、灌丛、疏林下、河边及路旁，海拔1400m以下。

产地：黑龙江省哈尔滨、伊春、五常、密山、尚志、海林，吉林省临江、通化、柳河、梅河口、辉南、集安、抚松、靖宇、长白、敦化、汪清、安图、磐石、和龙，辽宁省清原、新宾、桓仁、抚顺、本溪、宽甸、凤城、岫岩、庄河、瓦房店、沈阳、内蒙古赤峰、宁城、喀喇沁旗、科尔沁左翼后旗、敖汉旗。

分布：中国（黑龙江、吉林、辽宁、内蒙古、西藏、四川、云南、甘肃、陕西、宁夏、青海、河南、山西、河北），朝鲜，日本，蒙古，俄罗斯。

根入药，有补脾、益气、生津及消炎之功效，主治贫血、脾虚、消化不良、结核初期咳嗽及风湿性关节炎等症。

737 山梗菜 半边莲

Lobelia sessilifolia Lamb.

多年生草本，高 40-100(-120)cm。茎直立，单一。叶互生，密集，厚纸质，披针形至狭披针形，长 2-5(-5.5)cm，宽 5-10(-15)mm，先端渐尖，稍钝头，基部广楔形或圆形，边缘具微锯齿，两面无毛；叶无柄。总状花序顶生；花有短梗；苞片叶状，狭披针形；花萼杯状钟形，5 裂；花冠蓝紫色，二唇形，上唇 2 裂，下唇 3 浅裂，边缘密被柔毛；雄蕊 5；子房下位，花柱暗紫色，柱头 2 裂，黄褐色。蒴果倒卵形，果熟时 2 瓣裂，花萼宿存。种子半圆形，棕红色。花期 7-9 月，果期 9-10 月。

生于湿草地、沼泽、草甸及河边，海拔 1000m 以下。

产地：黑龙江省虎林、伊春、勃利、黑河、佳木斯、密山、尚志、东宁、萝北、嘉荫、孙吴，吉林省临江、通化、柳河、梅河口、辉南、集安、抚松、靖宇、长白、安图、敦化、蛟河、珲春、汪清，辽宁省彰武，内蒙古鄂伦春旗、扎兰屯、莫力达瓦达斡尔旗、牙克石、科尔沁左翼后旗。

分布：中国（黑龙江、吉林、辽宁、内蒙古、河北、山东、浙江、广西、云南、台湾），朝鲜，日本，俄罗斯。

根、叶或全草入药，有宣肺化痰、清热解毒及利尿消肿之功效，主治支气管炎、肝硬化腹水及水肿等症，外用治毒蛇咬伤、蜂螫及痈肿疔疮等症。

桔梗科　Campanulaceae

738　桔梗　和尚帽　明叶菜
Platycodon grandiflorum (Jacq.) A. DC.

多年生草本，高（20-）80（-120）cm，有白色乳汁。根肉质，胡萝卜状，黄褐色。茎单一或上部分枝，直立。叶轮生或茎下部叶轮生，中上部叶对生或互生，叶卵形或卵状披针形，长（2-）3-4（-7）cm，宽（0.5-）1-2.5（-4）cm，先端锐尖，基部圆形、楔形或广楔形，边缘具稍不整齐的细锐锯齿，表面深绿色，背面灰蓝绿色。花单生或数朵集成假总状花序或圆锥花序；花萼广钟形，5裂；花冠鲜蓝色或紫色，广钟形，先端5裂；雄蕊5；子房半球形，花柱较长，柱头5裂。蒴果椭圆状倒卵形，果熟时顶端5瓣裂。种子狭卵形，扁平，有3棱，黑褐色，有光泽。花期7-9月，果期8-10月。

生于山坡草地、林缘、灌丛及草甸，海拔900m以下。

产地：黑龙江省萝北、密山、黑河、呼玛、宁安、北安、伊春、齐齐哈尔、鹤岗、依兰、鸡东、鸡西、大庆、哈尔滨、克山、安达，吉林省临江、通化、柳河、梅河口、辉南、集安、抚松、吉林、靖宇、长白、汪清、安图、敦化、九台、长春、和龙、镇赉，辽宁省大连、普兰店、瓦房店、庄河、兴城、本溪、阜新、抚顺、锦州、绥中、葫芦岛、建平、营口、凌源、北镇、建昌、西丰、新民、桓仁、新宾、鞍山、丹东、东港、开原、法库、沈阳、清原、铁岭，内蒙古额尔古纳、阿荣旗、牙克石、扎兰屯、科尔沁右翼前旗、科尔沁右翼中旗、鄂伦春旗、扎鲁特旗、宁城、敖汉旗、赤峰、喀喇沁旗、巴林左旗、巴林右旗、阿鲁科尔沁旗、扎赉特旗、鄂温克旗、科尔沁左翼后旗。

分布：中国（黑龙江、吉林、辽宁、内蒙古、河北、山西、陕西、山东、江苏、安徽、浙江、福建、河南、江西、湖北、湖南、广东、广西、四川、重庆、贵州、云南、台湾），朝鲜，日本，俄罗斯。

种子可榨油，供工业用。根可用于酿酒及制作酱菜。根入药，有祛痰、利咽及排脓之功效，主治痰多咳嗽、咽喉肿疼、肺脓肿及咳吐脓血等症。

739　齿叶蓍　单叶蓍

Achillea acuminata (Ledeb.) Sch.-Bip.

多年生草本，高 80-100cm。茎直立，单一，上部分枝，密被短柔毛。基生叶和茎下部叶花期枯萎；中部叶披针形或线状披针形，长 7-11cm，宽 3-9mm，先端渐尖，基部扩展半抱茎，边缘具内曲锯齿，齿端具软骨质小尖，上部叶向上渐小。头状花序多数，排列成伞房状；总苞半球形，疏被柔毛，总苞片 2-3 层；舌状花 2 层，雌性，白色；管状花多数，两性；花托托片似总苞片。瘦果倒披针形，先端截形，有淡白色边肋，无冠毛。花果期 7-8 月。

生于山坡湿草地、草甸及林缘。

产地：黑龙江省虎林、饶河、萝北、尚志、呼玛、北安、伊春、齐齐哈尔、黑河，吉林省安图、抚松、和龙、珲春、汪清、通化、长白，内蒙古根河、额尔古纳、鄂温克旗、阿尔山、科尔沁右翼前旗。

分布：中国（黑龙江、吉林、内蒙古、陕西、甘肃、青海、宁夏），朝鲜半岛，日本，蒙古，俄罗斯。

菊科 Compositae

740 高山蓍

Achillea alpina L.

多年生草本，高 50-110cm。茎丛生，直立，上部被长柔毛。基生叶及茎下部叶花期枯萎；茎中部叶 1-2 回羽状浅裂至深裂，长圆状披针形或线形，先端锐尖，边缘具不整齐锐尖锯齿或小裂片，齿端具软骨质尖，两面具腺点，密被绢状长柔毛或近无毛；茎中部叶无柄，半抱茎。头状花序多数，密集成伞房状；总苞球状钟形，总苞片 2-3 层；舌状花 5-8 朵，雌性，白色，先端具不明显钝齿，显著超出总苞，平展下折；管状花多数，两性。瘦果倒卵形，扁压，有浅色边肋。花期7-9 月，果期 8-10 月。

生于山坡草地、沟旁及林缘。

产地：黑龙江省哈尔滨、密山、友谊、伊春、虎林、萝北、克山、汤原、呼玛，吉林省安图、长白、长春、临江、梅河口、通化、柳河、辉南、集安、抚松、靖宇，辽宁省西丰、沈阳、彰武、新民、鞍山、桓仁、凤城、本溪、抚顺、凌源、大连、朝阳、锦州，内蒙古鄂温克旗、根河、额尔古纳、牙克石、海拉尔、科尔沁右翼前旗、阿尔山、扎赉特旗、扎鲁特旗、克什克腾旗、科尔沁左翼后旗、巴林右旗、宁城。

分布：中国（黑龙江、吉林、辽宁、内蒙古、河北、山西、甘肃、宁夏、青海、四川、云南），朝鲜半岛，日本，蒙古，俄罗斯。

茎叶含芳香油，可作调香原料。可入药，有健胃强壮之功效。

741 亚洲蓍
Achillea asiatica Serg.

多年生草本，高 20-80cm，全株被绢毛。茎直立，单一，上部分枝，具细条纹，中部叶腋常具不育枝。基生叶及不育

枝叶倒披针形，长 8-10（-20）cm；茎生叶线状披针形，长 4-7cm，宽 8-15（-18）mm，基部半抱茎，2-3 回羽状全裂，终裂片刚毛状或丝状线形，先端具软骨质尖；基生叶及不育枝叶具长柄，茎生叶无柄。头状花序多数，排列成近半球形聚伞花序；总苞长圆形，总苞片 3-4 层；舌状花 4-6 朵，雌性，粉色或粉红色；管状花多数，两性；花托托片长圆状披针形，膜质，疏具腺。瘦果长圆状倒卵形，先端截形，具边肋。花果期 6-8 月。

生于山坡草地、河边、草场及林缘湿地，海拔 600-2600m。

产地：黑龙江省呼玛、黑河、穆棱、哈尔滨、伊春，内蒙古额尔古纳、海拉尔、扎兰屯、牙克石、阿尔山、根河、科尔沁右翼前旗、新巴尔虎左旗、陈巴尔虎旗、鄂温克旗、克什克腾旗、阿鲁科尔沁旗、巴林左旗、巴林右旗。

分布：中国（黑龙江、内蒙古、河北、新疆），蒙古，俄罗斯；中亚。

742　猫儿菊　大黄菊

Achyrophorus ciliates (Thunb.) Sch.-Bip.

多年生草本，高30-60cm。茎直立，不分枝，被长毛及硬刺毛。基生叶簇生，长圆状匙形，长达20cm，宽3-5cm，先端锐尖，基部下延至柄呈翼状，边缘具不整齐锐尖齿牙及齿毛状缘毛，表面近无毛，背面被刺毛；茎下部叶与基生叶相似，中上部叶向上渐小，长圆形或椭圆形；基生叶及茎下部叶有柄，中上部叶无柄，抱茎。头状花序大，单生于茎顶；总苞半球形或钟形，总苞片3-4层；花橙黄色；花冠舌状；花托具狭披针形托片。瘦果圆柱状。冠毛1层，羽状。花期7月，果期7-8月。

生于干山坡灌丛、干燥草甸。

产地：黑龙江省密山、虎林、五大连池、克山、穆棱、尚志、肇东、哈尔滨、集贤、黑河、呼玛、安达、伊春、宁安、嫩江、鹤岗、萝北、孙吴、大庆、齐齐哈尔、嘉荫、吉林省通化、抚松、安图、梅河口、辉南、集安、靖宇、前郭尔罗斯、白城、长春、通榆、珲春、汪清、镇赉、辽宁省西丰、铁岭、昌图、沈阳、抚顺、盖州、大连、兴城、法库、建昌、凌源、阜新、义县、葫芦岛、岫岩、本溪、东港、朝阳、丹东、内蒙古根河、宁城、扎赉特旗、扎鲁特旗、科尔沁右翼前旗、科尔沁右翼中旗、阿尔山、额尔古纳、牙克石、扎兰屯、科尔沁左翼后旗、陈巴尔虎旗、鄂温克旗、通辽、奈曼旗、阿鲁科尔沁旗、巴林左旗、巴林右旗、翁牛特旗、赤峰、敖汉旗、喀喇沁旗。

分布：中国（黑龙江、吉林、辽宁、内蒙古、河北、山西、新疆、山东、河南），朝鲜半岛，蒙古，俄罗斯。

可作观赏植物。

菊科 Compositae

743 腺梗菜 和尚菜
Adenocaulon himalaicum Edgew.

多年生草本，高 40-90cm。茎直立，粗壮，中部以上分枝，上部被灰白色蛛丝状绒毛。基生叶花期枯萎，叶质薄；茎下部叶肾形、卵状心形或三角状心形，长 6-12cm，宽 9-17cm，基部下延至柄成宽翼，边缘具波状浅裂或有缺刻状不整齐的突尖齿，表面沿脉具微毛或疏具腺，背面密被灰白色蛛丝状绒毛，中部叶向上渐小；茎下部叶有长柄，上部叶柄渐短。头状花序半球形，排列成疏狭圆锥花序，花序枝密被腺毛及绒毛；总苞片 1 层，革质，广卵形或长椭圆状卵形，先端钝，全缘，花后反卷；边花 1 层，雌性，花冠白色，广钟形；子房中部以上有腺毛，结实；中央花两性，不育。瘦果棒状倒卵形或长椭圆状倒卵形，基部渐狭，有短柄，先端圆，中部以上被黑褐色腺毛，成熟时呈星芒状开展，无冠毛。花期 7-8 月，果期 8-10 月。

生于林缘、林下、灌丛及路旁，海拔 800m 以下。

产地：黑龙江省伊春、哈尔滨、尚志，吉林省抚松、敦化、安图、汪清、珲春、蛟河、通化、临江、柳河、辉南、集安、靖宇、梅河口、长白，辽宁省西丰、新宾、沈阳、铁岭、清原、鞍山、本溪、凤城、丹东、大连、朝阳、桓仁、岫岩、宽甸、内蒙古宁城、海拉尔。

分布：中国（全国广布），朝鲜，日本，俄罗斯，印度。
根入药，有止咳、平喘及利水散瘀之功效。

菊科 Compositae

744 槭叶兔儿风

Ainsliaea acerifolia Sch.-Bip.

多年生草本，高达 60cm。茎直立。叶 4-7，集生于茎中部，上部互生或近轮生，叶质薄，肾状圆形或心状圆形，长 6-10cm，宽 6.5-14cm，7-11 掌状浅裂或缺刻状齿裂，裂片具粗大齿牙或 3 浅裂，先端锐尖，基部心形，边缘具刺尖齿牙；叶有长柄，被柔毛。头状花序排列成穗状花序，花期下垂；总苞狭筒状，总苞片多层，干膜质；花 3 朵，同型，两性；花冠白色，管状。瘦果稍扁，长圆形，紫褐色；冠毛羽毛状，带紫褐色。花期 7-9 月，果期 9-10 月。

生于林缘、林下。

产地：辽宁省本溪、凤城、宽甸、新宾、丹东。

分布：中国（辽宁），朝鲜半岛，日本。

745 豚草

Ambrosia artemisiifolia L.

一年生草本，高 20-100cm。茎直立，被卷曲短柔毛，有时被松散硬毛。茎下部叶对生，质薄，1-2 回羽状分裂，长圆形至倒披针形，全缘，表面被柔毛或无毛，背面密被短糙毛；上部叶互生，羽状分裂；最上部叶线形，不分裂；茎下部叶柄短，具狭翼，上部叶无柄。花异形，雌雄同株；雄头状花序顶生，半球形或卵形，集生成总状，总苞浅碟形，总苞片合生，边缘具波状齿，雄花 10-30 朵，花冠淡黄色；雌头状花序生于雄花序下或茎下部叶腋，单生或 2-3 个簇生，总苞闭合，总苞片合生，倒卵形或卵状长圆形，具刺 4-6，先端具喙，雌花 1 朵，无花冠，花柱 2 深裂，结实。瘦果倒卵形，无毛，藏于总苞中。花期 8-9 月，果期 9-10 月。

生于荒地、路旁及河边。

产地：黑龙江省哈尔滨、牡丹江，吉林省长春、德惠、长白，辽宁省西丰、昌图、开原、铁岭、沈阳、丹东、抚顺、大连、康平。

分布：现中国广布，原产北美洲。

菊科 Compositae

Arctium lappa L.

二年生草本，高 1-2m。根肉质。茎直立，粗壮，带紫色，上部多分枝。基生叶丛生，三角状卵形，长 16-50cm，宽 12-40cm，先端钝，具小刺尖，基部心形，边缘波状或具细齿，表面绿色，背面密被白色绵毛；茎生叶广卵形，向上渐小；基生叶有长柄，茎生叶柄较短。头状花序簇生或伞房花序；总苞球形，总苞片多层，披针形，先端具钩刺；花同型，两性；花冠红色管状。瘦果长圆形或倒卵形，灰黑色；冠毛糙毛状，淡黄棕色。花期 7-9 月，果期 9-10 月。

生于人家附近、荒地、路旁及山坡草地。

产地：黑龙江省逊克、讷河、拜泉、克山、林口、虎林、方正、双城、桦南、尚志、萝北、哈尔滨、密山、五常、宁安、庆安、宾县、巴彦、延寿、木兰、青冈、鸡西、穆棱、富锦、勃利、望奎、通河、依兰、东宁、绥化、绥棱、龙江、黑河、吉林省临江、抚松、和龙、汪清、安图，辽宁省沈阳、绥中、本溪、清原、丹东、桓仁、凌源、长海、鞍山、新民、铁岭、新宾、东港、庄河，内蒙古赤峰、巴林右旗、科尔沁左翼后旗、喀喇沁旗、敖汉旗。

分布：中国（全国广布），欧亚大陆。

根、茎、叶及种子入药，有利尿、清热解毒及疏风利咽之功效。

747 黄花蒿 草蒿 臭蒿
Artemisia annua L.

一年生或二年生草本，高达 1m，有香味。茎粗壮，直立，多分枝。茎下部叶 3 回羽状分裂，裂片长圆状线形或线形，具栉齿状齿牙或缺刻，锐尖，羽轴全裂，两面绿色，无毛；叶有柄。头状花序近球形，密集成大圆锥花序；总苞绿色，稍有光泽，总苞片 3 层；边花雌性，黄色，花冠长筒形，外面被黄色腺点；中央花多数，两性，管状钟形，花全部结实；花托凸起，裸露。瘦果长圆形，红褐色。花期 8-9 月，果期 9-10 月。

生于路旁、荒地。

产地：黑龙江省哈尔滨，吉林省永吉、和龙，辽宁省东港、庄河、建平，内蒙古海拉尔、满洲里、新巴尔虎左旗、翁牛特旗、突泉、扎赉特旗。

分布：中国（全国广布）；欧亚大陆温带、寒温带及亚热带，北美洲。

748 艾蒿 艾 艾叶

Artemisia argyi Lévl. et Van.

多年生草本，高达 1m。茎直立，单一，密被白色蛛丝状毛，上部分枝。茎下部叶花期枯萎；茎中部叶卵状三角形，长 5-7cm，宽 4-5cm，羽状深裂，基部浅心形，下延至柄成狭翼，裂片长圆形或长圆状披针形，边缘有粗大锯齿或钝齿，表面灰绿色，疏被蛛丝状毛，密生白色腺点，背面密被灰白色蛛丝状绵毛，上部叶渐小，3-5 裂或不裂；茎中部叶有柄，基部有托叶状小裂片，上部叶无柄。头状花序钟形或长圆状钟形，下垂，排列成圆锥花序；总苞片 3-4 层，密被蛛丝状灰白色或带褐色绵毛；边花 8-13 朵，雌性，花冠狭管状钻形，先端 2 齿裂，具腺点；中央花 9-11 朵，两性，花冠管状钟形或漏斗状，基部被腺点，花全部结实；花托凸起，裸露。瘦果长圆形。花期 8-9 月，果期 9-10 月。

生于山坡草地、路旁、耕地旁、林缘及沟边。

产地：黑龙江省虎林、密山、哈尔滨、大庆、富裕、杜尔伯特、宁安、安达、伊春、萝北，吉林省双辽、九台、长春、和龙、珲春，辽宁省沈阳、庄河、建昌、阜新、喀左、彰武、葫芦岛、凌源、锦州、大连，内蒙古科尔沁右翼前旗、科尔沁右翼中旗、扎鲁特旗、赤峰、翁牛特旗、突泉、巴林右旗、喀喇沁旗。

分布：中国（黑龙江、吉林、辽宁、内蒙古、河北、山西、陕西、宁夏、甘肃、青海、山东、江苏、浙江、福建、河南、安徽、江西、广西、湖南、湖北、四川、贵州），朝鲜半岛，蒙古，俄罗斯。

嫩芽及幼苗可食。艾叶供艾灸用，也可作印泥原料。全草入药，有温经、祛温、散寒、止血、消炎、平喘、止咳、安胎及抗过敏之功效。全草作杀虫农药或熏烟消毒。

菊科 Compositae

749 高岭蒿

Artemisia brachyphylla Kitam.

多年生草本，高 30-70cm。茎单生，密被灰白色蛛丝状柔毛。叶纸质或薄纸质，表面绿色，微有蛛丝状短柔毛，背面密被灰白色绵毛；茎下部叶卵状椭圆形或卵状长圆形，二回羽状深裂，花期枯萎；中部叶椭圆形或长圆形，长 4.5-6.5cm，宽 3.5-4.5cm，先端尖锐，边缘常有 1-2 浅裂齿，不反卷，叶基部楔形，渐狭成柄状，基部有 1 对小型假托叶；上部叶与苞片叶 5 或 3 深裂或不分裂，为椭圆状披针形或披针形，全缘。头状花序近球形或宽卵球形，具短梗或无梗；总苞片 3-4 层，先端尖，背面被蛛丝状薄柔毛，边缘膜质，中间具绿色中肋；雌花 4-6 朵，花冠狭线形，花柱伸出花冠外，先端 2 叉，叉端尖；两性花 6-10 朵，花冠管状。瘦果。花果期 8-10 月。

生于高山冻原、林下、林缘，海拔 2100m 以下。

产地：吉林省安图、抚松、敦化。

分布：中国（吉林），朝鲜半岛。

750 南牡蒿

Artemisia eriopoda Bunge

多年生草本，高 70-100cm。茎直立，中部以上分枝，开展，有不育枝。叶质较厚，基生叶及茎下部叶花期枯萎；茎中部以上叶裂片渐狭，羽状深裂至全裂，顶裂片再羽裂，侧裂片不裂或缺刻状 2-3 裂，裂片线状披针形或长圆状线形，两面无毛；茎中部以上叶柄渐短至无柄，基部具 1-3 对羽状分裂的托叶状小叶片。头状花序多数，排列成圆锥状；总苞长圆状卵形或椭圆形，总苞片 3-4 层；边花 3-5（-7）朵，花冠管状三角形，苍白色或黄色；中央花 5-9（-11）朵，花冠管状长圆形，苍白色；花托凸起，裸露。瘦果长圆状倒卵形，

褐色。花期 7-8 月，果期 9-10 月。

生于林缘、林间草地、山坡草地、路旁、灌丛、溪边及疏林下，海拔 1500m 以下。

产地：辽宁省凌源、建平、葫芦岛、大连、长海、庄河、凤城、阜新、盖州、瓦房店、北镇、鞍山，内蒙古通辽、科尔沁右翼前旗、科尔沁右翼中旗、阿鲁科尔沁旗、巴林左旗、巴林右旗、赤峰、扎赉特旗、宁城、翁牛特旗、克什克腾旗。

分布：中国（辽宁、内蒙古、江苏、安徽、河南、湖北、湖南、四川、云南），朝鲜半岛，日本，蒙古。

全草及根入药，有祛风除湿、解毒之功效，可治风湿关节痛、头痛、浮肿及毒蛇咬伤等症。

751 牡蒿

Artemisia japonica Thunb.

多年生草本,高 60-150cm。茎直立,单一或少数丛生,灰褐色或紫褐色,中部以上分枝。不育枝直立或匍匐斜上,高 5-30cm,有时与茎近等高。先端叶莲座状,基生叶或茎下部叶花期枯萎;中部叶楔状匙形或长圆状楔形,长 3.5-7cm,宽 0.7-1.8cm,先端齿裂,基部楔形,具 1-2 对狭披针状线形托叶状裂片;上部叶狭楔形或近线形,3 齿裂或不裂,基部具披针形或线状披针形托叶状裂片;不育枝叶及茎中部叶无柄。头状花序多数,卵形或长圆状卵形,俯垂,排列成狭圆锥花序;花梗毛发状;总苞片 4 层;边花 5-9 朵,雌性,花冠管状锥形,结实;中央花 5-7 朵,两性,花冠管状,基部狭;花托凸起,裸露。瘦果长圆状偏倒卵形。花期 8-9 月,果期 9-10 月。

生于河边沙地、山坡石砾质地、灌丛及杂木林下,海拔 1000m 以下。

产地:黑龙江省绥芬河、宁安、尚志、克山、肇东、双城、友谊、安达、虎林、哈尔滨、密山、大庆、东宁、饶河、伊春、吉林省安图、珲春、长白、临江、通化、柳河、镇赍、梅河口、辉南、集安、抚松、靖宇、九台、永吉、延吉、辽宁省葫芦岛、清原、桓仁、新宾、宽甸、抚顺、沈阳、丹东、凤城、大连、本溪、锦州、西丰、内蒙古翁牛特旗、宁城、科尔沁左翼后旗。

分布:中国(黑龙江、吉林、辽宁、内蒙古、河北、山西、陕西、甘肃、山东、江苏、浙江、福建、台湾、河南、安徽、江西、湖北、湖南、广东、广西、四川、贵州、云南、西藏)、朝鲜半岛、日本、俄罗斯、阿富汗、印度、尼泊尔、不丹、泰国、越南、老挝、缅甸、菲律宾。

可入药,有祛风、祛湿及解毒之功效。亦作青蒿(即黄花蒿)的代用品。

种内变化:东北牡蒿[*Artemisia japonica* Thunb. var. *manshurica* (Kom.) Kitag.]茎生叶狭楔形,羽状 3 深裂,裂片线形或披针状线形,顶裂片常具 3 裂片状锐尖齿牙。

752　菴蒿

Artemisia keiskeana Miq.

多年生草本，高 30-70cm。根状茎较粗壮。地下匍匐枝横走，地上匍匐枝为不育枝。茎单一，被长柔毛。叶质厚，不育枝叶莲座状，近圆形、长圆形或倒长卵形，先端圆形，基部楔形下延至柄成狭翼，边缘具粗大齿牙及小突尖，表面绿色，散生长伏毛及腺点；基生叶花期枯萎；茎生叶倒卵形、长圆状楔形或倒卵状楔形，长 2.5-7 (-8) cm，先端圆形或钝，基部楔形或狭楔形下延，基部常具托叶状锐尖裂片，边缘中部以上有缺刻状大齿牙，齿端具小突尖，表面绿色，背面苍绿色，疏被长伏毛，上部叶渐少，不分裂，全缘；茎生叶无柄。头状花序多数，排成狭圆锥花序；总苞近球形，总苞片 3 层；边花 6-7 朵，雌性，花冠筒状；中央花多数，两性，花冠钟状，外被腺点及毛或无毛，花全部结实；花托半球形。瘦果扁倒卵形。花期 7-9 月，果期 9-10 月。

生于路旁、干山坡、疏林下、灌丛及草丛。

产地：黑龙江省伊春、萝北、尚志、哈尔滨、鸡西、密山、东宁，吉林省汪清、和龙、安图、蛟河、吉林、临江、辉南、集安、靖宇，辽宁省西丰、清原、岫岩、普兰店、庄河、凤城、桓仁、东港、丹东、鞍山、本溪、宽甸、大连、新宾、抚顺、朝阳，内蒙古满洲里。

分布：中国（黑龙江、吉林、辽宁、内蒙古、河北、山东），朝鲜半岛，日本，俄罗斯。

全草入药，有止血、消炎、祛风及活络之功效。

753 白山蒿

Artemisia lagocephala (Fisch. ex Bess.) DC.

半灌木，高 30-70cm，全株密被灰白色绒毛。茎直立，基部木质，丛生或下部多分枝。有不育枝。叶质厚，基生叶及茎生叶花期枯萎；不育枝叶莲座状，匙形或倒三角状楔形，长 2.5-5.5cm，宽 0.5-1.8cm，先端 3 裂，基部狭楔形，全缘，叶面绿色，被柔毛，背面密被灰白色柔毛，中部叶匙状楔形，长 1.5-3.5cm，宽 3-6mm，先端 3 裂，渐向上部叶渐小，不分裂。头状花序半球形，排列成狭圆锥花序；总苞片 3 层；边花 7-10 朵，雌性，花冠细管状；中央花多数，两性，花冠管状钟形；花托有毛。瘦果长圆形。花果期 7-10 月。

生于山坡草地、砾质坡地、山脊或林缘、路旁及森林草原。

产地：黑龙江省呼玛、尚志、逊克、黑河、伊春，吉林省安图、长白、抚松，内蒙古根河、额尔古纳、牙克石、克什克腾旗。

分布：中国（黑龙江、吉林、内蒙古），朝鲜半岛，俄罗斯。

754 红足蒿 大狭叶蒿 红茎蒿

Artemisia rubripes Nakai

多年生草本,高 1-2m,植株常带紫红色。茎直立、单一,上部分枝。基生叶及茎生叶 2 回羽状分裂,裂片线状披针形或长圆状披针形,宽 3-7mm,全缘或具 1-2 锯齿,表面近无毛或疏被蛛丝状伏毛,背面密被蛛丝状白绒毛,上部叶羽状分裂至不分裂,全缘;基生叶及茎生叶具长柄,上部叶柄渐短至无柄。头状花序多数,直立,较密集,形成狭圆锥花序;总苞狭钟形,总苞片 3 层;边花 5-8(-10)朵,雌性,花冠管状线形;中央花 9-15 朵,两性,花冠管状钟形,花全部结实;花托裸露。瘦果长卵形,淡褐色。花期 8 月,果期 9-10 月。

生于荒地、干山坡、灌丛、林缘、路旁、河边及草甸。

产地:黑龙江省杜尔伯特、桦南、安达、大庆、勃利、呼玛、海林、佳木斯、密山、绥芬河、虎林、饶河、萝北、尚志、哈尔滨、伊春,吉林省延吉、珲春、和龙、安图、敦化、抚松、镇赉、通榆、九台,辽宁省凌源、建平、彰武、葫芦岛、锦州、北镇、营口、康平、清原、沈阳、大连、普兰店、庄河、凤城、宽甸、桓仁、本溪,内蒙古牙克石、扎鲁特旗、科尔沁左翼后旗、新巴尔虎左旗、新巴尔虎右旗、科尔沁右翼中旗、克什克腾旗、巴林右旗、赤峰、翁牛特旗、额尔古纳、根河、鄂温克旗、扎兰屯、海拉尔。

分布:中国(黑龙江、吉林、辽宁、内蒙古、河北、山西、山东、江苏、安徽、浙江、福建、江西),朝鲜半岛,日本,蒙古,俄罗斯。

入药作"艾(家艾)"的代用品,有温经、散寒及止血之功效。

菊科 Compositae

755 万年蒿 白莲蒿 铁杆蒿
Artemisia sacrorum Ledeb.

多年生草本，半灌木状，高50-100cm。茎基部木质，直立，暗紫红色。基生叶花期枯萎；茎生叶卵形或长圆状卵形，长7-14cm，2回羽状深裂，裂片长椭圆形，斜上，互相接近，先端钝，中裂片长圆形或广披针形，全缘或边缘具锯齿，先端短尖，表面绿色，具腺点，背面苍白色，多少被灰白色绵毛或无毛，叶轴栉齿状；茎生叶叶柄具翼，基部具托叶状小叶片。头状花序多数，球形或圆筒状半球形，排列成直立开展的圆锥花序；

花序梗短，下垂；总苞片3层；边花5-8朵，雌性，花冠狭管状；中央花多数，两性，花冠具腺点，花全部结实；花托凸起，裸露。瘦果长圆形，具纵肋。花期8-9月，果期9-10月。

生于山坡草地、路旁及灌丛。

产地：黑龙江省黑河、五大连池、哈尔滨、大庆、密山、宁安、杜尔伯特、虎林、安达、伊春、饶河、富裕、肇东、肇源、萝北、齐齐哈尔，吉林省通榆、永吉、和龙、抚松、蛟河、敦化、安图、通化、临江、柳河、梅河口、通榆、辉南、集安、靖宇、长白、九台、镇赉，辽宁省建平、凌源、彰武、葫芦岛、北镇、凤城、岫岩、桓仁、新宾、西丰、本溪、宽甸、抚顺、沈阳、丹东、大连，内蒙古鄂温克旗、新巴尔虎左旗、新巴尔虎右旗、科尔沁左翼后旗、额尔古纳、牙克石、海拉尔、满洲里、科尔沁右翼前旗、科尔沁右翼中旗、突泉、扎赉特旗、乌兰浩特、翁牛特旗、巴林左旗、巴林右旗、林西、克什克腾旗、喀喇沁旗、阿鲁科尔沁旗、宁城、赤峰、扎鲁特旗。

分布：中国（全国广布），朝鲜半岛，日本，蒙古，俄罗斯，阿富汗，印度，巴基斯坦，尼泊尔；中亚。

756 猪毛蒿
Artemisia scoparia Wald. et Kit.

多年生草本，高可达 1m。茎直立，多分枝。基生叶及茎下部叶花期枯萎，叶 1-2 回羽状分裂，裂片毛发状，长 1-2cm；茎中部以上叶具短翼状柄，基部半抱茎，有 1-2 对托叶状小裂片。头状花序多数，球形或卵状球形，下垂或斜生，排列成大圆锥花序；总苞片 2-3 层；边花 6 朵，雌性，花冠细管状，具黄色腺点，结实；中央花 6 朵，两性，漏斗状钟形，不结实；花托稍凸起，裸露。瘦果长圆形或倒卵状长圆形，褐色。花果期 7-10 月。

生于山坡草地、荒地及路旁。

产地：黑龙江省萝北、密山、逊克、尚志、饶河、哈尔滨、杜尔伯特、肇东、富裕、安达、伊春，吉林省临江、永吉、通榆、九台、集安、安图、和龙、珲春，辽宁省海城、锦州、沈阳、宽甸、桓仁、清原、新民、西丰、葫芦岛、丹东、大连、彰武、普兰店、凤城、东港、盖州、庄河、大洼、鞍山、本溪、抚顺，内蒙古科尔沁右翼前旗、扎鲁特旗、翁牛特旗、巴林右旗、鄂温克旗、满洲里、新巴尔虎左旗、新巴尔虎右旗、海拉尔、额尔古纳、牙克石、赤峰、宁城、突泉。

分布：中国（除台湾、海南外，全国广布），朝鲜半岛，日本，俄罗斯，伊朗，土耳其，阿富汗，印度，巴基斯坦；中亚，欧洲。

基生叶、幼苗及幼叶入药，有清湿热之功效。

757 水蒿 蒌蒿

Artemisia selengensis Turcz. ex Besser

多年生草本，高达 150cm。茎直立，单一，粗壮，上部被白色柔毛。叶质厚，密生；茎下部叶花期枯萎；中部叶掌状 5 或 3 全裂或深裂，裂片线形或线状披针形，长 5-11（-15）cm，宽（3-）4-10（-20）mm，先端渐尖，中部以上边缘疏生锯齿，表面绿色，背面密被灰白色柔毛；上部叶 3 分裂或不裂；茎中部叶有短柄或近无柄。头状花序钟形或狭钟形，排列成狭圆锥花序；总苞片 3-4 层；边花 8-12 朵，雌性，花冠狭管状，被腺点；中央花 10-15 朵，两性，花冠管状钟形；花托裸露。瘦果长圆形，有狭膜质翼。花果期 7-10 月。

生于林下、林缘、沟谷、河边及人家附近。

产地：黑龙江省孙吴、萝北、宁安、伊春、汤原、勃利、密山、虎林、漠河、尚志、哈尔滨、齐齐哈尔，吉林省珲春、和龙、安图、敦化、蛟河、九台、双辽、长春、临江、通化、柳河、梅河口、辉南、集安、抚松、靖宇、长白、镇赉，辽宁省开原、西丰、营口、彰武、大连、朝阳、凤城、清原、抚顺，内蒙古海拉尔、额尔古纳、根河、扎兰屯、鄂温克旗、新巴尔虎左旗、牙克石、科尔沁左翼后旗、科尔沁右翼前旗、喀喇沁旗。

分布：中国（黑龙江、吉林、辽宁、内蒙古、河北、山西、陕西、甘肃、山东、江苏、安徽、河南、江西、湖北、湖南、广东、四川、贵州、云南），朝鲜半岛，蒙古，俄罗斯。

758 大籽蒿

Artemisia sieversiana Ehrhart ex Willd.

二年生草本，高50-150cm。茎粗壮，直立，被白色短柔毛。叶质薄，广卵状三角形，2-3回羽状分裂，裂片长圆状线形或线状披针形，边缘撕裂状或具缺刻状大齿牙，表面绿色，被伏毛，背面密被灰白色伏毛，两面密被小腺点，茎最上部叶三出或不分裂，线形或披针形；叶具长柄。头状花序多数，排列成大圆锥花序，半球形，下垂；总苞片2-3层，近等长；边花雌性，花冠瓶状，外具腺点；中央花两性，花冠漏斗状钟形；花托有毛。瘦果长圆状倒卵形，褐色。花期7-8月，果期8-9月。

生于砂质草地、山坡草地及人家附近。

产地：黑龙江省孙吴、萝北、哈尔滨、富裕、齐齐哈尔、伊春、安达，吉林省双辽、九台、安图、和龙、长春、珲春、临江、通化、柳河、梅河口、辉南、集安、抚松、靖宇、长白、镇赉、通榆，辽宁省西丰、桓仁、抚顺、本溪、大连、建昌、北镇、凌源、东港、沈阳、岫岩、彰武、宽甸，内蒙古根河、

额尔古纳、海拉尔、满洲里、新巴尔虎左旗、新巴尔虎右旗、阿尔山、科尔沁右翼前旗、科尔沁右翼中旗、突泉、乌兰浩特、扎鲁特旗、克什克腾旗、巴林右旗、翁牛特旗、科尔沁左翼后旗。

分布：中国（黑龙江、吉林、辽宁、内蒙古、河北、山西、陕西、甘肃、青海、宁夏、新疆、四川、贵州、云南、西藏），朝鲜半岛，日本，蒙古，俄罗斯，阿富汗，印度，巴基斯坦；中亚。

全草及花蕾入药，有消炎、止痛之功效。

759 宽叶山蒿
Artemisia stolonifera (Maxim.) Kom.

多年生草本，高达 1m。茎直立，单一，有时带红色，被短柔毛，上部稍分枝。基生叶花期枯萎；茎生叶质厚，倒卵形、长圆状倒卵形或广倒披针形，长 5-10（-11）cm，宽 2.5-6cm，先端钝，具小尖，基部狭楔形下延至柄成翼，边缘具不整齐缺刻状齿牙，上部叶向上渐小，最上部叶全缘，表面绿色，无毛，背面密被灰白色绒毛；茎生叶无柄或有短柄，基部有托叶状小裂片。头状花序多数，花序梗短，俯垂，常偏向一侧，形成狭圆锥花序；总苞卵状钟形，总苞片 2-3 层；边花 10-12 朵，雌性，花冠细管状钻形，具腺点；中央花 11-14 朵，两性，漏斗状钟形，花全部结实；花托裸露。瘦果长圆形，有纵条纹。花期 7-9 月，果期 9-10 月。

生于林缘、疏林下、路旁、荒地及沟谷。

产地：黑龙江省五大连池、饶河、东宁、鸡西、鸡东、汤原、海林、宁安、萝北、逊克、勃利、嘉荫、虎林、密山、尚志、伊春、呼玛，吉林省珲春、汪清、和龙、安图、抚松、敦化、磐石、蛟河，辽宁省沈阳、西丰、新宾、桓仁、凤城、鞍山、北镇、本溪、岫岩，内蒙古阿尔山、根河、额尔古纳、牙克石、鄂温克旗、满洲里、巴林右旗、宁城、科尔沁右翼前旗、克什克腾旗、翁牛特旗。

分布：中国（黑龙江、吉林、辽宁、内蒙古、河北、山西、山东、江苏、安徽、浙江、湖北），朝鲜半岛，日本，俄罗斯。

760　三脉紫菀

Aster ageratoides Turcz.

多年生草本，高达1m。茎直立，上部稍分枝，疏被长毛。叶椭圆形或长圆状披针形，长5-15cm，宽1-5cm，先端锐尖，基部楔形，边缘具缺刻状疏齿，齿先端具突尖，表面绿色，被疏短刺毛，粗糙，背面苍白色，三出脉；叶具极短的翼状柄。头状花序多数，排列成伞房状，开展；总苞钟形或筒状半球形，总苞片3层，干膜质，上部暗紫色，钝头，具缘毛；舌状花1层，紫色或淡红色；管状花黄色。瘦果扁倒卵形，被粗毛；冠毛淡褐色。花期8-9月，果期8-10月。

生于林缘、山坡草地、路旁及草原。

产地：黑龙江省密山、饶河、尚志、伊春、虎林、鸡西、呼玛、绥芬河、富锦、东宁、哈尔滨、宁安，吉林省安图、蛟河、敦化、磐石、集安、抚松、珲春、和龙、汪清、前郭尔罗斯、临江、通化、柳河、梅河口、吉林、辉南、靖宇、长白，辽宁省凌源、建平、建昌、葫芦岛、北镇、凌海、清原、绥中、岫岩、营口、庄河、大连、普兰店、鞍山、抚顺、本溪、凤城、桓仁、宽甸、东港、丹东、西丰、阜新、法库，内蒙古科尔沁左翼后旗、克什克腾旗、巴林右旗、林西、敖汉旗。

分布：中国（黑龙江、吉林、辽宁、内蒙古、河北、山西、青海、安徽、浙江、河南、湖北、湖南、广西、四川、贵州、云南、台湾），朝鲜半岛，日本，俄罗斯。

可入药，可治无名肿毒、风热感冒等症，也用以代马兰或紫菀（湖北）。

菊科 Compositae

高山紫菀　山雪花　野白菊花
Aster alpinus L.

多年生草本，高10-35cm。根状茎横走，须根多数，颈部多头，具褐色残叶柄；茎直立，单一，被柔毛。基生叶莲座状、匙状或倒披针形，长3-10cm，宽0.4-1.5cm，先端圆形，基部狭楔形下延至柄，全缘，具缘毛，表面疏被短柔毛及腺点，背面密被伏毛及腺点；茎生叶互生，较小，披针形至线形；基生叶具翼状柄，茎生叶无柄。头状花序单生于茎顶；总苞半球形，总苞片2层，线状披针形，先端钝或微尖；舌状花1层，紫堇色；管状花多数，黄色。瘦果长圆状倒卵形，压扁，密被白色伏毛；冠毛糙毛状，污白色。花期6-8月，果期7-9月。

生于林缘、山坡、路旁及草原。

产地：黑龙江省漠河、内蒙古赤峰、阿鲁科尔沁旗、巴林右旗、克什克腾旗、喀喇沁旗、阿尔山、科尔沁右翼前旗、通辽、扎鲁特旗、额尔古纳、牙克石、根河、鄂伦春旗。

分布：中国(黑龙江、内蒙古、河北、山西、陕西、新疆)；亚洲北部至欧洲。

菊科 Compositae

Aster sibiricus L.

多年生草本，高 20-40cm。茎直立，微弯曲，带紫色，密被毛，上部稍分枝。茎下部叶花期枯萎；中部叶长圆状披针形，长 5-8cm，宽 1-1.7cm，先端渐尖，基部渐狭，半抱茎，边缘有小刺尖锯齿；全部叶薄纸质，表面被疏伏毛或近无毛，背面密被伏毛，沿脉尤多，上部叶渐小，线状披针形。头状花序少数，排列成密伞房状；总苞半球状，总苞片 3 层，密被毛，上部紫色，先端渐尖，边缘具缘毛；舌状花 1 层，蓝紫色；管状花多数，紫红色。瘦果密被毛；冠毛淡褐色。花果期 7-9 月。

生于低山草地，海拔约 250m。

产地：黑龙江省塔河、呼玛，内蒙古鄂伦春旗。

分布：中国（黑龙江、内蒙古），朝鲜半岛，日本，俄罗斯。

763 紫菀

Aster tataricus L. f.

多年生草本，高 30-70（-90）cm。茎直立，单一，粗壮，下部分枝。基生叶及茎下部叶花期枯萎；茎中部叶匙状长圆形或匙状披针形，长 8-12cm，宽 2-6cm，先端渐尖，基部楔形下延至柄，边缘具粗大锯齿，具缘毛，表面粗糙，背面疏被短硬毛，沿脉较密，上部叶向上渐小，长圆形至披针形，齿渐小至全缘；茎生叶具柄，向上渐近无柄。头状花序多数，排列成伞房状或复伞房状，花序枝密被短柔毛；总苞半球形，总苞片 3 层，密被毛，先端及边缘常带紫色；舌状花 1 层，淡紫色至蓝紫色；管状花黄色。瘦果倒卵形，稍扁，两面各有 1 条纵肋，上部密被毛，下部疏被毛，沿肋较密；冠毛污白色，糙毛状。花期 7-9 月，果期 9-10 月。

生于山阴坡、草地及河边。

产地：黑龙江省大庆、北安、铁力、桦南、勃利、方正、漠河、呼玛、嫩江、宁安、五常、杜尔伯特、五大连池、尚志、哈尔滨、伊春、安达、饶河、肇东、肇源、密山、萝北、富裕、孙吴、齐齐哈尔、黑河，吉林省抚松、安图、临江、吉林、长春、蛟河、和龙、珲春、汪清、伊通、九台、镇赉、前郭尔罗斯、通化、柳河、梅河口、辉南、集安、靖宇、长白，辽宁省法库、西丰、新宾、沈阳、抚顺、大连、彰武、喀左、绥中、葫芦岛、北镇、本溪、开原、清原、凌海、凌源、岫岩、凤城、桓仁、宽甸，内蒙古海拉尔、新巴尔虎左旗、科尔沁右翼中旗、翁牛特旗、赤峰、巴林左旗、额尔古纳、牙克石、科尔沁左翼后旗、鄂伦春旗、鄂温克旗、科尔沁右翼前旗、扎鲁特旗、阿鲁科尔沁旗、巴林右旗、克什克腾旗、敖汉旗、喀喇沁旗、宁城。

分布：中国（黑龙江、吉林、辽宁、内蒙古、河北、山西、陕西、甘肃、河南），朝鲜半岛，日本，蒙古，俄罗斯。

根入药，有润肺下气、消痰止咳之功效，可治痰多喘咳、新久咳嗽及劳嗽咯血等症。

764　关苍术

Atractylodes japonica Koidz. ex Kitam.

多年生草本，高 50-70cm。根状茎横走，肥大，结节状；茎单一，上部分枝。茎下部叶 3-5 羽状全裂，中裂片大，椭圆形或倒卵形，长 4.5-11cm，宽 3-5.5cm，先端短突尖，基部楔形，边缘具细刺状齿，表面无毛，有光泽，背面近无毛，上部叶 3 全裂或不裂；叶有柄。头状花序生于分枝顶端；基部叶状苞片 2 层，羽状深裂，裂片针刺状；总苞钟形，总苞片 7-8 层；花两性或雌性，雌雄异株；花冠白色，管状。瘦果圆柱形，密被白色长伏毛，先端截形；冠毛羽毛状，淡褐色。花期 8-9 月，果期 9-10 月。

生于林缘、林下，海拔 200-800m。

产地：黑龙江省伊春、尚志、萝北、鹤岗、哈尔滨、密山、虎林、黑河、饶河、嘉荫、呼玛、孙吴、鸡西、东宁、漠河、逊克、佳木斯、勃利、宁安，吉林省临江、通化、柳河、梅河口、辉南、集安、抚松、靖宇、长白、珲春、吉林、和龙、敦化、安图、蛟河、汪清，辽宁省西丰、清原、凌源、新宾、抚顺、铁岭、本溪、桓仁、宽甸、沈阳，内蒙古鄂伦春旗、巴林右旗。

分布：中国（黑龙江、吉林、辽宁、内蒙古），朝鲜半岛，日本。

根状茎入药，有燥湿、健脾、祛风及止痛之功效，主治脘腹胀满、吐泻、关节疼痛、风寒感冒及夜盲症等症。

765　羽叶鬼针草

Bidens maximowicziana Oett.

一年生草本，高 15-70cm。茎直立，近 4 棱形，基部直径 2-7mm。基生叶花期枯萎；茎生叶对生，羽状 3-7 深裂，顶裂片狭披针形，侧裂片 1-3 对，远离，线形或线状披针形，先端长渐尖，边缘具齿内弯；茎生叶叶柄具狭翼。头状花序单生，半球形，宽大于长；总苞片 2 层，外层叶状，内层膜质；花同型，全部为管状花，两性，先端 4 齿裂。瘦果倒卵形至楔形，边缘浅波状，具小瘤状突起，先端具 2 芒刺，有倒生刺毛。花果期 7-10 月。

生于路旁、河边湿地。

产地：黑龙江省密山、嘉荫、宁安、伊春、哈尔滨、齐齐哈尔、汤原、虎林，吉林省安图、抚松、通化、集安、临江，辽宁省沈阳，内蒙古额尔古纳、海拉尔、阿尔山、新巴尔虎左旗、科尔沁右翼前旗、科尔沁右翼中旗、巴林右旗、陈巴尔虎旗。

分布：中国（黑龙江、吉林、辽宁、内蒙古），朝鲜半岛，日本，俄罗斯。

766 小花鬼针草

Bidens parviflora Willd.

一年生草本，高 20-70cm。茎直立，近四棱形，被短柔毛或近无毛，分枝稍开展。基生叶及茎下部叶花期枯萎；茎中部叶对生，2-3 回羽状全裂，裂片线状披针形，先端锐尖，边缘疏具短缘毛，两面疏被短柔毛，上部叶 2 回羽状全裂；最上部叶线形，不分裂；茎中部叶柄无翼，基部宽展，半抱茎。头状花序近圆柱形，具长梗；总苞基部被柔毛，总苞片 2 层，外层 5，叶状，内层干膜质，褐色；花同型，全部管状花，两性；花冠先端 4 齿裂；花托托片宽线形。瘦果线状四棱形，稍扁，黑褐色，带黄斑点，肋具向上刺毛，先端渐狭，具刺芒 2，芒具倒生刺毛。花期 6-8 月，果期 9-10 月。

生于山坡草地、多石质山坡、沟旁、耕地旁、荒地及盐碱地。

产地：黑龙江省哈尔滨、密山、宁安、东宁、齐齐哈尔，吉林省抚松、汪清、安图、和龙、吉林、临江、白城、梅河口、永吉、辉南、集安、靖宇、大安、延吉，辽宁省沈阳、营口、新宾、岫岩、建平、北镇、锦州、朝阳、西丰、清原、开原、抚顺、大连、普兰店、庄河、凤城、宽甸、本溪、桓仁、东港、丹东，内蒙古新巴尔虎右旗、新巴尔虎左旗、科尔沁右翼前旗、科尔沁右翼中旗、扎赉特旗、突泉、乌兰浩特、扎鲁特旗、翁牛特旗、科尔沁左翼后旗。

分布：中国（黑龙江、吉林、辽宁、内蒙古、河北、山西、陕西、甘肃、宁夏、青海、河南、山东、江苏、安徽、四川、贵州、云南、西藏），朝鲜半岛，日本，蒙古，俄罗斯。

种子油可供制油漆及其他工业用途。全草入药，有清热解毒、活血散瘀之功效，主治感冒发热、咽喉肿痛、肠炎、阑尾炎、痔疮、跌打损伤、冻疮及毒蛇咬伤等症。

767 狼把草

Bidens tripartita L.

一年生草本，高 20-100（-200）cm。茎直立，近四棱形，无毛或上部疏被硬毛。基生叶及茎下部叶花期枯萎；中部叶对生，3-5 深裂，裂片长卵形、披针形或长圆状披针形，顶裂片先端长渐尖，基部楔形，侧裂片基部下延成柄，半抱茎，边缘具齿，上部叶互生，不分裂。头状花序单生于茎顶或枝端，宽与高近相等，具长梗；总苞盘状或近钟形，总苞片 2 层，外层叶状，内层干膜质，暗褐色；花同型，全部为管状花，

两性；花冠高脚杯状，先端 4 齿裂，具 4 条明显黄褐色脉；花托托片宽线形。瘦果倒卵状楔形，先端截形，具 2 刺芒，沿瘦果两侧和刺芒具倒生刺毛。花期 7-8 月，果期 9-10 月。

生于路边、荒地、水边及湿地。

产地：黑龙江省密山、勃利、尚志、宁安、哈尔滨、齐齐哈尔，吉林省安图、蛟河、和龙、九台、吉林、临江、通化、柳河、梅河口、辉南、集安、抚松、靖宇、长白、辽宁省凌源、建平、喀左、葫芦岛、锦州、新民、凤城、桓仁、新宾、宽甸、大连、本溪、抚顺、沈阳、清原、西丰、辽阳、鞍山、营口、内蒙古扎鲁特旗、翁牛特旗、科尔沁左翼后旗、通辽。

分布：中国（黑龙江、吉林、辽宁、内蒙古、河北、山西、陕西、甘肃、宁夏、青海、新疆、山东、江苏、安徽、浙江、福建、河南、江西、湖北、湖南、四川、贵州、云南、西藏、台湾），朝鲜半岛，日本，蒙古，俄罗斯，伊朗，伊拉克；中亚、欧洲、大洋洲、北美洲。

全草入药，有清热解毒之功效，主治感冒、扁桃体炎、咽喉炎、肠炎、痢疾、肝炎、泌尿系统感染及百日咳等症。

768 短星菊 千层塔 治疣草

Brachyactis cillata Ledeb.

一年生草本，高（5-）15-60cm。茎直立，基部分枝或上部少分枝，微被短柔毛。叶稍肉质，基生叶花期枯萎；茎中上部叶线状倒披针形或线形，长3-5cm，宽2-4mm，先端稍尖，基部半抱茎，全缘，具软骨质缘毛，上部叶向上渐小；叶无柄。头状花序多数，于茎顶或枝端排成总状花序或圆锥花序；总苞半球状钟形，总苞片2-3层，线形；雌花多数，花冠细管状，斜上部有缘毛或具短舌片，花柱分枝超出花冠；两性花花冠管状，先端5齿裂，裂片淡紫色；花全部结实。瘦果圆柱形，基部缩小，带紫色，密被伏毛；冠毛2层，白色或污白色，外层刚毛状，极短，内层糙毛状。花期8-9月，果期9-10月。

生于荒地阴湿处、林下砂质湿地、河边及盐碱湿地。

产地：黑龙江省哈尔滨、杜尔伯特，辽宁省建平、朝阳、葫芦岛、黑山、凌海、大连、铁岭，内蒙古赤峰、翁牛特旗。

分布：中国（黑龙江、辽宁、内蒙古、河北、山西、甘肃、宁夏、新疆），朝鲜半岛，日本，蒙古，俄罗斯；中亚。

769 耳叶蟹甲草 耳叶兔耳伞
Cacalia auriculata DC.

多年生草本，高 30-100cm。茎直立，细弱。基生叶 1-2，肾形，花期枯萎；茎生叶 4-6，质薄；下部叶 1-2，肾形，

长 2-4cm，宽 4-9.5cm，先端骤缩为长渐尖，基部弯缺，边缘具大缺刻状齿，中部叶肾形或三角状肾形，长 5-10cm，宽 7-15cm，基部心形或截形，边缘具不整齐大齿牙；上部叶渐小，三角形、长圆状卵形至披针形；茎中部叶具柄，基部稍扩展，耳状抱茎。头状花序多数，排列成总状花序，花序梗被腺毛及短毛；总苞狭筒状，总苞片 4-5；花同型，两性；花冠黄色，管状钟形。瘦果长圆柱形；冠毛白色。花果期 7-9 月。

生于林下、林缘及草甸。

产地：黑龙江省伊春、饶河、密山、五常、宾县、宁安、尚志、海林，吉林省安图、抚松、长白、敦化、汪清、和龙、集安。

分布：中国（黑龙江、吉林），朝鲜半岛，日本，俄罗斯。

770 山尖子 山尖菜

Cacalia hastata L.

多年生草本，高 50-150cm。茎直立，粗壮，单一，上部被柔毛及腺毛。基生叶及茎下部叶花期枯萎；中部叶三角状戟形或三角状戟形，长 15-40cm，宽 20-40cm，先端长渐尖，基部戟形、心形或截形，下延至柄成翼，无叶耳，边缘弯波状，具微尖小齿，背面密被绒毛，上部叶向上渐小；中部叶具叶柄，上部叶具短柄或近无柄。头状花序多数，排列成疏圆锥花序，花序枝及梗密被腺毛及白色柔毛；总苞筒状，总苞片 6-8，狭披针形，下部被腺毛；花同型，两性；花冠管状钟形。瘦果圆柱状，暗褐色，有纵肋；冠毛白色。花果期 7-9 月。

生于林缘、草甸、林下及河滩。

产地：黑龙江省伊春、密山、逊克、五大连池、绥芬河、穆棱、宁安、尚志、海林、五常、虎林、饶河、哈尔滨、嘉荫、呼玛、黑河，吉林省安图、抚松、敦化、和龙、珲春、汪清、临江、通化、柳河、梅河口、辉南、集安、靖宇、长白，辽宁省丹东、抚顺、清原、本溪、铁岭、鞍山、凤城、宽甸，内蒙古根河、额尔古纳、阿尔山、海拉尔、牙克石、科尔沁右翼前旗、扎鲁特旗、鄂温克旗、阿鲁科尔沁旗、巴林右旗、克什克腾旗、敖汉旗。

分布：中国（黑龙江、吉林、辽宁、内蒙古、河北、山西），朝鲜半岛，蒙古，俄罗斯。

春天萌发的幼苗为良好的山野菜。叶含单宁，可提制栲胶。可入药，有解痉、促愈合及消炎之功效。

771 星叶蟹甲草 星叶兔儿伞
Cacalia komarowiana (Poljark.) Poljark.

多年生草本，高（70-）100-200cm。茎直立，粗壮。茎下部叶花期枯萎；中部叶五角星状戟形，长20-30cm，宽25-45cm，先端短锐尖，基部截形或微心形，边缘具不整齐三角形齿牙，上部叶渐小；茎中部叶具翼状柄，基部扩展成耳抱茎，上部叶柄短。头状花序多数，排列成松散圆锥花序，花序梗密被柔毛及腺毛；总苞狭筒形，总苞片4-5，疏被短腺毛或无毛；花同型，5-7朵；花冠管状。瘦果狭圆柱形；冠毛白色，糙毛状。花期7-8月，果期8-9月。

生于林下、林缘，海拔850-2100m。

产地：黑龙江省海林，吉林省长白、安图、敦化、抚松、临江，辽宁省本溪、宽甸、桓仁。

分布：中国（黑龙江、吉林、辽宁），朝鲜半岛，俄罗斯。

772 大山尖子

Cacalia robusta Tolm.

多年生草本，高 2-3m。茎直立，粗壮，带紫色。茎下部叶花期枯萎；中部叶三角状戟形，长达 35cm，宽达 40cm，先端短渐尖，边缘具不整齐突尖齿牙，上部叶渐小，狭三角形或三角状戟形；叶有柄，具宽翼，下延至基部呈大叶耳抱茎。头状花序多数，排列成圆锥花序，花序梗密被蛛丝状绵毛；总苞筒状钟形，总苞片 5-8；花同型，两性；花冠管状钟形。瘦果长圆柱形，暗褐色；冠毛苍白色。花果期 7-9 月。

生于针阔混交林下及林缘湿润处。

产地：吉林省安图、敦化、抚松、珲春。

分布：中国（吉林），日本，俄罗斯。

773　丝毛飞廉　飞廉　老牛锉

Carduus crispus L.

二年生草本，高 65-100cm。茎直立，具条棱及绿色翼，翼具刺齿。茎下部叶椭圆状披针形，长 5-34cm，宽 1-7cm，基部渐狭，下延至茎，羽状深裂，裂片边缘具刺，表面具细毛或无毛，背面初被蛛丝状毛，后渐无毛，上部叶渐小。头状花序 2-3，生于分枝顶端；总苞钟形，总苞片多层；花同型；花冠紫红色，管状。瘦果椭圆形；冠毛刺毛状，白色。花果期 5-9 月。

生于路旁、田边及河边。

产地：黑龙江省黑河、呼玛、饶河、尚志、哈尔滨、萝北，吉林省珲春、和龙、汪清、安图，辽宁省沈阳，内蒙古额尔古纳、扎鲁特旗、科尔沁右翼前旗、科尔沁右翼中旗、扎赉特旗、突泉、乌兰浩特。

分布：中国（黑龙江、吉林、辽宁、内蒙古、河北、山西、陕西、甘肃、宁夏、青海、新疆、山东、江苏、河南、江西、湖南、四川、贵州、云南、西藏），蒙古，俄罗斯，伊朗；欧洲、北美洲。

为田间杂草，亦为优良的蜜源植物。

774 烟管头草 杓儿菜 烟袋草

Carpesium cernuum L.

多年生草本，高 60-100cm。茎直立，基部密被白毛，向上渐无毛，多分枝，开展。基生叶花期枯萎；茎下部叶匙状长椭圆形，长 12-25cm，宽 4-6cm，先端锐尖或钝，基部渐狭至柄成翼，边缘有尖齿，两面被短柔毛；茎下部叶有长柄。头状花序单生于茎顶及枝端；花序梗粗壮，密被短柔毛，末端膨大弯曲；苞叶多数，长圆状倒披针形或线状披针形；总苞杯状盘形，基部凹陷，总苞片 4 层，近等长；边花雌性，多层，长圆状壶形，先端 4 裂；中央花两性，管状钟形，先端 5 裂。瘦果线状纺锤形，稍扁，喙弯曲。花期 7-9 月，果期 9-10 月。

生于山坡灌丛、阔叶林林缘。

产地：吉林省梅河口、辉南，辽宁省长海、营口、瓦房店、宽甸、大连、丹东、本溪、沈阳、桓仁、西丰、凌源、锦州、铁岭、庄河、盖州、海城、东港、鞍山。

分布：中国（吉林、辽宁、河北、山西、陕西、宁夏、甘肃、新疆、山东、江苏、安徽、浙江、福建、河南、湖北、湖南、江西、广东、广西、四川、贵州、云南），朝鲜半岛，日本，俄罗斯，土耳其，印度；中亚，欧洲。

可入药，有消肿止痛之功效，主治感冒发热、咽喉肿疼、牙疼、急性肠炎、痢疾、尿路感染及淋巴结结核等症，外用可治疮肿毒、乳腺炎、腮腺炎、带状疱疹及毒蛇咬伤等症。

菊科 Compositae

775 金挖耳

Carpesium divaricatum Sieb. et Zucc.

多年生草本，高 50-120cm。茎直立，粗壮，疏被柔毛，上部分枝。基生叶花期枯萎；茎下部叶质薄，卵形或卵状长椭圆形，长 15-23cm，宽 7-10cm，先端锐尖或钝，基部圆形或近心形，下延至柄成狭翼，边缘波状，具不明显小尖齿，两面疏被短柔毛或近粗糙，背面有腺，中部叶长椭圆形或广椭圆形，先端渐尖，基部稍下延成狭翼，上部叶小，苞片叶状；茎下部叶有长柄，中上部叶近无柄。头状花序排列成疏总状花序，花期稍下垂；苞叶 1-4，超出头状花序；总苞卵形或半球形，总苞片 4 层；边花雌性，花冠狭管状锥形，先端 4 裂；中央花两性，花冠管状钟形，先端 5 裂。瘦果狭圆柱形，具纵肋及腺，喙短。花果期 7-10 月。

生于路旁、山坡灌丛。

产地：吉林省抚松、临江、通化、柳河、辉南、集安、靖宇、长白。

分布：中国（吉林、安徽、浙江、福建、河南、江西、湖北、湖南、广西、贵州、云南、台湾），朝鲜半岛，日本。

可入药，主治感冒发热、咽喉肿痛、牙痛、蛔虫腹痛、急性肠炎、尿道感染及淋巴结结核等症，外用可治疮疖肿毒、乳腺炎、带状疱疹及毒蛇咬伤等症。

776　大花金挖耳

Carpesium macrocephalum Franch. et Savat.

多年生草本，高 50-120cm。茎直立，粗壮，分枝直立，密被短柔毛。茎下部叶长卵形、卵形或卵状楔形，长 30-40cm，宽 10-13cm，先端锐尖，基部下延至柄成宽翼，边缘具不整齐重锯齿或波状，有小突尖，两面疏被短柔毛或粗糙，中部叶向上渐小，长椭圆形或卵状长椭圆形，先端锐尖或渐尖，基部渐狭抱茎；茎下部叶有长柄。头状花序单生于茎顶或枝端，花期下垂；密生大小不等的苞叶；总苞杯状盘形，被短柔毛，总苞片 4 层；花极多数，边花雌性，管状；中央花两性，管状漏斗形。瘦果圆筒形，稍弯，褐色，微具 4-5 锐棱，先端渐狭成喙，带黑色，有光泽，具瘤状物，喙端盘状，有软骨质边。花期 7-9 月，果期 9-10 月。

生于混交林下、林缘。

产地：吉林省抚松、安图、通化、梅河口、辉南，辽宁省西丰、清原、抚顺、本溪、桓仁、宽甸、凌源、凤城、丹东、大连。

分布：中国（吉林、辽宁、河北、陕西、甘肃、四川），朝鲜半岛，日本，俄罗斯。

花及果实可提取芳香油。全草及花入药，有凉血、散瘀及止血之功效，可治跌打损伤、外伤出血等症。

777 暗花金挖耳　东北金挖耳
Carpesium triste Maxim.

多年生草本，高50-100cm。茎直立，单一，疏被开展柔毛，中部以下带暗紫色，上部稍分枝，分枝斜升。基生叶花期枯

萎；茎下部叶质薄，叶广卵形或长圆状卵形，长10-15cm，宽4-10cm，先端尖或渐尖，基部圆形，突然下延至柄，成宽翼，稍抱茎，边缘具疏齿，两面疏被长柔毛，中上部叶向上渐小，卵状披针形至线状披针形，先端渐尖，基部楔形，边缘具小齿牙或全缘；茎下部叶有柄，茎中上部叶具短柄或无柄。头状花序生于茎端及枝端，排列成疏总状花序，下垂；苞叶1-5，不等长；总苞钟形，总苞片4层，近等长。边花雌性，细管状，先端4裂；中央花两性，管状漏斗形，先端5裂。瘦果狭圆柱形，先端具喙及腺。花期7-9月，果期9-10月。

生于林下、溪边。

产地：黑龙江省伊春、勃利，吉林省抚松、蛟河、安图、敦化、集安、辉南、长白，辽宁省本溪、清原、桓仁、宽甸、凤城。

分布：中国（黑龙江、吉林、辽宁、河北、陕西、甘肃、河南、四川、云南、西藏），朝鲜半岛，日本，俄罗斯。

778　小红菊

Chrysanthemum chanetii Lévl.

多年生草本，高达 70cm。茎直立，基部或中部以上分枝，有不育枝。不育枝叶近圆形或肾形，羽状浅裂，边缘具缺刻状齿牙；茎下部叶花期凋落，中部叶广卵形至近圆形，长 2-5cm，宽 2-5.5cm，基部截形或微心形，掌状或羽状分裂，裂片大，侧裂片长圆形，先端钝，边缘具不整齐小尖齿或钝齿，两面绿色，密被腺点，上部叶长圆状匙形，先端圆，基部广楔形，边缘具缺刻状齿牙；不育枝叶有长柄，茎中部叶有柄。头状花序单生于枝端，排列成疏伞房花序；总苞片 4 层；舌状花 1 层，雌性，白色、淡粉色或紫红色，有时不结实；管状花多数，花冠管状钟形。瘦果长圆形，先端斜截形，稍内曲，褐色；无冠毛。花果期 9-10 月。

生于灌丛、山坡草地、林缘、河滩及沟边。

产地：黑龙江省勃利、密山、汤原、东宁、尚志、伊春、哈尔滨，吉林省安图，辽宁省凌源、建平、建昌、鞍山、普兰店、瓦房店、大连、庄河、凤城、本溪、海城、桓仁、岫岩、新宾、朝阳、绥中、丹东，内蒙古宁城、克什克腾旗、扎兰屯、阿鲁科尔沁旗、翁牛特旗、赤峰、阿尔山、科尔沁右翼中旗、科尔沁右翼前旗、科尔沁左翼后旗、突泉、扎赉特旗、乌兰浩特。

分布：中国（黑龙江、吉林、辽宁、内蒙古、河北、山西、陕西、甘肃、青海、山东），朝鲜半岛，俄罗斯。

779 野菊

Chrysanthemum indicum L.

多年生草本，高 30-100cm。茎直立，中部以上多分枝。基生叶及茎下部叶花期枯萎；中部叶卵形或广卵形，长 3-5（-8）cm，宽 3-4（-6）cm，羽状分裂，基部截形、稍心形或广楔形，侧裂片 1-2 对，长圆形，边缘具锐尖缺刻状齿牙，表面绿色，无毛，背面疏被短柔毛；茎中部叶有柄，叶柄基部有耳。头状花序半球形，少数，排列成复伞房花序；总苞片 4 层；舌状花 1 层，雌性，黄色；管状花多数，两性；花冠管状钟形，黄色；花托半球形，蜂窝状。瘦果长圆状倒卵形，深褐色；无冠毛。花果期 9-10 月。

生于山坡石质地、灌丛及河边。

产地：辽宁省兴城、北镇、普兰店、抚顺、凤城、沈阳、铁岭、法库、阜新、本溪、朝阳、大连、建昌、葫芦岛、丹东、鞍山。

分布：中国（辽宁、内蒙古、河北、陕西、甘肃、山东、江苏、安徽、福建、台湾、河南、江西、湖北、湖南、广东、广西、四川、贵州、云南），朝鲜半岛，日本，印度，越南。

叶、花及全草入药，有清热解毒、疏风散热、散瘀、明目及降血压之功效，可治高血压、肝炎及痈疖疔疮等症，也可防治流行性脑脊髓膜炎及流行性感冒。野菊花浸液能有效杀灭孑孓及蝇蛆。

菊科 Compositae

780 甘菊 岩香菊 野菊 金鸡菊

Chrysanthemum lavandulaefolium (Fisch. ex Trantv.) Makino

多年生草本，高 40-60cm。茎直立，多分枝。茎下部叶花期枯萎；中部叶质薄，1-2 回羽状深裂至全裂，侧裂片 1-2 对，裂片长圆形，稍间断，先端尖，边缘具缺刻状齿牙，稍反卷，表面绿色，粗糙，背面密被腺点，疏被伏柔毛及叉状毛，沿脉毛较密，羽轴栉齿状，上部叶较小，羽状深裂或全裂；茎中部叶有柄，基部具羽状分裂的托叶状小裂片。头状花序半球形，多数，排列成复伞房花序；总苞片 4 层；舌状花 1 层，雌性，黄色；管状花多数，两性，花冠管状钟形；花托圆锥形。瘦果倒卵形，褐色；无冠状冠毛。花果期 9-10 月。

生于山坡草地、荒地、河边及岩石上，海拔 650-2800m。

产地：吉林省集安，辽宁省凌源、建平、建昌、朝阳、阜新、凌海、葫芦岛、锦州、北镇、抚顺、鞍山、庄河、桓仁、宽甸，内蒙古科尔沁左翼后旗、赤峰、翁牛特旗、敖汉旗、宁城。

分布：中国（吉林、辽宁、内蒙古、河北、山西、陕西、甘肃、青海、新疆、山东、江苏、浙江、江西、湖北、湖南、四川、云南）。

781 紫花野菊 山菊

Chrysanthemum zawadskii Herb.

多年生草本，高达 50cm。茎直立，中下部紫红色或稍带紫红色。叶广卵状三角形或近菱形，2 回羽状全裂，裂片

三角状线形或披针状线形，宽 1-2（-3）mm，先端尖，表面密被腺点，两面疏被柔毛至无毛，上部叶小，羽状深裂至全裂；叶有长柄，具翼。头状花序生于枝端，排列成疏伞房状；总苞片 3-4 层；舌状花 1 层，雌性、粉紫色、淡紫色或白色；管状花两性，黄色，外面被黄色腺点；花托圆锥形。瘦果长圆形；无冠毛。花果期 9-10 月。

生于林间草地、林下及溪边，海拔 850-1800m。

产地：黑龙江省漠河、呼玛、孙吴、伊春、依兰、尚志、哈尔滨，辽宁省宽甸、本溪、丹东、彰武、桓仁，内蒙古根河、鄂伦春旗、扎赉特旗、满洲里、阿鲁科尔沁旗、喀喇沁旗、额尔古纳、巴林右旗、克什克腾旗、牙克石、鄂温克旗、新巴尔虎右旗、海拉尔、翁牛特旗、阿荣旗。

分布：中国（黑龙江、辽宁、内蒙古、河北、陕西、山西、甘肃、安徽），朝鲜半岛，蒙古，俄罗斯；欧洲。

花入药，有清热解毒、燥脓消肿之功效，主治瘟热、毒热、感冒发热及脓疮等症。

菊科　Compositae

782　莲座蓟
Cirsium esculentum (Siev.) C. A. Mey.

多年生草本，高达 10cm。近无茎或直立，茎上有刺。基生叶莲座状，长 12-26cm，宽 3-6cm，羽状浅裂至深裂，裂片开展，先端钝，有刺尖，基部下延至柄成翼，边缘有不规则尖齿及刺，表面绿色，背面色淡，沿脉密被蛛丝状毛；茎生叶形似基生叶，基部半抱茎；基生叶有柄。头状花序 2-7，集生于莲座叶丛中，有梗或无梗；总苞 5 层；花冠紫红色，下筒部较长。瘦果倒卵状长圆形，淡褐色；冠毛羽毛状，白色或污白色，基部联合成环。花果期 7-9 月。

生于林区草地、水边。

产地：辽宁省葫芦岛，内蒙古海拉尔、额尔古纳、牙克石、陈巴尔虎旗、鄂温克旗、新巴尔虎左旗、阿鲁科尔沁旗、巴林右旗、克什克腾旗。

分布：中国（辽宁、内蒙古、新疆），蒙古，俄罗斯；中亚。

783 野蓟 牛戳口

Cirsium maackii Maxim.

多年生草本，高 40-90cm。茎直立，单一，上部少分枝，下部被褐色卷毛，上部密被白色蛛丝状绵毛。基生叶及茎下部叶卵形，长 2-4cm，宽 1-2cm，羽状深裂，裂片斜向上，具不规则缺刻状粗齿，齿先端具小刺尖，表面无毛，背面沿脉被褐色卷毛，有时被白色绵毛，上部叶不分裂，边缘有缺刻状粗大齿牙，齿先端有长刺尖，表面绿色，背面密被白色绵毛，向上渐小；基生叶及茎下部叶有翼状柄，边缘有刺，茎上部叶无柄，抱茎。头状花序 1-2（-3），生于茎顶；总苞有黏性，钟形，被毛，总苞片 6 层；花冠淡紫色，上筒部与下筒部近等长。瘦果卵形或椭圆形，有毛；冠毛花后伸长。花期 6-7 月，果期 7-8 月。

生于山坡草地、林缘及草甸，海拔 1100m 以下。

产地：黑龙江省哈尔滨、伊春、密山、虎林、汤原、集贤、萝北、北安、齐齐哈尔，吉林省汪清、珲春，辽宁省清原、沈阳、盖州、庄河、岫岩、瓦房店、长海、凤城、宽甸、本溪、大连、彰武、义县，内蒙古科尔沁左翼后旗、科尔沁右翼中旗、新巴尔虎右旗、巴林右旗、克什克腾旗、敖汉旗、喀喇沁旗、宁城。

分布：中国（黑龙江、吉林、辽宁、内蒙古、河北、山东、江苏、安徽、浙江、四川），朝鲜半岛，日本，俄罗斯。

可入药，有凉血止血、行瘀消肿之功效。

784 烟管蓟

Cirsium pendulum Fisch. ex DC.

多年生草本，高 1-2m。茎直立，粗壮，上部被白色蛛丝状毛。叶质薄，羽状分裂，顶裂片长渐尖，侧裂片 5-6 对，披针形，排列稀疏，边缘具不规则齿牙和刺及刺状缘毛，先端渐尖，终以刺尖，基部下延至柄成翼，翼边缘亦具刺，表面绿色，背面色淡，茎上部叶向上渐小，侧裂片 2-3 对；基生叶及茎下部叶有柄，上部叶无柄，半抱茎。头状花序多数，下垂，排列成总状花序或圆锥花序；总苞卵形，基部凹陷，总苞片 8 层；花冠紫红色，下筒部为上筒部长的 2-3 倍。瘦果长圆状倒卵形，淡褐色；冠毛羽毛状，污白色，基部联合成环，花后伸长。花期 6-7 月，果期 8-9 月。

生于沟谷、山坡草地、林缘、林下、岩石缝隙、溪流旁及村旁，海拔 300-2200m。

产地：黑龙江省萝北、呼玛、依兰、集贤、桦川、宁安、肇东、双城、安达、尚志、虎林、孙吴、哈尔滨、伊春，吉林省大安、九台、安图、和龙、珲春、汪清、敦化、抚松、长白、临江、通化、柳河、梅河口、辉南、集安、靖宇，辽宁省西丰、沈阳、葫芦岛、凤城、北镇、彰武、宽甸、桓仁、本溪、大连、阜新、丹东、内蒙古鄂温克旗、额尔古纳、根河、鄂伦春旗、陈巴尔虎旗、科尔沁左翼后旗、新巴尔虎右旗、新巴尔虎左旗、海拉尔、突泉、乌兰浩特、扎鲁特旗、牙克石、科尔沁右翼前旗、扎赉特旗、克什克腾旗、喀喇沁旗。

分布：中国（黑龙江、吉林、辽宁、内蒙古、河北、山西、陕西、甘肃），朝鲜半岛，日本，俄罗斯。

可入药，有凉血止血、散瘀解毒及消痈之功效。

785 林蓟

Cirsium schantranse Trautv. et C. A. Mey.

多年生草本，高达 1m。茎直立，单一，上部少分枝，上部被白色蛛丝状绵毛。叶质薄，羽状深裂，顶裂片卵形，侧裂片水平开展，长圆形或卵状长圆形，长 4-7cm，宽 1.5-2cm，先端钝尖或渐尖，边缘具少数粗齿及刺；茎上部叶羽状浅裂或具缺刻状齿牙，先端长渐尖，基部心形，抱茎；基生叶及茎下部叶有长柄，边缘具翼及刺，上部叶无柄。头状花序少数，稍下垂，顶生；总苞钟状，被长毛，总苞片 6 层；

花同型，两性；花冠淡红紫色，管状，上筒部比下筒部长 1/3。瘦果倒卵形，黄褐色；冠毛淡褐色，基部联合成环，果期伸长。花果期 6-8 月。

生于河边、草甸、林下及林缘潮湿处。

产地：黑龙江省尚志、宁安、哈尔滨、依兰、桦川、密山、伊春、海林、饶河、萝北，吉林省安图、抚松、临江、长白、敦化、汪清、和龙，辽宁省桓仁、宽甸、葫芦岛、西丰、庄河、沈阳、本溪，内蒙古宁城。

分布：中国（黑龙江、吉林、辽宁、内蒙古），朝鲜半岛，俄罗斯。

786 刺儿菜 小蓟

Cirsium segetum Bunge

多年生草本，高 20-70cm。茎直立，被蛛丝状绵毛，上部分枝或不分枝。基生叶花期枯萎；茎生叶椭圆形、长圆形或长圆状披针形，长 4-11cm，宽 0.7-2.7cm，先端钝，具 1 小刺尖，基部楔形或钝圆，全缘或具波状缘，边缘有刺，两面被蛛丝状绵毛，上部叶向上渐小；茎生叶无柄。头状花序单生于茎或枝端，单性，异型，雌雄异株；总苞片多层；花冠紫红色；雄头状花序小，总苞长近 2cm，下筒部长为上筒部的 2 倍；雌头状花序较大，总苞长 2.5cm，下筒部为上筒部的 3-4 倍。瘦果椭圆形或卵形；冠毛白色或淡褐色，花后伸长。花果期 7-9 月。

生于田间、荒地及路旁。

产地：黑龙江省安达、齐齐哈尔、哈尔滨、虎林、密山、绥芬河、孙吴，吉林省临江、通化、柳河、辉南、集安、双辽、抚松、靖宇、长白、镇赉、珲春、蛟河、桦甸，辽宁省本溪、桓仁、宽甸、凤城、沈阳、大连、丹东、朝阳、西丰、营口、建平、北镇、普兰店、兴城、盖州、东港、瓦房店、庄河，内蒙古科尔沁右翼前旗、科尔沁右翼中旗、扎赉特旗、突泉、乌兰浩特、海拉尔、科尔沁左翼后旗、宁城。

分布：中国（全国广布），朝鲜半岛，日本。

嫩枝叶可作养猪饲料。全草入药，称为小蓟，有凉血、止血及祛瘀消肿之功效，主治吐血、尿血、崩漏、痈疮、肝炎及肾炎等症。

787 大刺儿菜　大蓟

Cirsium setosum (Willd.) Bieb.

　　多年生草本，高达 2m。茎粗壮，幼时被蛛丝状绵毛，成长后下部毛渐脱落，上部多分枝。基生叶花期枯萎；茎生叶长圆状披针形或披针形，长 6-11cm，宽 2-3cm，先端有刺尖，基部楔形，边缘具羽状缺刻状齿牙或羽状浅裂，表面绿色，无毛或疏被蛛丝状绵毛，背面色淡，初被蛛丝状绵毛，后渐脱落，上部叶向上渐小，微有齿或全缘；茎生叶具短柄或无柄。头状花序多数，密集，排列成伞房状，单性，异型，雌雄异株；总苞钟形，总苞片多层；花冠紫红色；雄头状花序较小，总苞长 1.5cm；雌头状花序总苞长 1.6-2cm，花冠下筒部长为上筒部的 4-5 倍。瘦果倒卵形或长圆形；冠毛白色，花后伸长。花果期 7-9 月。

　　生于山坡、河边、荒地及田间。

　　产地：黑龙江省安达、齐齐哈尔、孙吴、伊春、哈尔滨、尚志、宁安、汤原、虎林、密山、萝北，吉林省临江、通化、柳河、梅河口、长春、吉林、通榆、辉南、集安、抚松、靖宇、长白、安图、和龙、敦化、延吉、珲春、蛟河，辽宁省本溪、凤城、宽甸、清原、昌图、彰武、绥中、开原、营口、桓仁、沈阳、丹东、大连、抚顺，内蒙古科尔沁右翼前旗、扎赉特旗、突泉、乌兰浩特、科尔沁左翼后旗、海拉尔、扎鲁特旗、翁牛特旗、巴林右旗。

　　分布：中国（全国广布），朝鲜半岛，日本，蒙古，俄罗斯；欧洲。

　　全草入药，有凉血止血、消散痈肿之功效，主治咯血、衄血、尿血及痈肿疮毒等症。

菊科 Compositae

788 绒背蓟

Cirsium vlassovianum Fisch. ex DC.

多年生草本，高达1m。茎直立，暗褐色，带紫红色或绿色，上部具少数分枝。基生叶及茎下部叶花期枯萎；茎中部叶披针形或长圆状披针形，长6-16cm，宽1.5-4.5cm，先端渐尖，基部楔形，下延至柄，全缘或具不整齐小锯齿，具刺状缘毛，表面绿色，背面密被灰白色绒毛，上部叶向上渐小；茎中部叶有短柄，上部叶无柄，基部扩大抱茎。头状花序少数，生于分枝顶端；总苞被蛛丝状绵毛，总苞片5层；花冠紫红色，下筒部与上筒部近等长。瘦果长圆状倒卵形；冠毛羽毛状。花期7-8月，果期8-9月。

生于林下、林缘、河边及湿地。

产地：黑龙江省安达、尚志、密山、萝北、饶河、孙吴、伊春、虎林、大庆、鸡东、呼玛、林口、宁安，吉林省蛟河、吉林、梅河口、敦化、安图、汪清、和龙、临江、通化、柳河、辉南、集安、抚松、靖宇、长白，辽宁省西丰、清原、抚顺、鞍山、庄河、凤城、本溪、普兰店、沈阳、北镇、岫岩、彰武、凌源、桓仁、宽甸、辽阳、大连、丹东，内蒙古额尔古纳、根河、鄂伦春旗、鄂温克旗、满洲里、牙克石、科尔沁右翼前旗、科尔沁右翼中旗、突泉、扎鲁特旗、科尔沁左翼后旗、克什克腾旗、扎赉特旗、乌兰浩特、巴林右旗、喀喇沁旗、阿鲁科尔沁旗。

分布：中国（黑龙江、吉林、辽宁、内蒙古、河北、山西），朝鲜半岛，蒙古，俄罗斯。

可入药，有祛风、除湿及止痛之功效，可治风湿性关节炎、四肢麻木等症。

789 秋英 波斯菊
Cosmos bipinnatus Cav.

一年生草本，高 1-2m。根纺锤形，多须根，或近基部有不定根。茎直立，单一。叶对生，二回羽状深裂，裂片线形或丝状线形，全缘；叶有柄。头状花序单生；总苞片 2 层，外层近革质，内层膜质；舌状花 8 朵，红色、紫红色、粉红色或白色，先端 3-5 齿裂；管状花黄色，先端 5 裂；花托托片披针形。瘦果近棒状，具 4 纵沟，先端有长喙，具 2-3 尖刺。花果期 7-10 月。

常栽植于路旁及庭院。

产地：各地广泛栽培。

分布：现中国各地广泛栽培，原产墨西哥。

用作观赏植物，常栽植于庭院、花坛及路旁。

菊科 Compositae

分布：现中国黑龙江、吉林、内蒙古、新疆有分布，原产欧洲。

790 屋根草

Crepis tectorum L.

一年生或二年生草本，高 15-60cm。茎直立，单一，中部以上分枝，被白色蛛丝状毛及腺毛。基生叶及中下部叶长圆状倒披针形、披针形或披针状线形，长 2-15cm，宽 0.5-1（-2）cm，先端尖，基部渐狭，下延至柄成狭翼，全缘或边缘具波状尖齿，表面无毛，背面疏被短毛及腺毛，上部叶线形，两面密被短柔毛，全缘；基生叶及茎下部叶具柄，中上部叶无柄，抱茎。头状花序多数，排列成疏伞房状圆锥花序；总苞钟状，总苞片 2-3 层；舌状花黄色。瘦果纺锤形，具 10 条纵肋，沿肋被向上的刺毛；冠毛 1 层，白色，糙毛状。花果期 6-8 月。

生于山地林缘、河边草地、田间及撂荒地、路旁，海拔 900-1800m。

产地：黑龙江省密山、虎林、五大连池、尚志、萝北、孙吴、黑河、集贤、哈尔滨、伊春、呼玛，吉林省通化、临江、抚松，内蒙古根河、额尔古纳、海拉尔、牙克石、阿尔山、科尔沁右翼前旗、科尔沁右翼中旗、克什克腾旗。

791 大丽花 地瓜花
Dahlia pinnata Cav.

多年生草本，高 1.5-2m。块根粗大纺锤状。茎直立，粗壮，多分枝。叶对生，1-3 回羽状分裂，裂片卵形或长圆状卵形，背面灰绿色，两面无毛，茎上部叶有时不分裂。头状花序大，开展或下垂；总苞片 2 层，外层 5，叶质，内层膜质；舌状花 1 层，红色、白色或紫色等，有时栽培品种全部为舌状花，结实；管状花多数，黄色；花托托片扁平，椭圆形或线形。瘦果长圆形，黑色，扁平，具 2 不明显的齿。花果期 6-10 月。

常栽植于花坛、花径。

产地：各地广泛栽培。

分布：现中国各地广泛栽培，原产墨西哥。

常用于花坛、花径丛栽，其矮生品种适于盆栽。根内含菊糖，在医药上有与葡萄糖相近的功效。

792 东风菜
Doellingeria scaber (Thunb.) Nees

多年生草本，高达 1.5m。茎直立，坚硬，上部分枝。基生叶及茎下部叶心形，长 8-17cm，宽 6-13cm，先端锐尖，基部下延至柄成翼，边缘具粗锯齿状锐齿，两面被糙毛，花期常枯萎，茎中部叶卵状三角形，基部心形、圆形或近截形，下延至柄成翼，上部叶向上渐小，卵形，边缘齿渐小至全缘；基生叶及茎下部有长柄，中上部叶柄较短。头状花序多数，排列成开展的复伞房花序；总苞半球形，总苞片 3 层；舌状花白色；管状花黄色，先端 5 裂，裂片反卷。瘦果圆柱形，稍扁，具 5 肋；冠毛 1 层，污白色。花期 7-9 月，果期 9-10 月。

生于山坡草地、林间及路旁。

产地：黑龙江省伊春、尚志、密山、哈尔滨、东宁、鸡东、鸡西、虎林、黑河、桦川、萝北、逊克、孙吴、安达，吉林省抚松、吉林、安图、临江、蛟河、通化、和龙、汪清、梅河口、敦化、柳河、辉南、集安、靖宇、长白、珲春、辽宁省西丰、开原、沈阳、鞍山、营口、庄河、绥中、北镇、本溪、东港、法库、凌源、宽甸、桓仁、丹东、清原、大连，内蒙古鄂伦春旗、牙克石、宁城、根河、阿荣旗、额尔古纳、科尔沁右翼前旗、扎赉特旗、科尔沁左翼后旗、赤峰、克什克腾旗、阿鲁科尔沁旗、敖汉旗、喀喇沁旗。

分布：中国（黑龙江、吉林、辽宁、内蒙古、河北、山西、陕西、甘肃、安徽、浙江、福建、河南、湖北、湖南、江西、广西、贵州），朝鲜半岛，日本，俄罗斯。

全草入药，可治风毒壅热、头痛目眩及肝热眼赤等症。

793　宽叶蓝刺头　驴欺口
Echinops latifolius Tausch.

多年生草本，高达 1m。茎直立，下部被褐色柔毛及蛛丝状毛，上部密被蛛丝状毛。基生叶及茎下部叶羽状深裂，裂片长卵形至长圆状披针形，长 6-10cm，宽 3.5-4cm，羽状半裂或具锐齿状凹缺，边缘具睫毛状小刺，表面绿色，疏被蛛丝状绵毛或无毛，背面密被白绵毛，茎中部叶羽状深裂，茎上部叶渐小，羽状浅裂或为刺状缺刻；基生叶及茎下部叶有长柄，基部扩展抱茎，边缘具篦齿状刺，中上部叶无柄。复头状花序生于茎顶或枝端，蓝色；总苞外被刚毛，总苞片多层，外层线状匙形，先端边缘具栉齿状毛，中层长圆形，先端具芒尖，内层菱状披针形，中部以上具长睫毛；花同型，两性；花冠蓝色，管状，具腺点。瘦果圆柱形，密被毛；冠毛冠状，下部联合。花期 7-8 月，果期 8-9 月。

生于山坡草地、疏林下，海拔 2200m 以下。

产地：黑龙江省大庆、东宁、宁安、安达、哈尔滨、齐齐哈尔，吉林省汪清、临江、靖宇，辽宁省凌源、桓仁、朝阳、阜新、大连，内蒙古满洲里、海拉尔、扎兰屯、克什克腾旗、鄂温克旗、巴林右旗、巴林左旗、扎鲁特旗、阿鲁科尔沁旗、翁牛特旗、科尔沁右翼前旗、科尔沁右翼中旗、扎赉特旗、突泉、乌兰浩特。

分布：中国（黑龙江、吉林、辽宁、内蒙古、河北、山西、宁夏、陕西、甘肃），蒙古，俄罗斯。

菊科　Compositae

794　飞蓬

Erigeron acer L.

多年生草本，高 30-70cm，全株被柔毛。茎直立，单一，仅上部分枝。基生叶莲座状，倒卵状匙形，长 5-12cm，宽 1.5-2cm，先端钝，有白色长缘毛，两面密被长柔毛，花后枯萎；茎下部叶与基生叶同，中部以上叶渐小，无柄，长圆状线性，全缘。头状花序多数，于茎顶排列成总状、伞房状或圆锥状；舌状花数层，雌性，淡紫色或淡红色；管状花两性，淡黄色。瘦果狭长圆形，扁，被毛；冠毛污白色或带紫色，刚毛状，长于舌状花。花果期 7-10 月。

生于干燥的碎石山坡、沙质湿地、林缘及田边。

产地：辽宁省西丰、新宾、本溪、宽甸。

分布：中国（辽宁、内蒙古、河北、山西、陕西、甘肃、宁夏、青海、新疆、四川、西藏），蒙古，日本，俄罗斯（西伯利亚）；北美洲。

菊科 Compositae

795 山飞蓬
Erigeron alpicola Makino

多年生草本，高 8-30cm。茎单一或丛生，下部常带紫色，疏被柔毛，上部毛较密。基生叶莲座状，匙形或长圆状倒卵形，长 2-5cm，宽 5-12mm，先端钝，基部渐狭，下延至柄，全缘或边缘具不明显疏齿，具缘毛；茎生叶长圆状披针形至线状披针形，先端渐尖或钝尖，基部稍狭半抱茎；基生叶有翼状柄，茎生叶无柄。头状花序单生；总苞半球形，总苞片 3 层，线形；舌状花 2-3 层，蓝紫色；两性花多数；花冠黄色，管状钟形，先端 5 裂。瘦果长圆形，压扁，疏被毛；冠毛 2 层，外层极短，内层糙毛状，污白色。花果期 7-9 月。

生于高山草地、苔原及林缘。

产地：吉林省安图、抚松、通化、靖宇、长白。

分布：中国（吉林），俄罗斯。

全草入药，有解表散寒、舒筋活血之功效。

菊科 Compositae

Erigeron annuus (L.) Pers.

　　一年生草本，高达 1m。茎直立，中部以上分枝，下部密被开展的毛，上部被伏毛。基生叶莲座状，叶长圆形或广卵形，长 3-4.5cm，宽 1-1.5cm，先端尖或钝，基部下延至柄成翼，边缘具齿；茎下部叶同基生叶，基生叶及茎下部叶花期枯萎，披针形或长圆状披针形，先端渐尖，边缘有齿或近全缘，有白色缘毛，最上部叶全缘；基生叶及茎下部叶有长柄，中上部叶渐无柄。头状花序多数，半球形，排列成疏圆锥状；总苞片 3 层；舌状花多层，白色或淡蓝色；管状花多数，先端 5 裂。瘦果长圆形，被伏毛；冠毛异型，舌状花冠毛极短，联结成膜质环，管状花冠毛 1 层，糙毛状易脱落。花期 7-8 月，果期 8-9 月。

　　生于林下、林缘、路旁及山坡耕地旁。

　　产地：吉林省抚松、安图、通化、靖宇、柳河、珲春、辉南、集安，辽宁省清原、西丰、鞍山、抚顺、新民、桓仁、凤城、宽甸、本溪、大洼、丹东、凌源、铁岭。

　　分布：现我国吉林、辽宁、河北、山东、江苏、安徽、福建、河南、江西、湖南、湖北、四川、西藏有分布，原产北美洲。

　　全草入药，可治疟疾等症。

797 小飞蓬

Erigeron cannadensis L.

一年生草本，高 50-100cm。茎直立，疏被长硬毛，上部分枝。叶互生，密集，茎下部叶倒披针形，长 5-10cm，宽 1-1.5cm，先端尖或渐尖，基部渐狭成柄，全缘或疏具小锯齿，有长缘毛，中上部叶向上渐小，线状披针形或长圆状线形，全缘；叶无柄。头状花序多数，于茎顶排列成圆锥花序；总苞圆筒状，总苞片 2-3 层，线状披针形，边缘白色膜质，外层短；舌状花白色，极短，线形，先端具 2 个小钝齿；管状花黄色，先端 4-5 裂。瘦果长圆状倒卵形，扁；冠毛 1 层，刚毛状，白色。花果期 6-10 月。

生于河滩、渠旁、路边及农田，易形成大片群落。

产地：黑龙江省哈尔滨、尚志、密山、虎林、伊春、鸡东、鸡西，吉林省九台、吉林、延吉、抚松、永吉、临江、通化、集安、靖宇、长白、安图、和龙、珲春，辽宁省抚顺、本溪、长海、清原、大连、沈阳、鞍山、宽甸、桓仁、彰武、葫芦岛、丹东、西丰、北镇、普兰店、东港、开原、营口，内蒙古科尔沁左翼后旗、海拉尔、牙克石、额尔古纳、鄂温克旗、新巴尔虎左旗、新巴尔虎右旗、科尔沁右翼前旗、扎赉特旗、克什克腾旗、巴林左旗、阿鲁科尔沁旗、喀喇沁旗。

分布：现中国各地广泛分布，原产北美洲。

798 长茎飞蓬 紫飞蓬

Erigeron elongatus Ledeb.

多年生草本，高 10-50cm。茎直立，单一或簇生，带紫色，上部分枝，密被短伏毛，混生长硬毛。基生叶莲座状，花期常枯萎，基生叶及茎下部叶长圆形或倒披针形，长 3-10cm，宽 5-15mm，先端钝或尖，基部下延至柄，全缘，具缘毛，中上部叶向上渐小，长圆形至披针状线形，先端渐尖，基部楔形；基生叶及茎下部叶有翼状柄，中上部叶无柄。头状花序排列成伞房花序或圆锥花序；总苞半球形，总苞片 3 层，外层较短，线状披针形，紫红色，背部密被腺毛，内层边缘宽膜质，先端长渐尖；花 3 型，边花雌性，外层舌状，淡红色或淡紫色，内层细管状；中央花两性，管状，黄色，先端裂片暗紫色。瘦果长圆状披针形，压扁，密被伏毛；冠毛 2 层，外层短，内层糙毛状。花果期 7-9 月。

生于干燥的碎石山坡、砂质湿地、林缘及田边。

产地：黑龙江省绥芬河、呼玛、漠河、五大连池、嫩江、萝北、饶河、尚志、伊春，吉林省安图，辽宁省桓仁，内蒙古阿尔山、科尔沁右翼前旗、额尔古纳。

分布：中国（黑龙江、吉林、辽宁、内蒙古、河北、山西、甘肃、新疆、四川、西藏），朝鲜半岛，蒙古，俄罗斯；中亚、欧洲、北美洲。

799 林泽兰 白鼓钉 毛泽兰
Eupatorium lindleyanum DC.

多年生草本，高达 1m。茎直立，单一，有时中上部分枝，密被短柔毛。叶对生，不裂或 3 全裂，披针形或线状披针形，长 7-10cm，宽 8-20mm，先端钝或尖，基部楔形，边缘具疏齿，表面散生粗伏毛，背面沿脉密被柔毛，并有腺点，基出 3 脉，叶 3 全裂，中裂片大，侧裂片小，有时仅有小侧裂片 1；叶无柄或具短柄。头状花序密集成复伞房状，半球形；总苞圆柱状，总苞片 3 层，外层小，带紫色，内层长圆状披针形，膜质；花 5 朵，同型，两性；花冠紫色，管状。瘦果黑褐色，具 5 棱，密被腺点；冠毛 1 层，白色，与花冠近等长。花果期 7-9 月。

生于山坡、林缘、湿草地及沟边。

产地：黑龙江省密山、伊春、克东、牡丹江、宁安、林口、双城、五大连池、尚志、大庆、黑河、萝北、依兰、孙吴、呼玛、哈尔滨、肇东、肇源、安达、齐齐哈尔，吉林省抚松、大安、和龙、安图、汪清、珲春、临江、蛟河、吉林、梅河口、通化、靖宇、集安、长白、前郭尔罗斯，辽宁省西丰、新宾、抚顺、鞍山、康平、清原、东港、凤城、开原、庄河、营口、大连、凌源、彰武、本溪、丹东、桓仁、普兰店、海城、宽甸，内蒙古牙克石、扎鲁特旗、赤峰、科尔沁右翼前旗、科尔沁右翼中旗、突泉、扎赉特旗、阿鲁科尔沁旗、巴林右旗、翁牛特旗、科尔沁左翼后旗、敖汉旗。

分布：中国（除新疆、青海、宁夏、西藏外，全国广布），朝鲜半岛，日本，俄罗斯，印度，越南，菲律宾。

枝叶入药，有发表祛湿、和中化湿之功效。

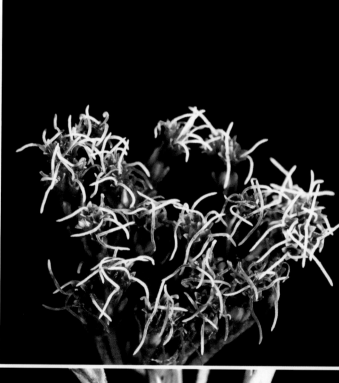

菊科 Compositae

Filifolium sibiricum (L.) Kitam.

多年生草本，高 20-60cm。茎丛生，直立。基生叶莲座状，2-3 回羽状全裂，裂片丝形或线状丝形，长 4cm，宽 0.5-1mm，先端锐尖，边缘反卷；茎生叶较小，与基生叶相似；基生叶具长柄，茎生叶无柄。头状花序多数，生于茎及枝端排列成密伞房花序；总苞半球形、广卵形或卵状长圆形，总苞片 3 层；边花 5-7 朵，雌性，花冠管状锥形，有腺点，结实；中央花多数，两性，花冠管状，黄色。瘦果扁倒卵形，先端近截形，腹面有 2 条纹；无冠毛。花果期 6-9 月。

生于多石质山坡、草原、固定沙丘及盐碱地区岗地上。

产地：黑龙江省北安、呼玛、五大连池、密山、克东、泰来、尚志、富裕、肇东、肇源、嫩江、依安、萝北、富锦、依兰、宁安、嘉荫、哈尔滨、大庆、安达、齐齐哈尔、黑河，吉林省九台、双辽、安图、长春、镇赉、通榆，辽宁省法库、西丰、昌图、凌源、建平、阜新、沈阳、开原、大连、铁岭、北镇、朝阳、辽阳、内蒙古额尔古纳、牙克石、满洲里、海拉尔、新巴尔虎右旗、科尔沁右翼前旗、科尔沁右翼中旗、阿尔山、扎赉特旗、突泉、乌兰浩特、扎鲁特旗、克什克腾旗、宁城、鄂伦春旗、根河、通辽、新巴尔虎左旗、科尔沁左翼后旗。

分布：中国（黑龙江、吉林、辽宁、内蒙古、河北、山西），朝鲜半岛，蒙古，俄罗斯。

801 兴安乳菀 乳菀
Galatella dahurica DC.

多年生草本，高 30-100cm，全株被乳头状短柔毛，下部近无毛。茎直立，单一，基部带红色，上部分枝。叶互生，

密集，茎下部叶花期枯萎，中部叶线状披针形，长 5-7.5cm，宽 3-8mm，先端渐尖，基部渐狭，全缘，表面密被腺点，背面较少，具脉 3，上部叶向上渐小，线形，具脉 1；叶无柄。头状花序排列成疏伞房花序；总苞片 3-4 层，外层小，向内层渐大，长圆状披针形；舌状花 1 层，淡蓝紫色；管状花多数，黄色，先端 5 裂。瘦果长圆形，被白色伏柔毛；冠毛糙毛状，白色或污白色。花期 8-10 月。

生于山坡草地、碱地及草原，海拔 500-1400m。

产地：黑龙江省安达、大庆、呼玛、密山、虎林、富裕、杜尔伯特、肇东、饶河、黑河、漠河、嫩江、青冈，吉林省乾安、通榆、集安、大安、洮南、镇赉，辽宁省彰武、丹东、内蒙古额尔古纳、阿鲁科尔沁旗、海拉尔、牙克石、扎兰屯、鄂温克旗、鄂伦春旗、科尔沁右翼前旗、翁牛特旗、巴林右旗、敖汉旗、克什克腾旗。

分布：中国（黑龙江、吉林、辽宁、内蒙古），蒙古，俄罗斯。

802 牛膝菊 辣子草

Galinsoga parviflora Cav.

全草入药，有止血、消炎之功效，可治扁桃体炎、咽喉炎等症；花用水煎服有清肝明目之功效。

一年生直立草本，高达30cm。茎直立，不分枝或基部分枝，下部疏被开展或稍伏生长毛并混生腺毛，上部毛较密。叶对生，卵形或长圆状卵形，长1.5-3.5cm，宽1-2cm，先端尖，基部楔形或圆形，边缘具钝齿，基出3脉，两面疏被白色长毛；叶有柄。头状花序多数排列成疏散的聚伞花序；总苞半球形，总苞片2层；舌状花5朵，雌性，白色，先端3齿裂；管状花多数，黄色；花托圆锥形，托片膜质。瘦果倒卵状锥形，3棱，管状花瘦果4-5棱，稍压扁，黑色；舌状花冠毛毛状，管状花冠毛膜片状，披针形，具缘毛。花期7-8月，果期8-9月。

生于林下、河谷湿地、荒地、田间及城镇路旁。

产地：黑龙江省哈尔滨，吉林省珲春、长春，辽宁省沈阳、大连、本溪、丹东。

分布：中国（黑龙江、吉林、辽宁、浙江、江西、四川、贵州、云南、西藏）；南美洲。

803 菊芋 鬼子姜

Helianthus tuberosus L.

多年生草本，高 1-3m，具块状地下茎及纤维状根。茎直立，上部分枝，被白色短糙毛或刚毛。茎下部叶对生，卵形或卵状椭圆形，先端长渐尖，基部下延成翼状柄，边缘具粗锯齿，表面粗糙，被短刺毛，背面被柔毛，具 3 脉，上部叶互生，长椭圆形至广披针形。头状花序数个生于枝端；总苞片多层，披针形或线状披针形，绿色，先端长渐尖；舌状花雌性，黄色；管状花多数，黄色，先端 5 齿裂；花托托片长圆形。瘦果小，楔形，有毛，上具 2-4 锥状具毛的扁芒。花期 8-9 月。

产地：各地广泛栽培。

分布：现中国各地广泛栽培，原产北美洲。

块茎富含淀粉，为优良的多汁饲料，加工后又可制酱菜。叶为优良的饲料，又可制菊糖（在医药上供治糖尿病用）及酒精。

菊科 Compositae

804 山柳菊 伞花山柳菊

Hieracium umbellatum L.

多年生草本，高 40-120cm。茎直立，被短粗毛或无毛。基生叶花期枯萎；茎生叶密集，长圆状披针形、披针形或线状披针形，长 4-9cm，宽 0.7-2cm，先端渐尖，基部楔形或近圆形，边缘疏具齿牙，稀全缘；茎生叶无柄。头状花序排列成伞房花序；总苞钟形，总苞片 3 层；舌状花黄色。瘦果稍扁，圆柱形，紫褐色，具 10 条纵肋；冠毛淡褐色。花期 7-8 月，果期 8-9 月。

生于山坡林缘、林下、草丛、松林采伐迹地及河滩沙地。

产地：黑龙江省密山、虎林、塔河、集贤、富锦、克山、克东、绥棱、绥芬河、哈尔滨、呼玛、汤原、萝北、逊克、饶河、嘉荫、伊春、东宁、宁安，吉林省长春、延吉、珲春、和龙、安图、蛟河、汪清、临江、通化、柳河、梅河口、辉南、集安、抚松、靖宇、九台、吉林、长白，辽宁省东港、清原、新宾、西丰、鞍山、丹东、本溪、宽甸、沈阳、朝阳、大连、桓仁、抚顺，内蒙古海拉尔、额尔古纳、根河、牙克石、阿

鲁科尔沁旗、克什克腾旗、科尔沁右翼前旗、科尔沁左翼后旗、喀喇沁旗、赤峰、鄂温克旗、陈巴尔虎旗、新巴尔虎右旗、莫力达瓦达斡尔旗、鄂伦春旗、新巴尔虎左旗。

分布：中国（黑龙江、吉林、辽宁、内蒙古、河北、山西、陕西、甘肃、宁夏、新疆、山东、河南、湖北、湖南、四川、贵州、云南、西藏），朝鲜半岛，日本，蒙古，俄罗斯，土耳其，伊朗，印度，巴基斯坦；中亚，非洲，欧洲，北美洲。

全草饲用，也可染制羊毛与丝绸。

805 欧亚旋覆花
Inula britannica L.

多年生草本，高（15-）20-70cm。茎直立，单一，被伏柔毛，上部分枝。叶长圆形或长圆状披针形或广披针形，长4-9cm，宽1.5-2.5cm，先端渐尖或锐尖，基部宽大，截形或

近心形，有耳，半抱茎，边缘全缘或边缘疏具不明显小齿，表面疏被微毛，背面被长柔毛，密生腺点。头状花序1-5，生于茎顶枝端；苞叶线形或长圆状线形；总苞半球形，总苞片4-5层，近等长，边缘具缘毛；舌状花1层，雌性，黄色，先端3齿；管状花多数，两性，先端5齿裂。瘦果圆柱形，疏被柔毛；冠毛1层，糙毛状，白色。花期8-9月，果期9-10月。

生于河滩、林缘、路旁、沟边、湿草甸及耕地旁，海拔900m以下。

产地：黑龙江省呼玛、伊春、萝北、哈尔滨、依兰、佳木斯、牡丹江、尚志、宁安、北安、黑河、克山、齐齐哈尔、密山、安达，吉林省长白、通榆、长春、镇赉、安图、抚松、汪清、蛟河、磐石，辽宁省新民、沈阳、铁岭、东港、长海、葫芦岛、丹东、清原、盖州、岫岩、普兰店、凤城、本溪、宽甸、桓仁、大连，内蒙古海拉尔、敖汉旗、宁城、赤峰、喀喇沁旗、阿鲁科尔沁旗、巴林右旗、额尔古纳、克什克腾旗、鄂温克旗、新巴尔虎右旗、满洲里、扎鲁特旗、牙克石、新巴尔虎左旗、科尔沁右翼前旗、科尔沁右翼中旗、科尔沁左翼后旗。

分布：中国（黑龙江、吉林、辽宁、内蒙古、河北、山西、新疆），朝鲜半岛，日本，蒙古，俄罗斯，土耳其，伊朗；中亚，欧洲。

菊科　Compositae

806　旋覆花　金佛草　日本旋覆花

Inula japonica Thunb.

多年生草本，高 30-80cm。茎直立，单一，密被伏毛，上部分枝。茎下部叶花期枯萎，中部叶披针形或线状披针形，长 5-11cm，宽 1-2cm，先端渐尖，基部渐狭，有小耳，半抱茎，全缘或边缘疏具微齿，表面无毛或疏被伏毛，背面密被长伏毛及腺点，沿脉毛尤多，上部叶渐小。头状花序少数或多数，排列成疏伞房花序；总苞半球形，总苞片 5 层，近等长；舌状花 1 层，雌性，黄色，先端 3 齿裂；管状花多数，两性，黄色，先端 5 裂。瘦果圆柱形，疏被毛；冠毛 1 层，刚毛状，白色。花果期 7-10 月。

生于路旁、河边、林缘、沼泽旁等处湿草地。

产地：黑龙江省萝北、伊春、尚志、呼玛、安达、黑河、虎林、饶河、大庆、哈尔滨、齐齐哈尔、逊克，吉林省通化、临江、柳河、梅河口、辉南、集安、抚松、靖宇、长白、蛟河、长春、珲春、和龙、镇赉、安图，辽宁省法库、新宾、沈阳、鞍山、铁岭、新民、长海、庄河、普兰店、凌源、彰武、本溪、凤城、宽甸、朝阳、大连、抚顺，内蒙古扎鲁特旗、宁城、克什克腾旗、额尔古纳、海拉尔、阿鲁科尔沁旗、巴林右旗、敖汉旗、喀喇沁旗、新巴尔虎右旗、牙克石、科尔沁左翼后旗、科尔沁右翼前旗、赤峰。

分布：中国（黑龙江、吉林、辽宁、内蒙古、河北、山西、陕西、甘肃、青海、宁夏、安徽、江苏、浙江、福建、河南、湖南、广西、四川、贵州），朝鲜半岛，日本，蒙古，俄罗斯。

根与叶入药，可治刀伤、疔毒及咳嗽等症。花为健胃祛痰药。全草入药，称为金沸草，有化痰止咳之功效。

807 线叶旋覆花
Inula linariaefolia Turcz.

多年生草本，高50-80cm。茎直立，少分枝或先端多分枝，常带紫红色，分枝直立开展或上升，被短伏毛。叶稍密生，

基生叶及茎下部叶线状披针形，长15-17cm，宽8-12mm，先端长渐尖，基部渐狭成柄，半抱茎，边缘具小锯齿，反卷，表面无毛，背面被蛛丝状毛及腺点，中部叶线状披针形或线形，基部渐狭，半抱茎，上部叶向上渐小；基生叶及茎下部叶有短柄，中上部叶无柄。头状花序5至多数，排列成伞房状聚伞花序；花序梗被毛及腺；总苞半球形，总苞片4层；舌状花1层，雌性，黄色，先端具3齿；管状花多数，两性，黄色，先端5齿裂。瘦果圆筒形，棕褐色，被伏毛，具10条纵肋；冠毛1层，白色，糙毛状。花期7-8月，果期8-9月。

生于沟边、林缘、草甸、路旁及沟谷等处湿草地。

产地：黑龙江省密山、虎林、依兰、集贤、萝北、哈尔滨、黑河、呼玛、大庆、宁安、安达、齐齐哈尔，吉林省汪清、珲春、白城、镇赉、靖宇、长白，辽宁省西丰、清原、沈阳、鞍山、抚顺、大连、长海、绥中、葫芦岛、北镇、本溪、凤城、宽甸、新宾、桓仁、东港、丹东、瓦房店，内蒙古扎兰屯、阿尔山、科尔沁右翼前旗、扎赉特旗、翁牛特旗、科尔沁左翼后旗、巴林右旗。

分布：中国（黑龙江、吉林、辽宁、内蒙古、河北、山西、陕西、宁夏、甘肃、新疆、山东、江苏、安徽、浙江、福建、河南、湖北、湖南、江西、台湾），朝鲜半岛，日本，蒙古，俄罗斯。

根入药，有健脾和胃、调气解郁及止痛安胎之功效。

808 柳叶旋覆花　歌仙草

Inula salicina L.

多年生草本，高 30-80cm。茎直立，下部被毛，叶密生，不分枝或上部少分枝。茎下部叶长圆状匙形，花期凋落，中部叶近革质，有光泽，长圆状披针形或披针形，长 5-8cm，宽 1-2cm，先端钝尖，基部渐狭，心形，具圆形小耳，半抱茎，边缘具小尖头细齿及缘毛，上部叶渐小，线状披针形。头状花序单生或数个生于枝端，常为苞叶围绕，花期直立；总苞片 4-5 层，先端暗紫色，中层总苞片具三角形附属物，内层先端撕裂状；舌状花 1 层，雌性，黄色，先端 3 齿裂；管状

花多数，两性，先端 5 裂。瘦果圆柱形，先端截形，暗褐色，具 10 条纵肋；冠毛刚毛状，污白色。花期 7-8 月，果期 8-9 月。

生于山顶及山坡草地，海拔 250-1000m。

产地：黑龙江省集贤、萝北、虎林、大庆、密山、安达，吉林省汪清、珲春，辽宁省彰武、抚顺、瓦房店、大连、本溪、法库、长海，内蒙古额尔古纳、陈巴尔虎旗、新巴尔虎右旗、牙克石、满洲里、鄂温克旗、科尔沁右翼前旗、科尔沁右翼中旗、翁牛特旗、科尔沁左翼后旗、克什克腾旗。

分布：中国（黑龙江、吉林、辽宁、内蒙古、山东、河南），朝鲜半岛，日本，俄罗斯，伊朗；中亚，欧洲。

菊科 Compositae

809 山苦菜 苦荬 中华小苦荬

Ixeris chinensis (Thunb.) Nakai

多年生草本，高 10-35（-50）cm。茎直立或斜升，多数。基生叶丛生，异形，大头羽裂、倒向羽裂、羽状浅裂或深裂，边缘具微波状齿牙或近全缘，顶裂片长圆形、长圆状披针形至线形，侧裂片多对，基部下延成柄；茎生叶少数，长圆状披针形或线状披针形，全缘或多少具细小齿牙；基生叶无柄。头状花序多数，排列成伞房状圆锥花序；总苞圆柱状钟形，总苞片 2 层；舌状花黄色、白色或淡紫色。瘦果圆柱形，赤褐色，先端渐狭成长喙，喙与果近等长；冠毛 1 层，白色，宿存。花果期 5-9 月。

生于山坡路旁、干草地、田边、河滩沙地及沙丘。

产地：黑龙江省安达、萝北、富锦、孙吴、哈尔滨、虎林、大庆、尚志、密山、齐齐哈尔，吉林省临江、通化、柳河、梅河口、双辽、九台、汪清、桦甸、辉南、集安、抚松、靖宇、长白、镇赉、安图、蛟河、磐石，辽宁省本溪、宽甸、桓仁、大连、丹东、沈阳、兴城、绥中、法库、庄河、新宾、建昌、建平、长海、凤城、鞍山、东港、岫岩、北镇、盖州、清原、抚顺，内蒙古科尔沁右翼前旗、阿尔山、科尔沁右翼中旗、扎赉特旗、突泉、乌兰浩特、额尔古纳、根河、新巴尔虎右旗、新巴尔虎左旗、巴林右旗、扎鲁特旗、海拉尔、扎兰屯、赤峰、科尔沁左翼后旗。

分布：中国（黑龙江、吉林、辽宁、内蒙古、河北、山西、陕西、山东、江苏、安徽、浙江、福建、河南、江西、湖南、广西、四川、贵州、云南、西藏、台湾），朝鲜半岛，日本，俄罗斯，越南。

810 苦荬菜

Ixeris denticulata Stebb.

一年生或二年生草本，高 30-70cm。茎直立，下部带红紫色，无毛。基生叶花期枯萎；茎生叶质薄，广椭圆形或长圆状披针形，长 5-10cm，宽 2-5cm，基部楔形，先端尖或钝，边缘具波状浅齿或缺刻，表面绿色，背面灰绿色，被白粉，茎上部叶渐小，长圆形，基部耳状抱茎，边缘具不规则疏齿；茎生叶具翼状柄，抱茎。头状花序多数，排列成伞房花序；总苞圆柱形或钟形，总苞片 2 层；舌状花黄色。瘦果长圆形，黑褐色，稍扁压，具短喙；冠毛白色，粗糙，脱落。花果期 7-10 月。

生于山坡林缘、草甸、河谷、路旁及田野。

产地：黑龙江省尚志、铁力、饶河、密山、海林、东宁、宁安、鸡东、哈尔滨、虎林、鸡西、萝北、伊春、安达，吉林省抚松、梅河口、前郭尔罗斯、吉林、和龙、安图、九台、蛟河、敦化、珲春、临江、通化、柳河、辉南、集安、靖宇、长白、磐石、镇赉，辽宁省西丰、鞍山、海城、大连、普兰店、长海、丹东、葫芦岛、清原、沈阳、建昌、北镇、本溪、庄河、凤城、宽甸、桓仁、东港、岫岩、抚顺，内蒙古赤峰、科尔沁左翼后旗、科尔沁右翼前旗。

分布：中国（黑龙江、吉林、辽宁、内蒙古、河北、山西、陕西、甘肃、青海、山东、江苏、安徽、浙江、河南、湖北、湖南、江西、广东、广西、四川、贵州），蒙古，朝鲜半岛，日本，俄罗斯。

全草入药，有清热解毒、消肿之功效，主治肺痈、乳痈、血淋、疖肿及跌打损伤等症。

811 抱茎苦荬菜

Ixeris sonchifolia (Bunge) Hance

多年生草本，高 30-60cm。茎直立，有时带紫红色，无毛。基生叶莲座状，花期宿存，大头羽裂或不规则深裂，裂片具不整齐齿牙；茎生叶卵状披针形，先端长尾状尖，基部耳状抱茎，全缘，或边缘具波状尖齿或羽状深裂，裂片线形，上部叶向上渐小；基生叶具翼状柄，茎生叶无柄。头状花序多数，排列成伞房状圆锥花序；总苞圆筒状，总苞片 2 层；舌状花黄色。瘦果纺锤形，黑色，先端具短喙；冠毛白色，稍粗糙，脱落。花果期 5-7 月。

生于荒地、山坡草地、路旁、河边及疏林下。

产地：黑龙江省尚志、哈尔滨、龙江、双城、安达、伊春、齐齐哈尔，吉林省磐石、桦甸、临江、通化、柳河、梅河口、辉南、集安、抚松、靖宇、长白、通榆、长春、吉林、九台、安图，辽宁省沈阳、凤城、北镇、岫岩、鞍山、建昌、彰武、长海、大连、葫芦岛、开原、瓦房店、新民、清原、丹东、建平、西丰、凌源、桓仁、兴城、本溪、喀左，内蒙古赤峰、扎鲁特旗、克什克腾旗、阿鲁科尔沁旗、敖汉旗、额尔古纳、巴林右旗、翁牛特旗、牙克石、鄂温克旗、新巴尔虎左旗、科尔沁左翼后旗、科尔沁右翼前旗。

分布：中国（黑龙江、吉林、辽宁、内蒙古、河北、山西），朝鲜半岛，俄罗斯。

全草入药，有清热解毒、凉血及活血排脓之功效，主治阑尾炎、肠炎、痢疾及吐血等症。

812　裂叶马兰　北鸡儿肠

Kalimeris incisa (Fisch.) DC.

多年生草本，高达1m。茎直立，中部以上分枝，分枝开展。基生叶花期枯萎；茎中下部叶长圆状披针形，长8-10cm，宽1.5-2.5cm，先端渐尖，基部渐狭，边疏具缺刻状裂片或裂齿，裂片内曲前伸，上部叶渐小，线状披针形，全缘；叶无柄。头状花序单生于枝端，排列成伞房花序；总苞片3层；舌状花1层，蓝紫色；管状花多数，黄色。瘦果扁倒卵形，边缘有1-2条肋；冠毛刚毛状，不等长。花期8月，果期8-9月。

生于河岸、林下、灌丛、山坡草地及湿草地。

产地：黑龙江省呼玛、肇东、哈尔滨、尚志、虎林、勃利、宁安、萝北、密山、伊春、依兰、孙吴，吉林省安图、抚松、蛟河、九台、吉林、和龙、敦化、延吉、汪清、珲春、临江、长白、通化，辽宁省建昌、喀左、葫芦岛、沈阳、普兰店、西丰、新民、法库、宽甸、凌源、清原、绥中、瓦房店、本溪、桓仁、凤城、抚顺，内蒙古额尔古纳、科尔沁右翼前旗、鄂温克旗、科尔沁左翼后旗。

分布：中国（黑龙江、吉林、辽宁、内蒙古），朝鲜半岛，日本，俄罗斯。

813 全叶马兰 扫帚鸡儿肠 鸡儿肠

Kalimeris integrifolia Turcz. ex DC.

多年生草本，高30-70cm，全株密被灰绿色短绒毛。茎直立。基生叶及茎下部叶花期枯萎，中部叶多数，密集，线状倒披针形或长圆形，先端突尖，基部渐狭，全缘，边缘稍反卷，两面密被灰绿色短绒毛，上部叶较小，线形；叶无柄。

头状花序单生枝端，排列成疏伞房花序；总苞半球形，总苞片3层，外被粗毛和腺点；舌状花1层，蓝紫色；管状花多数，黄色。瘦果扁倒卵形，稍偏斜，具不明显的1-2条肋，无毛；舌状花冠毛很短，管状花冠毛短刚毛状，污白色。花期7-8月，果期9月。

生于河边、砂质地、山坡石质砾地及林缘，海拔700m以下。

产地：黑龙江省佳木斯、哈尔滨、伊春、大庆、集贤、宝清、萝北、依兰、齐齐哈尔、克山、黑河、孙吴、尚志、肇东、勃利、虎林、宁安、呼玛、密山、安达，吉林省白城、桦甸、珲春、汪清、和龙、长春、镇赉、九台、延吉，辽宁省凌源、建昌、彰武、鞍山、法库、西丰、新民、阜新、葫芦岛、锦州、沈阳、抚顺、辽阳、盖州、本溪、凤城、庄河、长海、瓦房店、大连、营口、宽甸、桓仁、朝阳，内蒙古牙克石、海拉尔、额尔古纳、根河、科尔沁右翼前旗、科尔沁右翼中旗、喀喇沁旗、科尔沁左翼后旗、扎鲁特旗、翁牛特旗、扎兰屯、巴林右旗、敖汉旗。

分布：中国（黑龙江、吉林、辽宁、内蒙古、河北、山西、陕西、山东、江苏、安徽、浙江、河南、湖北、湖南、四川），朝鲜半岛，日本，俄罗斯。

可作牧草。

814 山马兰 山鸡儿肠

Kalimeris lautureana (Debx.) Kitam.

多年生草本，高 50-100cm。茎直立，坚硬，上部分枝贴附成扫帚状，疏被毛。叶近革质，长圆状披针形或披针形，长 3.5-7.5cm，宽 0.5-1.2cm，先端短尖，基部渐狭，边缘具疏齿牙或全缘，稍反卷，两面疏被糙毛或无毛；叶无柄。头状花序单生于枝端，排列成伞房花序；总苞片 3 层，坚硬有光泽；舌状花 1 层，淡紫色；管状花多数，黄色，先端 5 齿裂，淡污白色。瘦果扁倒卵形，疏被短毛或无毛，有边肋；冠毛膜片状，不等长。花期 8-10 月，果期 9-10 月。

生于山坡草地、草原、杂木林下及灌丛。

产地：黑龙江省佳木斯、哈尔滨、伊春、大庆、集贤、宝清、萝北、依兰、齐齐哈尔、克山、黑河、孙吴、尚志、肇东、勃利、虎林、宁安、呼玛、密山、安达，吉林省白城、桦甸、珲春、汪清、和龙、长春、镇赉、九台、延吉，辽宁省凌源、建昌、彰武、鞍山、法库、西丰、新民、阜新、葫芦岛、锦州、沈阳、抚顺、辽阳、盖州、本溪、凤城、庄河、长海、瓦房店、大连、营口、宽甸、桓仁、朝阳，内蒙古牙克石、海拉尔、额尔古纳、根河、科尔沁右翼前旗、科尔沁右翼中旗、喀喇沁旗、科尔沁左翼后旗、扎鲁特旗、翁牛特旗、扎兰屯、巴林右旗、敖汉旗。

分布：中国（黑龙江、吉林、辽宁、内蒙古、河北、山西、陕西、山东、江苏、安徽、浙江、河南、湖北、湖南、四川），朝鲜半岛，日本，俄罗斯。

可入药，有养血、止血、涩肠及固精之功效，可治血虚、吐血、鼻衄、便血、痢疾、脱肛、耳鸣、遗精、血崩及带下等症。

815 蒙古马兰 扫帚鸡儿肠 鸡儿肠

Kalimeris mongolica (Franch.) Kitam.

多年生草本，高达 1m。茎直立，被硬毛或无毛，中部以上分枝，分枝开展。基生叶花期枯萎；茎下部叶匙形，长 8-9cm，宽 2cm，先端圆形，具小突尖，基部狭楔形，边缘中部以上具微波状齿，并具缘毛，两面密被糙毛，中部叶倒披针形，先端渐尖，基部狭楔形，羽状深裂，裂片长圆形，先端尖，全缘，上部叶向上渐小，羽状深裂至全缘；叶无柄。头状花序多数，排列成伞房花序或复伞房花序；总苞半球形，总苞片 3 层；舌状花 1 层，蓝紫色、淡蓝紫色或淡蓝色；管状花多数，黄色。瘦果扁倒卵形，被微毛，具边肋；冠毛刚毛状。花期 7-8 月，果期 9 月。

生于河岸、路旁草地、山坡灌丛及田边。

产地：黑龙江省哈尔滨、密山、宁安、虎林、黑河、孙吴、萝北，吉林省敦化、汪清、长春、吉林、安图、和龙、集安，辽宁省凌源、建昌、绥中、新民、沈阳、抚顺、普兰店、本溪、葫芦岛、喀左、桓仁，内蒙古额尔古纳、鄂温克旗、牙克石、克什克腾旗、喀喇沁旗、敖汉旗、巴林右旗、宁城、科尔沁右翼前旗。

分布：中国（黑龙江、吉林、辽宁、内蒙古、河北、山西、陕西、宁夏、甘肃、山东、河南、四川）。

816 山莴苣

Lactuca indica L.

一年生或二年生草本，高 50-150（-200）cm。茎直立，粗壮，上部分枝。基生叶花期枯萎，叶形多变化，全缘至羽状或倒向羽状深裂或全裂，裂片全缘或边缘缺刻状或具尖齿；茎上部叶线形或线状披针形，全缘；基生叶有柄，茎生叶无柄，基部扩大成戟形抱茎。头状花序排列成圆锥花序；总苞圆柱形，总苞片 3-4 层；舌状花黄色。瘦果压扁，椭圆形，具宽边，两面各具 1 条纵肋，具短喙；冠毛白色，毛状，脱落。花果期 7-9 月。

生于沟谷、路旁、林缘及荒地。

产地：黑龙江省哈尔滨、依兰、大庆、宁安、黑河、逊克、双城、尚志、萝北、安达、密山、孙吴、虎林、伊春、五大连池、齐齐哈尔，吉林省长春、和龙、吉林、珲春、抚松、临江、通化、大安、镇赉、柳河、梅河口、九台、前郭尔罗斯、辉南、集安、靖宇、长白、安图、延吉，辽宁省西丰、沈阳、抚顺、桓仁、宽甸、锦州、盖州、凌源、彰武、葫芦岛、北镇、庄河、东港、大连、本溪、内蒙古赤峰、喀喇沁旗、科尔沁左翼后旗、科尔沁右翼中旗、通辽。

分布：中国（黑龙江、吉林、辽宁、内蒙古、河北、陕西、甘肃、山东、江苏、安徽、浙江、河南、湖北、湖南、江西、广东、广西、海南、四川、贵州、云南、西藏、台湾），朝鲜半岛，日本，蒙古，俄罗斯，印度，印度尼西亚。

菊科 Compositae

817 毛脉山莴苣
Lactuca raddeana Maxim.

二年生草本，高 65-140cm。茎淡红色，下部密被褐色粗毛。基生叶及茎下部叶花期枯萎，叶多变化，大头羽状全裂或深裂，顶裂片三角状戟形或卵形，侧裂片 1-3 对，基部下延成翼状柄，边缘具波状齿牙，背面苍白色，沿中脉密被褐色粗毛，上部叶不分裂，卵形或卵状三角形；叶具翼状柄，茎上部叶具短翼状柄或近无柄。头状花序排列成狭圆锥花序；总苞花期圆柱形，果期广钟形，总苞片 2-3 层；舌状花黄色。

瘦果压扁，倒卵形，喙极短；冠毛白色。花期 7-8 月，果期 8-10 月。

生于灌丛、林下、路旁、山坡草地及平原草地。

产地：黑龙江省宁安、尚志、伊春，吉林省抚松、汪清、珲春、安图、通化，辽宁省清原、沈阳、葫芦岛、鞍山、锦州、本溪、宽甸、桓仁，内蒙古宁城。

分布：中国（黑龙江、吉林、辽宁、内蒙古、河北、山西、陕西、甘肃、山东、安徽、福建、河南、江西、四川），朝鲜半岛，日本，俄罗斯。

818 翼柄山莴苣
Lactuca triangulata Maxim.

二年生或多年生草本，高 60-120cm。茎直立，无毛。基生叶花期枯萎；茎下部叶三角状戟形，长 8cm，宽 7-10cm，先端锐尖，基部凹缺，边缘具波状齿牙，中部以上叶向上渐小，三角状卵形或菱形，基部扩展成耳状抱茎，上部叶椭圆形至披针形；茎下部叶具翼状柄，基部扩展半抱茎，茎上部叶近无柄。头状花序排列成狭圆锥花序；总苞圆柱形或筒状钟形，总苞片 3-4 层；舌状花黄色。瘦果压扁，广椭圆形，近黑色，具宽边；冠毛白色，毛状。花果期 6-9 月。

生于山坡林下。

产地：黑龙江省伊春，吉林省汪清、安图、抚松、辉南、集安、珲春，辽宁省本溪、宽甸、桓仁，内蒙古赤峰、喀喇沁旗。

分布：中国（黑龙江、吉林、辽宁、内蒙古、河北、山西、陕西、宁夏、甘肃、河南），朝鲜半岛，日本，俄罗斯。

菊科 Compositae

819 大丁草 一枝香
Leibnitzia anandria (L.) Turcz.

多年生草本，有春、秋二型。春型植株矮小，高5-15cm，全株被白色绵毛。茎直立。基生叶有长柄，莲座状，密被白色绵毛，长圆状卵形、卵形或近圆形，长1-4.5cm，宽1-3.5cm，先端微尖，基部心形，边缘具波状齿，背面密被白色绵毛；茎生叶少数，膜质，线形。头状花序单生于茎顶；总苞狭钟形，总苞片3层；边花1层，雌性；花冠近2唇形，下唇短，上唇延伸成舌状，淡紫色；中央花两性，二唇形，下唇2裂。瘦果纺锤形，紫褐色；冠毛糙毛状，淡褐色。花果期5-7月。

秋型植株较高大，高30-80cm。基生叶大头羽裂，顶裂片大，卵形或长圆状卵形，侧裂片小，有时呈翼状。头状花序较大；花同型；花冠管状，二唇形，为闭锁花。瘦果纺锤形，先端渐狭，喙状；冠毛比花冠长。花果期8-10月。

生于山坡草地、路旁及林缘，海拔850-1000m。

产地：黑龙江省萝北、五大连池、尚志、宁安、安达、伊春、密山、哈尔滨、大庆、吉林省抚松、白城、长春、吉林、前郭尔罗斯、镇赉、安图、汪清、珲春、辽宁省本溪、凤城、桓仁、大连、鞍山、丹东、东港、建昌、建平、葫芦岛、凌源、清原、沈阳、绥中、新宾、普兰店、岫岩、营口、庄河、瓦房店、新民、宽甸、西丰、北镇、抚顺、阜新、内蒙古牙克石、鄂温克旗、阿荣旗、科尔沁右翼中旗、科尔沁右翼前旗、克什克腾旗、额尔古纳、根河、乌兰浩特、喀喇沁旗、扎鲁特旗、科尔沁左翼后旗、奈曼旗、阿鲁科尔沁旗、巴林右旗、巴林左旗、赤峰、敖汉旗、宁城。

分布：中国（黑龙江、吉林、辽宁、内蒙古、河北、山西、陕西、宁夏、甘肃、青海、山东、江苏、安徽、浙江、福建、河南、湖北、湖南、江西、广西、四川、贵州、台湾、云南），朝鲜半岛，日本，蒙古，俄罗斯。

全草入药，有祛风湿、止咳及解毒之功效，主治风湿麻木、咳喘、肠炎、痢疾及尿路感染等症，外用治乳腺炎、疔疮、烧烫伤及外伤止血。

820　团球火绒草　剪花火绒草
Leontopodium conglobatum (Turcz.) Hand.-Mazz.

多年生草本，高15-30cm。茎单一或簇生，直立或斜生，被灰白色蛛丝状绒毛。基生叶莲座状，叶倒披针状线形，长7-12cm，宽1-3cm，先端稍尖，基部楔形，全缘；茎中下部叶披针形或披针状线形，长2-7cm，宽3-10mm，先端钝，基部狭，有短鞘，两面密被蛛丝状绒毛；基生叶具长柄。头状花序5-30，集成团球状伞房花序，外有5-10苞叶组成的苞叶群包围；苞叶两面密被白色蛛丝状绵毛；总苞被白色绵毛，总苞片3层，长圆状披针形；花异形，雌雄同株或异株，即中央头状花序为雄性，外围为雌性；雄花花冠漏斗状钟形，雌花花冠管状丝形。瘦果长圆形，有乳头状毛；冠毛白色，糙毛状，雄花冠毛粗，棍棒状。花期6-9月。

生于干燥草原、向阳坡地、石砾地及沙地，稀见于灌丛、林中草地。

产地：黑龙江省齐齐哈尔、内蒙古扎鲁特旗、额尔古纳、牙克石、扎兰屯、根河、鄂伦春旗、科尔沁右翼中旗、科尔沁右翼前旗、克什克腾旗、阿鲁科尔沁旗、巴林右旗、突泉、宁城。

分布：中国（黑龙江、内蒙古），蒙古，俄罗斯。

821　火绒草
Leontopodium leontopodioides (Willd.) Beauv.

多年生草本，高（10-）20-30（-40）cm，全株密被灰白色绵毛。茎丛生，直立，稍弯曲。叶密生，基生叶及茎下部叶花期枯萎；中部叶线形或线状披针形，长 2-4.5cm，宽 3-5mm，先端锐尖或钝，基部半抱茎，边缘反卷，两面密被灰白色或微带黄色绵毛。头状花序 3-4（-7），紧密团集成团伞状或单生，通常雌雄异株；苞叶 1-4，线形或狭披针形，两面或仅背面密被灰白色短绒毛，与花序等长或比花序长，雄株苞叶开展成苞叶群，雌株苞叶不成明显的苞叶群；总苞半球形，总苞片 3-4 层，披针形，膜质，背面密被灰白色绵毛；雌花花冠丝状，花后伸长；雄花管状漏斗形。瘦果长椭圆形，稍扁，密被粗毛；冠毛白色或污白色，基部结合成环状，雄花冠毛先端稍增厚。花期 6-8 月，果期 8-9 月。

生于干燥草原、干山坡，稀见于湿润地。

产地：黑龙江省哈尔滨、萝北、杜尔伯特、富锦、黑河、大庆、牡丹江、安达、齐齐哈尔，吉林省双辽、通榆、镇赉、白城、安图，辽宁省西丰、昌图、沈阳、盖州、普兰店、大连、东港、庄河、凤城、本溪、宽甸、丹东、凌源、法库、建昌、兴城、建平、彰武、北镇、长海、桓仁，内蒙古额尔古纳、牙克石、满洲里、扎兰屯、海拉尔、科尔沁左翼后旗、喀喇沁旗、阿尔山、科尔沁右翼前旗、科尔沁右翼中旗、通辽、巴林右旗、赤峰、克什克腾旗、扎赉特旗、突泉、乌兰浩特、扎鲁特旗、宁城、翁牛特旗。

分布：中国（黑龙江、吉林、辽宁、内蒙古、河北、山西、陕西、甘肃、青海、新疆、山东），朝鲜半岛，日本，蒙古，俄罗斯。

地上全草入药，有凉血、消炎利尿之功效，可治蛋白尿、血尿等症。

菊科 Compositae

822 蹄叶橐吾 葫芦七

Ligularia fischeri (Ledeb.) Turcz.

多年生草本，高 50-150cm。茎直立，粗壮，单一，下部被蛛丝状毛及锈褐色皱卷毛，上部密披黄褐色皱卷毛。基生叶肾状心形或戟状心形，长 7-12cm，宽 10-25cm，基部深心形，边缘具齿，两侧裂片圆形或稍狭长圆形；茎下部叶似基生叶；基生叶具长柄，被褐色柔毛，茎下部叶柄短，具宽翼抱茎。头状花序多数，花后下垂，常密生于上部成总状；苞片长卵形或卵状披针形，在头状花序下对折呈舟状；总苞管状钟形，总苞片 1 层，背面密被锈褐色毛；舌状花 5-9 朵，雌性、黄色；管状花多数，两性，花冠管状。瘦果圆柱形，稍扁，黑紫色，有光泽；冠毛糙毛状，紫褐色。花期 7-8 月，果期 8-9 月。

生于水边、草甸子、山坡草地、灌丛、林缘及林下。

产地：黑龙江省呼玛、黑河、伊春、塔河、海林、宝清、饶河、勃利、宁安、北安、密山、萝北、吉林省辉南、集安、抚松、安图、汪清、珲春、辽宁省抚顺、清原、宽甸、桓仁、岫岩、北镇、营口、本溪、内蒙古牙克石、额尔古纳、根河、科尔沁右翼前旗、扎鲁特旗、克什克腾旗、巴林右旗、宁城。

分布：中国（黑龙江、吉林、辽宁、内蒙古、河北、山西、陕西、甘肃、安徽、浙江、河南、湖北、湖南、四川、贵州、西藏），朝鲜半岛、日本、蒙古、俄罗斯、尼泊尔、不丹。

根入药，商品称"山紫菀"，有理气活血、止痛、止咳及祛痰之功效，可治跌打损伤、劳伤、腰腿痛、咳嗽痰喘、顿咳及肺痨咯血等症。

823 狭苞橐吾

Ligularia intermedia Nakai

多年生草本，高 50-80cm。茎直立，单一，上部多少被蛛丝状白毛。基生叶卵状圆形或肾形，长 8-15cm，宽 10-20cm，先端钝或圆形，基部心形，边缘具三角状尖齿，两面无毛；茎生叶 3，向上渐小；基部叶具长柄，基部扩展呈鞘状，茎生叶具柄，基部鞘状抱茎。头状花序排列成长总状花序；花序下苞片线形，不呈舟状，总苞片 1 层；舌状花 4-6 朵，雌性，黄色；管状花 7-12 朵，两性；花冠管状。瘦果长圆柱形；冠毛刚毛状，污褐色。花期 7-8 月，果期 9 月。

生于山坡草地、林缘、草甸、沟边及沟谷溪流旁。

产地：黑龙江省尚志、宁安、海林，吉林省安图、抚松、延吉、长白、珲春，辽宁省北镇、凌源、桓仁，内蒙古宁城。

分布：中国（黑龙江、吉林、辽宁、内蒙古、河北、山西、陕西、甘肃、安徽、浙江、河南、湖南、湖北、四川、贵州、云南），朝鲜半岛，日本。

824 橐吾 西伯利亚橐吾 北橐吾

Ligularia sibirica (L.) Cass.

多年生草本，高达 1m。茎直立，单一，纤细。基生叶 4-5，卵状心形或三角状心形，长 3-7cm，宽 4-8cm，先端微尖或钝，基部心形，边缘波状，具尖锯齿，两侧裂片大，戟形或箭形；茎生叶 3-4，形同基生叶，基部戟形或截形，上部叶小；基生叶及茎下部叶有长柄，上部叶向上柄渐短，基部扩大成鞘状抱茎。头状花序多数，排列成总状，多集生于茎顶；花序梗长；苞叶狭卵形或披针状卵形；总苞钟形，总

苞片 1 层，披针形；舌状花 10-12 朵，雌性，黄色；管状花多数，两性；花冠管状。瘦果长圆形；冠毛淡黄色。花果期 7-9 月。

生于沼泽地、湿草地、林缘草甸及河边灌丛。

产地：黑龙江省伊春、海林、呼玛、吉林省抚松、珲春、通化、梅河口、集安、靖宇、内蒙古额尔古纳、根河、牙克石、鄂温克旗、阿尔山、科尔沁右翼前旗、扎鲁特旗、翁牛特旗。

分布：中国（黑龙江、吉林、内蒙古、河北、山西、陕西、甘肃、安徽、湖北、湖南、四川、贵州、云南），朝鲜半岛，俄罗斯，哈萨克斯坦。

825　同花母菊
Matricaria matricarioides (Less.) Port. ex Britt.

一年生草本，高 8-25（-30）cm。茎直立或斜升，单一或基部多分枝。基生叶花期枯萎；茎生叶长圆形或倒披针形，

长 3-4（-6）cm，宽 0.5-1.5cm，基部半抱茎，2-3 回羽状全裂，裂片线形，长 1.5-3cm，宽 0.5mm，先端锐尖；茎生叶无柄。头状花序卵形，多数，排列成聚伞状圆锥花序；总苞半球形，总苞片 3-4 层；花同型，花冠管状；花托卵状圆锥形，裸露。瘦果长圆形或长倒卵形，先端斜截形，背面凸起，腹面有 2-3 条白色细肋，两侧各有 1 条红色条纹；冠状冠毛有微齿。花期 7-8 月，果期 9 月。

生于林缘、田间及人家附近。

产地：黑龙江省尚志、密山、虎林，吉林省珲春、安图，辽宁省宽甸、桓仁，内蒙古牙克石。

分布：中国（黑龙江、吉林、辽宁、内蒙古），朝鲜半岛，日本，俄罗斯；中亚，欧洲，北美洲。

826 兴安毛连菜

Picris davurica Fisch. ex Hornem.

二年生草本，高达 1m，全株密被钩状分叉硬毛。茎直立，单一，上部分枝，密被钩状分叉硬毛。基生叶花期枯萎；茎生叶披针形或长圆状披针形，长 8-15（-20）cm，宽 1-4cm，先端钝尖，基部渐狭，边缘有疏齿，中部叶向上渐小，稍抱茎，上部叶全缘；茎生叶无柄。头状花序排列成聚伞花序；苞叶狭披针形；总苞筒状，总苞片 3 层；舌状花淡黄色。瘦果稍弯曲，纺锤形；冠毛 2 层，外层糙毛状，内层长羽毛状。花期 7-9 月，果期 8-10 月。

生于林缘、山坡草地、沟边及灌丛。

产地：黑龙江省哈尔滨、克山、伊春、鹤岗、密山、虎林、萝北、肇东、逊克、安达、饶河、依兰、集贤、绥芬河、东宁、尚志、孙吴、漠河、黑河、塔河、呼玛、宁安，吉林省珲春、和龙、九台、汪清、安图、前郭尔罗斯、抚松、长白、伊通、镇赉、蛟河，辽宁省西丰、新宾、抚顺、沈阳、鞍山、盖州、营口、凌源、北镇、大连、凤城、清原、丹东、岫岩、东港、建平、建昌、彰武、葫芦岛、宽甸、桓仁，内蒙古陈巴尔虎旗、鄂温克旗、鄂伦春旗、新巴尔虎左旗、阿鲁科尔沁旗、巴林右旗、巴林左旗、克什克腾旗、敖汉旗、喀喇沁旗、宁城、翁牛特旗、赤峰、额尔古纳、海拉尔、科尔沁右翼前旗、科尔沁右翼中旗、阿尔山、扎鲁特旗、科尔沁左翼后旗。

分布：中国（黑龙江、吉林、辽宁、内蒙古、河北、山西、陕西、宁夏、甘肃、青海、新疆、山东、江苏、安徽、浙江、福建、河南、湖北、湖南、江西、四川、贵州、云南、西藏、台湾），朝鲜半岛，日本，俄罗斯。

全草入药，有清热、消肿及止痛之功效，主治流感、乳痛及阵痛等症。

菊科 Compositae

827 福王草 盘果菊

Prenanthes tatarinowii Maxim.

多年生草本，高 90-120cm。茎直立，上部分枝。茎下部叶卵状戟形或三角状卵形，先端尖，基部下延至柄，边缘具不整齐齿牙及糙硬毛，两面及背面沿脉被伏毛，中部叶三角状卵形，基部心形或近截形，上部叶片卵状披针形；茎下部叶具长柄，柄上常具 1-2 对耳状或长圆形小叶片，叶柄基部扩展抱茎，茎中上部叶柄短。头状花序排列成圆锥花序；总苞狭圆柱形，总苞片 2-3 层；舌状花黄色。瘦果圆柱形，黄褐色；冠毛淡黄褐色，脱落。花果期 7-9 月。

生于林下、山坡草地、沟谷、溪流旁及路旁。

产地：黑龙江省尚志、宁安、林口、海林、哈尔滨，吉林省吉林、安图、抚松、蛟河、敦化、珲春、临江、和龙、汪清，辽宁省西丰、新宾、抚顺、宽甸、清原、本溪、凤城、岫岩、桓仁。

分布：中国（黑龙江、吉林、辽宁、内蒙古、河北、山西、陕西、甘肃、山东、河南、湖北、四川、云南），朝鲜半岛，俄罗斯。

菊科 Compositae

828 祁州漏芦 漏芦 大花蓟
Rhaponticum uniflorum (L.) DC.

多年生草本，高 20-70cm。茎直立，单一，密被灰白色绒毛。叶羽状深裂至浅裂，裂片 6-10 对，开展或斜上，长圆形，长 2-3cm，边缘具不规则齿牙，两面被白色长柔毛，茎上部叶向上渐小；叶有柄，被绵毛。头状花序大，单生于茎顶，花期直立；总苞半球形，基部凹陷，总苞片多层，先端具干膜质附属物；花淡紫色；花冠管部短，裂片线形，先端厚尖。瘦果倒圆锥形，淡褐色；冠毛刚毛状，棕黄色，带羽状短毛。花期 5-6 月，果期 6-7 月。

生于向阳山坡草地、路边、山地草原、石质干草原及草甸草原。

产地：黑龙江省黑河、呼玛、萝北、密山，吉林省通化、临江、双辽，辽宁省沈阳、建平、丹东、大连、长海、法库、义县、东港、凤城、凌源、北镇、葫芦岛、兴城、瓦房店、宽甸、本溪，内蒙古满洲里、新巴尔虎左旗、赤峰、新巴尔虎右旗、翁牛特旗、通辽、科尔沁右翼前旗、海拉尔、敖汉旗、喀喇沁旗、牙克石、宁城、扎鲁特旗、科尔沁左翼后旗、克什克腾旗、额尔古纳、阿尔山、陈巴尔虎旗、鄂温克旗、巴林右旗。

分布：中国（黑龙江、吉林、辽宁、内蒙古、河北、山西），朝鲜半岛，蒙古，俄罗斯。

花大，可作观赏植物。根入药，有排脓止血之功效，可治恶疮、肠出血及跌打损伤等症，亦用于通乳、驱虫。

829　草地风毛菊　驴耳风毛菊
Saussurea amara DC.

多年生草本，高 25-60cm。茎直立，疏被微毛。基生叶及茎下部叶花期枯萎；茎中部叶卵状披针形或披针形，长7-10cm，宽 2-3cm，先端长渐尖，基部楔形，全缘，上部叶向上渐小，狭披针形至线形；中部叶有柄，上部叶无柄。头状花序多数，排列成伞房状圆锥花序；总苞狭筒形或筒状钟形，总苞片 4-5 层；花淡紫红色，下筒部长于上筒部。瘦果长圆形，褐色；冠毛 2 层，外层糙毛状，极短，内层羽毛状。花期 7-8 月，果期 9 月。

生于荒地、路边、山坡草地、草原、盐碱地、沙丘及水边。

产地：黑龙江省齐齐哈尔、大庆、林甸、双城、密山、虎林、肇源、肇东、哈尔滨、安达、杜尔伯特，吉林省蛟河、临江、安图、和龙、双辽、通榆、扶余、镇赉，辽宁省凌源、建平、新民、沈阳、铁岭、西丰、大连、本溪、桓仁、新宾、北镇、彰武，内蒙古额尔古纳、根河、新巴尔虎右旗、新巴尔虎左旗、海拉尔、满洲里、赤峰、翁牛特旗、科尔沁左翼后旗。

分布：中国（黑龙江、吉林、辽宁、内蒙古、河北、山西、陕西、宁夏、甘肃、青海、新疆），蒙古，俄罗斯；中亚。

菊科 Compositae

830 卵叶风毛菊 大叶风毛菊
Saussurea grandifolia Maxim.

多年生草本，高 40-100cm。茎直立，单一，上部分枝，开展或稍弯曲。基生叶及茎中下部叶广卵形、卵形或三角状卵形，长 7-15cm，宽 4-12cm，先端长锐尖，基部心形、心状戟形或截形，边缘具齿牙状尖锯齿，上部叶向上渐小；基生叶及茎中下部叶具长柄，上部叶具短柄或无柄。头状花序排列成疏伞房花序或圆锥花序；总苞钟形，上部稍缢缩，总苞片 6-9 层；花冠紫红色，下筒部与上筒部近等长。瘦果褐色，稍弯曲；冠毛 2 层，白色，外层糙毛状，内层羽毛状。花期 7-9 月，果期 9-10 月。

生于林缘、沟谷及草地，海拔 200-1100m。

产地：黑龙江省尚志、伊春、哈尔滨，吉林省安图、抚松、珲春、敦化、汪清、蛟河、临江，辽宁省西丰、抚顺、鞍山、庄河、岫岩、本溪、桓仁、宽甸、凤城、清原、沈阳。

分布：中国（黑龙江、吉林、辽宁），朝鲜半岛，俄罗斯。

831 蒙古风毛菊 华北风毛菊
Saussurea mongolica (Franch.) Franch.

多年生草本，高 1m。茎单一，直立，有条棱，无毛，上部分枝，分枝纤细。茎上部叶向上渐小，叶长圆形或披针状长圆形，边缘具粗齿，柄短或近无柄，茎下部及中部叶卵状三角形或卵形，长 11-16cm，宽 6-9cm，基部楔形或心形，上半部边缘具粗齿，下半部羽状深裂，两面被糙短毛，有柄，长 5-8cm；基生叶花期枯萎。头状花序密集成复伞房状，花序梗密被短柔毛；总苞狭筒状钟形，长 11-12mm，宽 5mm，总苞片 5 层，覆瓦状排列，先端长渐尖，常反折，外层披针形，内层线状披针形；花紫红色，长 10-12mm。瘦果稍扁，三棱形，长 5mm，宽 1mm；冠毛 2 层，外层糙毛状，内层羽毛状，淡褐色。花期 7-8 月，果期 8-9 月。

生于山坡草地。

产地：黑龙江省东宁、鸡西、宁安，辽宁省建昌、西丰，内蒙古巴林右旗、喀喇沁旗、科尔沁左翼后旗。

分布：中国（黑龙江、辽宁、内蒙古、河北、山西、陕西、甘肃、青海、山东），朝鲜半岛。

832　齿叶风毛菊
Saussurea neo-serrata Nakai

　　多年生草本，高 30-100cm。茎直立，单一，有狭翼，上部分枝。基生叶及茎下部叶花期枯萎，中部叶密生，质薄，长圆状披针形或椭圆状披针形，长 12-20cm，宽 3-6cm，先端长渐尖，基部狭楔形，下延至柄成翼，上部叶渐小，近全缘；茎中部叶有柄。头状花序多数，密集成伞房花序；总苞筒状钟形，总苞片5-6层；花同型，两性；花冠管状，紫红色，

上筒部与下筒部近等长；花托有膜质托片。瘦果长圆形，褐色；冠毛2层，外层糙毛状，内层羽毛状。花果期 8-10 月。

　　生于落叶松林林缘及林间草甸。

　　产地：黑龙江省呼玛、尚志、伊春、海林、宁安、哈尔滨，吉林省敦化、抚松、安图、汪清，辽宁省沈阳，内蒙古额尔古纳、根河、牙克石、宁城、喀喇沁旗。

　　分布：中国（黑龙江、吉林、辽宁、内蒙古），朝鲜半岛，俄罗斯。

833 羽苞风毛菊 篦苞风毛菊
Saussurea pectinata Bunge

多年生草本，高 40-80cm。茎直立，上部分枝。基生叶及茎下部叶栉齿状羽状深裂至近全裂，侧裂片 8-12 对，长椭圆形、倒卵状长圆形，先端钝，具刺尖，边缘疏具深波状缺刻、浅波状锯齿或羽状分裂，茎上部叶向上渐小，最上部叶披针形，栉齿状羽状深裂至不裂；基生叶及茎下部叶具长柄。头状花序多数，排列成复伞房花序；总苞卵状钟形，总苞片 4-5 层，边缘具多数栉齿状齿；花冠淡紫色，下筒部长于上筒部。瘦果圆柱状，暗黑褐色，弯曲，密被黑色斑点；冠毛 2 层，外层糙毛状，内层羽毛状，污白色。花期 8-9 月，果期 9-10 月。

生于山坡草地、路旁、山坡砾石地及人家附近。

产地：黑龙江省伊春，吉林省长春，辽宁省凌源、建昌、建平、法库、大连、北镇，内蒙古额尔古纳、鄂温克旗、翁牛特旗、巴林右旗、克什克腾旗、牙克石。

分布：中国（黑龙江、吉林、辽宁、内蒙古、河北、山西、陕西、甘肃、山东、河南）。

834 球花风毛菊　美花风毛菊　美丽风毛菊

Saussurea pulchella Fisch. ex DC.

多年生草本，高 40-120cm。茎直立，坚硬，密生叶，上部分枝。基生叶及茎下部叶羽状深裂，裂片线状披针形或披针形，先端尖或钝，全缘或具疏齿，两面微被短毛，密被腺点，常枯萎，茎中部叶形似下部叶，较小，上部叶向上渐小；基生叶及茎下部叶具长柄，中部叶柄较短，上部叶无柄。头状花序多数，排列成伞房花序；总苞球形或球状钟形，总苞片 6-7 层，先端附属物紫色膜质；花粉紫色，下筒部与上筒部近等长。瘦果倒圆锥形，灰白色，被紫褐色斑点；冠毛 2 层，外层糙毛状，内层羽毛状。花期 8-9 月，果期 9-10 月。

生于草原、山坡草地、灌丛、林缘、林下、沟边及路旁，海拔 300-2200m。

产地：黑龙江省密山、虎林、逊克、萝北、饶河、宁安、哈尔滨、肇东、大庆、鸡西、安达、尚志、漠河，吉林省前郭尔罗斯、辉南、抚松、和龙、安图、集安、九台、长春、靖宇、敦化、汪清、珲春、蛟河、临江、通化，辽宁省西丰、法库、鞍山、丹东、新宾、清原、新民、岫岩、庄河、大连、营口、东港、凤城、抚顺、宽甸、桓仁、本溪，内蒙古牙克石、额尔古纳、海拉尔、阿尔山、巴林右旗、鄂伦春旗、新巴尔虎左旗、鄂温克旗、科尔沁右翼前旗、科尔沁右翼中旗、科尔沁左翼后旗。

分布：中国（黑龙江、吉林、辽宁、内蒙古、河北、山西），朝鲜半岛，日本，蒙古，俄罗斯。

835 碱地风毛菊 倒羽叶风毛菊

Saussurea runcinata DC.

多年生草本，高（10-）20-30cm。茎直立，无毛，有分枝。基生叶及茎下部叶倒向羽裂或大头羽裂，顶裂片线形、披针形、卵形或长三角形，先端渐尖、锐尖或钝，全缘或疏具齿牙，侧裂片 4-7 对，线形或长圆状披针形，远离生，不等大，先端锐尖或钝，全缘或疏具齿牙，茎中上部叶向上渐小，不分裂；基生叶及茎下部叶具柄，基部扩大成鞘半抱茎，中上部叶无柄。头状花序排列成伞房花序或复伞房花序；总苞筒状钟形，总苞片 4 层，先端附属物膜质红色；花两性；花冠筒状，紫红色，有腺点；花托托片膜质。瘦果圆柱形，暗褐色；冠毛 2 层，

外层糙毛状，内层羽毛状。花果期 8-9 月。

生于河滩潮湿地、盐碱地、盐渍低地及河边石缝中，海拔 700-1300m。

产地：黑龙江省肇东、肇源、肇州、大庆、林甸、安达、齐齐哈尔，吉林省镇赉，内蒙古海拉尔、满洲里、赤峰、鄂温克旗、陈巴尔虎旗、新巴尔虎左旗、阿鲁科尔沁旗、翁牛特旗、科尔沁左翼后旗、科尔沁右翼中旗。

分布：中国（黑龙江、吉林、内蒙古、河北、山西、陕西、宁夏），蒙古，俄罗斯。

可入药，有清热解毒、祛风之功效，可治咽喉肿痛、流感、麻疹、荨麻疹、风湿痛症及腰腿疼等症。

836　亚毛苞风毛菊　吉林风毛菊

Saussurea subtriangulata Kom.

多年生草本，高 40-80cm。茎直立，单一，上部分枝。叶质薄、卵形、长卵状三角形或正三角形，长 10-16cm，宽 4-6cm，先端渐尖，基部戟状心形或截形，边缘具锐尖齿牙，中部叶长圆状披针形或披针形；基生叶及茎下部叶有柄，中上部叶具短柄或无柄。头状花序少数，排列成总状花序；总苞钟状，总苞片 4-5 层；花冠紫色。瘦果圆筒形，褐色，具暗色斑点；冠毛 2 层，外层糙毛状，内层羽毛状。花果期 7-9 月。

生于林下、林缘及山顶草地。

产地：黑龙江省尚志、哈尔滨、海林、伊春，吉林省敦化、临江、珲春、抚松。

分布：中国（黑龙江、吉林），朝鲜半岛，俄罗斯。

菊科 Compositae

837 笔管草　华北鸦葱　白茎鸦葱
Scorzonera albicaulis Bunge

多年生草本，高（10-）20-80cm，全株密被蛛丝状绵毛，后渐脱落。茎直立，上部分枝。基生叶线形，长达30cm，宽0.5-1（-2）cm，先端渐尖，基部渐狭；茎生叶与基生叶同形，向上渐小；叶有柄，基部扩大成鞘，淡褐色，茎生叶无柄，抱茎。头状花序排成伞房状；总苞狭筒形，总苞片5层；舌状花黄色，背面稍带淡紫色。瘦果黄褐色，圆柱形，先端渐狭成喙，稍弯；冠毛黄褐色。花期5-7月，果期6-9月。

生于山坡林下、灌丛及草丛。

产地：黑龙江省哈尔滨、尚志、北安、萝北、虎林、嫩江、讷河、肇东、肇源、安达、绥芬河、牡丹江、宁安、杜尔伯特、齐齐哈尔、伊春，吉林省安图、通化、白城、辽源、双辽、长春、梅河口、辉南、镇赉、和龙、延吉、汪清、珲春，辽宁省西丰、沈阳、辽阳、盖州、大连、长海、建平、法库、昌图、兴城、凌源、清原、彰武、绥中、北镇、义县、大洼、本溪、桓仁、瓦房店、抚顺，内蒙古额尔古纳、牙克石、根河、陈巴尔虎旗、克什克腾旗、鄂温克旗、海拉尔、科尔沁右翼中旗、通辽、鄂伦春旗、扎赉特旗、科尔沁右翼前旗、科尔沁左翼后旗、巴林右旗、巴林左旗、翁牛特旗、扎鲁特旗、宁城。

分布：中国（黑龙江、吉林、辽宁、内蒙古、河北、山西、陕西、甘肃、山东、江苏、安徽、浙江、湖南、湖北、四川、贵州），朝鲜半岛，蒙古，俄罗斯。

根入药，有清热解毒、消炎及通乳之功效，主治疔毒恶疮、乳痈及外感风热等症。

菊科 Compositae

Scorzonera glabra Rupr.

多年生草本，高 5-30cm。茎直立，无毛。基生叶披针形至广披针形，长 7-20cm，宽 0.7-2（-2.5）cm，先端渐尖或钝尖，基部下延至柄成翼状；茎生叶鳞片状；基生叶有柄，叶柄基部扩大成鞘。头状花序茎生；总苞圆筒状，总苞片 5 层；舌状花黄色，具紫色条纹。瘦果圆柱形，稍弯；冠毛羽毛状，淡黄色，与瘦果近等长。花期 4-5 月，果期 5-6 月。

生于山坡草地、河滩地，海拔 400-2000m。

产地：黑龙江省哈尔滨、尚志、安达、宁安、泰来、龙江、吉林省长春、双辽、通榆，辽宁省本溪、大连、沈阳、凤城、新宾、新民、丹东、北镇、西丰、昌图、法库、东港、盖州、铁岭、凌源、桓仁、清原、庄河、抚顺、内蒙古海拉尔、满洲里、阿尔山、扎赉特旗、牙克石、陈巴尔虎旗、新巴尔虎左旗、新巴尔虎右旗、额尔古纳、鄂温克旗、扎鲁特旗、科尔沁右翼前旗、科尔沁右翼中旗、乌兰浩特、阿鲁科尔沁旗、巴林左旗、巴林右旗、翁牛特旗、科尔沁左翼后旗。

分布：中国（黑龙江、吉林、辽宁、内蒙古、河北、山西、陕西、宁夏、甘肃、新疆、山东、安徽、河南），朝鲜半岛、蒙古，俄罗斯，哈萨克斯坦，土耳其；欧洲。

菊科 Compositae

839 东北鸦葱

Scorzonera manshurica Nakai

多年生草本，高 4-20（-30）cm。茎直立，初被丛卷毛或绵毛，后渐脱落。基生叶线形或线状披针形，长 7-20（-30）cm，宽 2-10（-15）mm，先端锐尖或钝尖，基部下延至柄成翼，边缘常折叠；基生叶有柄，基部鞘状，幼时里面被卷毛或绵毛，后渐脱落。头状花序顶生；总苞圆筒形，稍带紫色，总苞片 3-4 层；舌状花黄色，背部具紫色条纹。瘦果圆柱状，稍弯，无毛或仅先端被柔毛；冠毛羽毛状，白色或污黄色，与瘦果近等长。花期 4-5 月，果期 5-6 月。

生于干山坡、石砾地、沙丘及草原，海拔 900m 以下。

产地：黑龙江省安达、肇东、黑河、五大连池、萝北、五常，辽宁省新宾、抚顺、沈阳、盖州、东港、北镇、桓仁、西丰、大连、凤城、丹东，内蒙古满洲里、海拉尔、科尔沁右翼前旗、阿尔山、乌兰浩特、通辽。

分布：中国（黑龙江、辽宁、内蒙古）。

840　狭叶鸦葱　毛梗鸦葱

Scorzonera radiata Fisch.

多年生草本，高 15-30（-50）cm。茎单一或丛生，微被蛛丝状绵毛。基生叶莲座状，线性、线状披针形或线状倒披针形，先端渐尖，基部渐狭，两面无毛或微被蛛丝状绵毛；茎生叶 1-3，线形或披针形；基生叶有柄，茎生叶无柄。头状花序大，单生；总苞圆筒状，总苞片 5 层；舌状花淡黄色。瘦果长圆形，紫褐色，稍弯曲；冠毛羽毛状，不等长，污黄色。花果期 5-7 月。

生于山坡林缘、林下、草地及河滩砾石地。

产地：黑龙江省伊春、呼玛、五大连池、五常、肇东、萝北、嘉荫、黑河、安达、齐齐哈尔，吉林省临江、通化、柳河、辉南、集安、抚松、靖宇、长白，辽宁省大连、长海、法库、铁岭，内蒙古海拉尔、根河、牙克石、阿荣旗、阿尔山、鄂伦春旗、额尔古纳、科尔沁右翼前旗、乌兰浩特。

分布：中国（黑龙江、吉林、辽宁、内蒙古、新疆），蒙古，俄罗斯。

菊科 Compositae

841 羽叶千里光　额河千里光　大蓬蒿

Senecio argunensis Turcz.

多年生草本，高 60-150cm。茎直立，单一，疏被蛛丝状毛或无毛。基生叶及茎下部叶花期枯萎；茎生叶多数，较密集，卵状长圆形或长圆形，长 8-10（-15）cm，宽 4-6cm，羽状深裂，裂片线形或狭披针形，先端尖，侧裂片 6 对，最上部叶线形；茎生叶无柄。头状花序多数，排列成伞房状，花序梗密被白色蛛丝状绵毛；总苞半球形，基部有小苞片，线形，总苞片 1 层；舌状花雌性，深黄色；管状花多数，两性，黄色；花冠管状钟形。瘦果长圆形，无毛，有肋；冠毛糙毛状，污白色。花期 8-9 月，果期 9-10 月。

生于灌丛、林缘、山坡草地、河边及荒地。

产地：黑龙江省尚志、宁安、密山、虎林、萝北、呼玛、逊克、友谊、东宁、大庆、肇东、双城、哈尔滨、安达，吉林省抚松、蛟河、吉林、安图、临江、梅河口、永吉、东丰、汪清、珲春，辽宁省新民、清原、沈阳、凤城、桓仁、宽甸、本溪、鞍山、庄河、西丰、营口、建昌、凌源、岫岩、抚顺，内蒙古巴林右旗、翁牛特旗、宁城、阿荣旗、科尔沁右翼中旗、科尔沁左翼后旗、额尔古纳、扎兰屯、牙克石、莫力达瓦达斡尔旗。

分布：中国（黑龙江、吉林、辽宁、内蒙古、河北、山西、陕西、甘肃、青海、湖北、四川），朝鲜半岛，日本，蒙古，俄罗斯。

842 麻叶千里光 宽叶返魂草

Senecio cannabifolius Less.

多年生草本，高80-150cm。茎直立，单一。基生叶及茎下部叶花期枯萎；茎中部叶羽状分裂，基部有叶耳，侧裂片2-3对，长圆状披针形，先端渐尖，边缘具锯齿，上部叶向上渐小，3裂；中部叶有柄，上部叶具短柄。头状花序多数，密集成复伞房状；总苞圆柱形，基部有小苞片，总苞片1层；舌状花5-7朵，雌性，黄色；管状花多数，两性；花冠管状钟形。瘦果圆柱形，先端截形，基部渐狭；冠毛污黄色。花果期7-9月。

生于林缘、河边及草甸。

产地：黑龙江省伊春、尚志、呼玛、东宁、宁安、海林、五常、密山、林甸、桦川，吉林省安图、蛟河、抚松、敦化、靖宇、长白、汪清，内蒙古额尔古纳、牙克石、鄂伦春旗、科尔沁右翼前旗。

分布：中国（黑龙江、吉林、内蒙古），朝鲜半岛，日本，俄罗斯。

全草入药，临床用返魂草注射液治疗肺源性心脏病、慢性支气管炎及急性感染等症。

843 黄菀 林荫千里光

Senecio nemorensis L.

多年生草本，高45-100cm。茎直立，下部有时带红色，上部分枝。茎生叶及茎下部叶花期枯萎，中部叶卵状长圆形或卵状披针形，长5-15cm，宽1-5cm，先端渐尖，基部楔形，边缘具齿，上部叶向上渐小；茎中部叶具短柄，上部叶无柄。头状花序多数，排列成圆锥花序；总苞广钟形，基部具线形小苞片，总苞片1层，广披针形；舌状花8-10朵，雌性，黄色；管状花多数，两性，黄色；花冠管状钟形。瘦果圆柱形，具纵肋；冠毛糙毛状，污白色，不等长。花果期7-10月。

生于林中开旷处、草地及溪边。

产地：黑龙江省呼玛、五大连池、伊春、海林，吉林省安图、抚松、长白、靖宇，内蒙古根河、克什克腾旗、巴林右旗、宁城、敖汉旗、翁牛特旗、喀喇沁旗、阿鲁科尔沁旗、额尔古纳、赤峰、鄂伦春旗、科尔沁右翼前旗、牙克石、阿尔山、扎赉特旗、突泉。

分布：中国（黑龙江、吉林、内蒙古、河北、山西、陕西、甘肃、新疆、山东、安徽、浙江、福建、湖北、江西、湖南、四川、贵州、台湾），朝鲜半岛，日本，蒙古，俄罗斯，哈萨克斯坦；欧洲。

全草入药，有清热解毒、凉血及消肿之功效，主治热痢、结膜炎、肝炎及痈疖疔毒等症。

844　欧洲千里光

Senecio vulgaris L.

一年生草本，高 9-50cm。茎直立，多分枝，多少被蛛丝状毛或近无毛。基生叶及茎下部叶匙形，长 1.5-9cm，宽 0.4-2cm，先端钝，基部渐狭成柄，边缘具齿牙，花期枯萎；茎中部及上部叶长圆形或披针形，长 2-10cm，宽 0.3-4cm，先端钝，基部耳状抱茎，边缘弯波状，羽状浅裂至深裂，侧裂片 3-4 对，边缘具不等大齿牙。头状花序多数，排列成伞房状；总苞钟状，总苞片多数；无舌状花；管状花多数，两性；

花冠黄色。瘦果圆柱形，具纵沟，被毛；冠毛糙毛状，白色，易脱落，花后伸长。花果期 5-8 月。

生于山坡草地、路旁，海拔 300-2300m。

产地：黑龙江省呼玛、密山、虎林、萝北，吉林省珲春、图们，辽宁省本溪、宽甸、桓仁、大连、法库、岫岩、长海、沈阳，内蒙古牙克石、根河、额尔古纳。

分布：中国（黑龙江、吉林、辽宁、内蒙古、河北、山西、陕西、新疆、山东、江苏、浙江、福建、湖北、湖南、四川、贵州、云南、西藏、台湾）；欧洲。

可入药，有清热解毒之功效。

845 伪泥胡菜
Serratula coronata L.

多年生草本，高50-150cm。茎直立，有时带紫色，上部分枝。叶羽状深裂，顶裂片较大，侧裂片3-8对，长圆状披针形，长5-20cm，宽0.5-3.5cm，先端尖，基部下延，边缘有锯齿或大锯齿；茎下部叶有长柄，向上渐短，最上部叶无柄。头状花序生于枝端；总苞广钟形，基部圆形，上部不缢缩，被褐色绒毛，总苞片7-8层；花异形，边花雌性，花冠紫色，管状；中央花两性，花冠管状。瘦果长圆形，黄褐色；冠毛多层，糙毛状。花期8-9月，果期9-10月。

生于山坡草地、林下、林缘、草原、草甸及河边。

产地：黑龙江省塔河、五大连池、饶河、嫩江、密山、虎林、萝北、伊春、宁安、哈尔滨、呼玛、绥芬河、鸡西、孙吴、齐齐哈尔、吉林省和龙、安图、汪清、珲春、吉林、蛟河、辽宁省西丰、鞍山、凌源、庄河、沈阳、内蒙古根河、牙克石、额尔古纳、陈巴尔虎旗、科尔沁右翼中旗、科尔沁右翼前旗、阿尔山、翁牛特旗、科尔沁左翼后旗、鄂温克旗、阿鲁科尔沁旗、巴林右旗、克什克腾旗、喀喇沁旗、新巴尔虎左旗。

分布：中国（黑龙江、吉林、辽宁、内蒙古、河北、山西、陕西、甘肃、新疆、山东、江苏、安徽、湖北、贵州），日本，蒙古，俄罗斯；中亚、欧洲。

根入药，有解毒透疹之功效，可治麻疹初期透发不畅、风疹瘙痒等症。

菊科 Compositae

846 钟苞麻花头

Serratula cupuliformis Nakai et Kitag.

多年生草本，高 60-80cm。茎直立，不分枝或上部少分枝。叶椭圆形或广倒披针形，长 6-13cm，宽 2-5cm，先端渐尖或稍钝，基部楔形，边缘具不整齐齿牙及缘毛，齿端具刺尖，两面被糙毛；基生叶及茎下部叶具柄。头状花序少数；总苞膨大成壳斗状，上部稍缢缩，基部平或微凹，总苞片 10 余层；花同型；花冠紫红色，管状，下筒部与上筒部近等长。瘦果长圆状倒卵形；冠毛多层，带褐色，糙毛状。花果期 6-7 月。

生于山坡草地、林间草地、路旁及河边。

产地：黑龙江省哈尔滨，吉林省通化，辽宁省西丰、凌源、本溪、桓仁、喀左。

分布：中国（黑龙江、吉林、辽宁、河北、山西、陕西）。

847 多花麻花头
Serratula polycephala Iljin

多年生草本，高 40-80cm。茎直立，圆柱形，上部分枝。基生叶羽状深裂、羽状浅裂、缺刻状羽裂或全缘，两面被糙毛，边缘齿端具刺尖，花期常枯萎；茎生叶羽状全裂或深裂，侧裂片 2-10 对，卵状线形或长圆状线形，先端钝或渐尖，全缘，最上部叶全缘或稍具齿；叶具长柄或几无柄。头状花序多数，直立，生于枝端；总苞狭筒状钟形或狭筒形，上部稍缢缩，基部稍膨大，楔形，总苞片 7 层；花同型，两性；花冠紫色，管状，下筒部与上筒部近等长。瘦果倒圆锥形，苍白黄色；冠毛多层，带褐色，糙毛状。花果期 7-9 月。

生于山坡草地、路旁及田间，海拔 600-2000m。

产地：黑龙江省安达，吉林省通榆，辽宁省凌源、建平、喀左、阜新、北镇、沈阳、法库、大连、彰武，内蒙古宁城、赤峰、陈巴尔虎旗、新巴尔虎左旗、海拉尔、科尔沁右翼前旗、巴林右旗、喀喇沁旗。

分布：中国（黑龙江、吉林、辽宁、内蒙古、河北、山西）。

菊科 Compositae

Siegesbeckia glabrescens Makino

一年生草本，高 50cm。茎直立，细弱，被短伏柔毛，上部分枝。叶对生，茎下部叶花期枯萎，中部叶卵形或三角状卵形，长 2.5-6cm，宽 2-5cm，先端长渐尖，基部广楔形或近截形，下延至柄成翼，边缘具粗齿，两面密被伏柔毛，基出 3 脉；茎中部叶具短柄。头状花序于枝端排列成疏伞形圆锥花序；花序梗细，密被短伏柔毛；总苞半球形或钟形，总苞片 2 层，密被绒毛，外层 4-5，线状匙形，内层倒卵状长圆形；舌状花 1 层，雌性，黄色；管状花多数，两性；花托托片倒卵状长圆形。瘦果倒卵状楔形，4 棱，稍弯，黑褐色。花果期 6-10 月。

生于田间、路旁及灌丛。

产地：吉林省通化、辉南，辽宁省庄河、岫岩、本溪、桓仁、宽甸、凤城、大连、长海、沈阳、新宾。

分布：中国（吉林、辽宁、安徽、浙江、福建、河南、湖北、湖南、江西、广东、四川、云南、台湾），朝鲜半岛，日本，俄罗斯。

849 毛豨莶 腺梗豨莶

Siegesbeckia pubescens (Makino) Makino

一年生草本，高达 1m。茎粗壮，直立，绿色，有时带紫红色，密被开展白色长柔毛，上部毛更密，并混有腺毛。叶对生，广卵形、卵形或菱状卵形，长 6-15cm，宽 3.5-10cm，先端长渐尖，基部截形或广楔形，下延至柄成翼，边缘具不整齐粗锯齿，两面密被伏毛，背面沿脉毛更密，茎上部叶向上渐小；叶有柄，上部叶柄短。头状花序生于枝端，集生为伞形圆锥花序；花序梗细，密被开展的白色长柔毛及腺毛或无腺毛；总苞密被腺毛，总苞片 2 层；舌状花 1 层，雌性；管状花多数，两性；花冠管下部密被毛及腺点；花托平，托片叶状倒披针形。瘦果长圆状倒卵形，先端平截，稍内弯。花期 6-8 月，果期 8-10 月。

生于山坡草地、路旁、田边及沟边。

产地：黑龙江省虎林、尚志、密山、哈尔滨，吉林省安图、抚松、和龙、吉林、通化、柳河、梅河口、辉南、集安、靖宇、长白，辽宁省西丰、清原、沈阳、鞍山、抚顺、庄河、瓦房店、大连、普兰店、北镇、岫岩、宽甸、本溪、桓仁、凤城、阜新、建昌、凌源，内蒙古科尔沁左翼后旗、敖汉旗。

分布：中国（黑龙江、吉林、辽宁、内蒙古、河北、山西、陕西、甘肃、青海、山东、江苏、安徽、浙江、福建、河南、湖北、湖南、江西、广西、四川、云南、西藏），朝鲜半岛、日本，俄罗斯。

菊科 Compositae

850 水飞蓟
Silybum marianum (L.) Gaertn.

一年生或二年生草本，高达 1.5m。茎直立，多分枝，被白粉。叶质薄，基生叶莲座状，羽状浅裂至全裂，两面绿色，具白色斑点，边缘或裂片边缘及先端具硬针刺；茎中上部叶向上渐小，羽状浅裂或边缘波状齿裂，先端尾状渐尖，基部心形半抱茎；基生叶及茎下部叶有柄，上部叶无柄。头状花序较大，多数，下垂；总苞球形或卵球形，总苞片革质，6层；

花同型，两性；花冠红紫色，管状。瘦果椭圆形或倒卵形，有线状褐斑，先端喙全缘；冠毛多层，糙毛状，白色，基部联合成环。花果期 7-8 月。

东北地区常有栽培。

产地：各地有栽培。

分布：现中国各地有栽培，原产地中海地区。

可作观赏植物。果实、叶及根入药，有清热、解毒及保肝利胆之功效。

851 兴安一枝黄花 兴安一枝蒿

Solidago virgaurea L. var. **dahurica** Kitag.

多年生草本，高达1m。茎直立，不分枝，下部常带暗紫色。茎下部叶椭圆状披针形或卵状披针形，长6-7cm，宽3-4cm，先端长渐尖，基部楔形，下延至柄成翼，边缘基部全缘，中下部具尖锯齿，上部叶向上渐小，卵形，先端长渐尖，基部狭楔形；茎下部叶有长柄，上部叶近无柄。头状花序多数，排列成密圆锥花序；总苞片3层；舌状花1层，黄色；管状花多数，黄色，先端5齿裂。瘦果长圆形，上部或仅顶端疏被短毛；冠毛1层，白色，羽毛状。花期8-9月，果期9-10月。

生于林缘、路旁及灌丛。

产地：黑龙江省伊春、饶河、勃利、漠河、海林、黑河、呼玛、嘉荫、鸡东、绥芬河、塔河、尚志、虎林、密山，吉林省敦化、临江、通化、梅河口、长白、辉南、蛟河、和龙、安图、抚松、靖宇、集安、汪清、辽宁省本溪、凤城、沈阳、宽甸、桓仁、丹东、内蒙古科尔沁右翼前旗、克什克腾旗、额尔古纳、鄂伦春旗、阿尔山。

分布：中国（黑龙江、吉林、辽宁、内蒙古、河北、山西、新疆），蒙古，俄罗斯；中亚。

可作蜜源植物。全草入药，可治肾炎、膀胱炎等症。

852 苣荬菜 长裂苦苣菜

Sonchus brachyotus DC.

多年生草本，高25-90cm。茎直立，单一，无毛。基生叶及茎最下部叶花期枯萎；茎中下部叶倒披针形或长圆状倒披针形，长10-20cm，宽2-5cm，先端小刺尖，基部渐狭稍扩大，半抱茎，全缘，具睫状刺毛或边缘波状弯缺至羽状浅裂，上部叶渐小，基部稍呈耳状抱茎。头状花序排列成聚伞花序；总苞钟状，总苞片3-4层；舌状花多数，黄色。瘦果稍扁，长圆形；冠毛白色。花果期6-9月。

生于田间、荒地、路旁、河滩、湿草甸及山坡草地，海拔300-2300m。

产地：黑龙江省哈尔滨、尚志、饶河、密山、萝北、虎林、伊春、安达、肇东、肇源、大庆，吉林省吉林、长春、通榆、珲春、安图、和龙、临江、抚松，辽宁省西丰、清原、凌源、新宾、彰武、葫芦岛、抚顺、沈阳、鞍山、凤城、庄河、岫岩、营口、建平、本溪、桓仁、内蒙古赤峰、阿鲁科尔沁旗、巴林右旗、海拉尔、扎鲁特旗、翁牛特旗、新巴尔虎右旗、科尔沁右翼前旗、科尔沁右翼中旗。

分布：中国（黑龙江、吉林、辽宁、内蒙古、河北、山西、陕西、山东），朝鲜半岛，日本，蒙古，俄罗斯。

嫩茎叶作野菜食用。全草及花入药。

853　兔儿伞
Syneilesis aconitifolia (Bunge) Maxim.

多年生草本，高 70-120cm。茎直立，单一，上部带紫褐色，幼叶反卷折叠如破伞。基生叶 1，盾状圆形，径 8-10cm，掌状 7-9 全裂，裂片再 1-3 次叉状深裂，小裂片宽线形，宽 4-9mm，先端锐尖，边缘具不整齐锯齿，背面疏被白色短毛；茎生叶较小，形同基生叶，最上部叶线状披针形，全缘；基生叶具长柄，茎生叶柄短至近无柄。头状花序多数，排列成密伞房状；苞叶线形；总苞圆筒形，紫褐色，总苞片 1 层；花 8-10 朵；花冠细管状钟形，白色，先端粉红色。瘦果长圆状筒形，褐色，有条肋；冠毛淡褐色或污白色，稍粗糙。花期 7-8 月，果期 8-9 月。

生于山坡草地、林缘、荒地及路旁，海拔 500-1800m。

产地：黑龙江省萝北、密山、尚志、黑河、依兰、集贤、哈尔滨、大庆、宁安、呼玛、虎林、安达，吉林省汪清、永吉、长春、大安、九台、吉林、抚松，辽宁省本溪、抚顺、东港、义县、葫芦岛、北镇、法库、建平、喀左、清原、兴城、丹东、桓仁、大连、庄河、瓦房店、长海、鞍山、绥中、凌源、阜新、沈阳、铁岭，内蒙古牙克石、扎兰屯、鄂伦春旗、喀喇沁旗、额尔古纳、宁城、扎鲁特旗。

分布：中国（黑龙江、吉林、辽宁、内蒙古、河北、山西、陕西、甘肃、山东、江苏、安徽、浙江、福建、河南、湖北、湖南、江西、贵州、台湾），朝鲜半岛，俄罗斯。

根及全草入药，有祛风湿、舒筋活血及消肿止痛之功效，可治风湿麻木、腰腿疼、关节疼痛、经血不调、痛经及跌打损伤等症。

菊科 Compositae

山牛蒡

Synurus deltoides (Ait.) Nakai

多年生草本，高 40-100cm。茎直立，单一，带紫色，上部被疏柔毛，少分枝，分枝上升或开展。基生叶及茎下部叶卵形、卵状长圆形或三角形，长 10-22cm，宽 9-18cm，先端渐尖或急尖，基部近截形或心形，边缘具不规则缺刻状齿牙，表面被短毛，背面密被灰白色绵毛，茎上部叶向上渐小；基生叶及茎下部叶有长柄。头状花序大，单生于茎顶或枝端，花期下垂；总苞钟形或球形，总苞片多层；花同型，两性；花冠红紫色，管状。瘦果长椭圆形，先端截形，有喙，喙边缘具细齿；冠毛多层，淡褐色，糙毛状，基部联合成环。花果期 8-9 月。

生于山坡草地、林下，海拔 550-2200m。

产地：黑龙江省哈尔滨、鸡东、东宁、呼玛、虎林、饶河、伊春、萝北、密山、尚志、勃利、黑河、绥芬河，吉林省临江、抚松、安图、和龙、敦化、汪清、蛟河，辽宁省沈阳、西丰、凌源、清原、桓仁、本溪、宽甸、抚顺、北镇、鞍山、开原、朝阳、丹东、普兰店、庄河，内蒙古阿尔山、阿鲁科尔沁旗、克什克腾旗、巴林左旗、巴林右旗、喀喇沁旗、根河、额尔古纳、牙克石、陈巴尔虎旗、鄂温克旗、扎鲁特旗、宁城、新巴尔虎左旗。

分布：中国（黑龙江、吉林、辽宁、内蒙古、河北、陕西、甘肃、山东、安徽、浙江、河南、湖南、湖北、江西、四川、云南），朝鲜半岛，日本，蒙古，俄罗斯。

855 万寿菊

Tagetes erecta L.

一年生草本，高 50-100cm。茎直立，粗壮，分枝向上平展。叶羽状分裂，长 5-10cm，宽 4-8cm，裂片长椭圆状披针形或披针形，边缘具锐锯齿，上部叶裂片的齿端有细长芒，沿叶缘有少数腺体。头状花序单生，花序枝先端膨大成棍棒状；总苞杯状，总苞片 1 层，合生，先端具齿；舌状花雌性，黄色或橙黄色；管状花两性，黄色，先端 5 齿裂。瘦果线形，黑色，被微毛；冠毛有 1-2 长芒和 2-3 短而钝的鳞片。花果期 6-9 月。

东北地区广泛栽培。

产地：各地广泛栽培。

分布：现中国各地广泛栽培，原产墨西哥。

为夏季常见观赏花草。

菊科 Compositae

Tanacetum vulgare L.

多年生草本，高 15-30cm，植株疏被毛。茎直立，单一或簇生，仅上部分枝。基生叶花期枯萎；茎下部叶长圆形或长圆状卵形，长 25cm，宽 7-10cm，二回羽状全裂，中裂片长圆形或线状长圆形，全缘或有浅齿，羽轴栉齿状，中上部叶羽状全裂，裂片线状披针形，全缘；茎下部叶有柄，中部叶具短柄或无柄，基部有 1 对羽状分裂小裂片。头状花序多数，密集成伞房花序或复伞房花序；总苞片 3-4 层；边花 1 层，雌性，花冠管状；中央花多数，两性，花冠管状。瘦果圆柱形，黑褐色，具 5-7 条纵肋；冠状冠毛短环状，先端不整齐分裂。花果期 7-10 月。

生于山坡草地、河滩及桦木林下，海拔 250-2400m。

产地：黑龙江省尚志、富锦、漠河、呼玛，内蒙古鄂伦春旗、额尔古纳、新巴尔虎左旗、牙克石。

分布：中国（黑龙江、内蒙古、新疆），朝鲜半岛，日本，蒙古，俄罗斯，土耳其；中亚，非洲，欧洲。

茎及花含杀虫物质，可作杀虫剂。

857 东北蒲公英
Taraxacum ohwianum Kitam.

多年生草本。叶倒披针形，长 10-20cm，不规则羽状浅裂至深裂，顶裂片菱状三角形或三角形，侧裂片靠近或稍疏生，三角形或长三角形，先端锐尖或渐尖，全缘或边缘疏生齿，两面疏被短柔毛或无毛。花葶多数，花期超出叶或与叶近等长，头状花序下密被白色蛛丝状毛；总苞片 3 层，外层花期直立，广卵形，先端锐尖或稍钝，背部先端无角状突起，具稍肥厚胼胝体，暗紫色，内层线状披针形，先端钝，无角状突起；舌状花黄色，外层舌片背部暗黑色。瘦果长椭圆形，麦秆黄色，先端具刺状突起，向下部近平滑，喙长约 10mm；冠毛污白色。花果期 4-5 月。

生于山坡草地、路旁。

产地：黑龙江省哈尔滨、大庆、安达、齐齐哈尔、伊春，吉林省长春、临江、延吉、通化、柳河、梅河口、辉南、集安、抚松、靖宇、长白、安图，辽宁省西丰、新宾、沈阳、鞍山、建平、凌源、义县、抚顺、凤城、桓仁、丹东、大连、铁岭、本溪，内蒙古阿尔山、额尔古纳、海拉尔、科尔沁右翼前旗、科尔沁右翼中旗。

分布：中国（黑龙江、吉林、辽宁、内蒙古），朝鲜半岛，俄罗斯。

菊科 Compositae

858 红轮狗舌草　红轮千里光

Tephroseris flammea (Turcz. ex DC.) Holub

多年生草本，高 30-70cm。茎直立，单一，上部被白色蛛丝状绵毛。基生叶花期枯萎；茎下部叶长圆形，长 6-13cm，宽 2-5cm，先端钝，基部渐狭下延至柄成翼，半抱茎，边缘具波状尖齿，两面被短柔毛，中部叶卵状披针形，基部抱茎，上部叶向上渐小，线形。头状花序，排列成伞房花序；总苞钟状，暗紫色，总苞片 1 层，基部被蛛丝状毛；舌状花 1 层，雌性，紫红色或橙红色；管状花多数，两性；花冠黄色，稍带紫色，花冠管状；花托凸起。瘦果圆柱形，被短硬毛；冠毛糙毛状，污白色。花果期 6-9 月。

生于山地草原、林缘，海拔 1200-2100m。

产地：黑龙江省哈尔滨、密山、虎林、萝北、尚志、呼玛、孙吴、伊春、宁安、绥芬河，吉林省珲春、汪清、安图、通化，辽宁省宽甸、丹东、西丰、清原、凤城，内蒙古额尔古纳、根河、扎兰屯、鄂伦春旗、牙克石、宁城、喀喇沁旗、阿尔山、科尔沁右翼前旗、扎赉特旗。

分布：中国（黑龙江、吉林、辽宁、内蒙古、山西、陕西、宁夏、甘肃），朝鲜半岛，日本，蒙古，俄罗斯。

被子植物门 ｜ 861

859 长白狗舌草
Tephroseris phaeantha (Nakai) C. Jeffrey et Y. L. Chen

多年生草本，高20-30cm。茎直立，单一。基生叶莲座状，卵状长圆形或卵状披针形，长6-15cm，宽2-4cm，先端钝，基部楔形，边缘具不规则波状齿，两面被白色或褐色短毛及蛛丝状毛；茎下部叶卵状长圆形，上部叶向上渐小，披针形；基生叶具狭翼状短柄，茎下部叶具翼状柄，上部叶近无柄。

头状花序2-7，排列成伞房花序；总苞钟状，基部无小苞片，总苞片1层，暗紫色；舌状花11-13朵，雌性，黄色，稍带褐色；管状花多数，两性，带紫色或黄紫色。瘦果狭长圆形，红褐色；冠毛糙毛状，白色，易脱落。花果期6-8月。

生于多石质山坡，海拔2000-2500m（长白山）。
产地：吉林省安图、抚松，辽宁省宽甸。
分布：中国（吉林、辽宁），朝鲜半岛。
根及全草入药，有清热、利水及活血消肿之功效。

菊科 Compositae

860 东北三肋果 褐苞三肋果

Tripleurospermum tetragonospermum (Fr. Schmidt) Pobed.

一年生草本，高 15-50cm。茎直立，基部分枝。基生叶花期枯萎；茎中下部叶长圆状倒披针形或长圆形，长 6-15cm，宽 2-4cm，基部常宽展抱茎，2-3 回羽状全裂，裂片丝状线形，终裂片先端锐尖，两面无毛或疏被柔毛，上部叶渐小；茎中下部叶近无柄。头状花序单生于枝端；总苞扁球形，总苞片 3-4 层，膜质；舌状花 1 层，雌性，白色；管状

花多数，两性，黄色；花冠管状；花托球状圆锥形。瘦果长圆状三棱形，褐色，基部狭，先端截形，腹面有 3 条肋，背部近先端有红褐色腺体 2；冠状冠毛白色膜质，先端截形，近全缘。花期 6-7 月，果期 7-9 月。

生于河边沙地、路旁。

产地：黑龙江省密山、萝北、虎林、哈尔滨、伊春、富裕、佳木斯、黑河，吉林省磐石、梨树、洮南、吉林，辽宁省沈阳、丹东、长海。

分布：中国（黑龙江、吉林、辽宁），日本，俄罗斯。

菊科 Compositae

Turczaninowia fastigiata (Fisch.) DC.

多年生草本，高 30-100cm。茎直立，坚硬，上部分枝，密被短柔毛。茎下部叶花期枯萎，中上部叶向上渐小，披针形至线形，长 1.5-4.5cm，宽 2-7mm，先端尖，基部渐狭，全缘或边缘稍具微齿，粗糙，反卷，表面无毛，背面密被短柔毛，具脉 1-3；叶无柄。头状花序多数，密集成伞房状；总苞筒状钟形，总苞片 4 层，密被短柔毛；舌状花 1 层，白色；管状花多数，先端 5 裂，裂片反卷。瘦果长圆形，先端圆，基部狭，密被短毛，后渐脱落；冠毛糙毛状。花期 8-9 月，果期 9-10 月。

生于荒地、山坡及路旁。

产地：黑龙江省哈尔滨、饶河、密山、虎林、克山、肇东、肇源、萝北、大庆、黑河、齐齐哈尔、鸡东、安达，吉林省抚松、吉林、安图、前郭尔罗斯、镇赉、和龙、延吉、汪清、珲春、辽宁省法库、西丰、辽阳、海城、鞍山、营口、普兰店、彰武、凌海、葫芦岛、丹东、凤城、庄河、长海、瓦房店、大连，内蒙古科尔沁右翼前旗、科尔沁右翼中旗、扎赉特旗、扎兰屯、扎鲁特旗、科尔沁左翼后旗、阿鲁科尔沁旗、鄂伦春旗、敖汉旗、翁牛特旗。

分布：中国（黑龙江、吉林、辽宁、内蒙古、河北、山西、陕西、山东、江苏、安徽、浙江、河南、湖北、湖南、江西），朝鲜半岛，日本，俄罗斯。

可入药，有和中、利尿及温肺化痰之功效，主治咳嗽气喘、肠鸣腹泻、痢疾及小便短涩等症。

862 苍耳 老苍子

Xanthium sibiricum Patrin ex Widder

一年生草本，高达 1m，全株被白色短糙伏毛。茎直立，粗壮，具棱，带黑紫色斑点。茎生叶互生，三角状广卵形或心形，长 4-9cm，宽 5-9cm，先端尖或钝，基部心形或近截形，稍下延，全缘或边缘为 3-5 不明显浅裂或具不整齐的齿，基出 3 脉，两面粗糙，被短糙毛；叶具长柄。花异型，雌雄同株；雄头状花序生于茎顶和枝端，球形或卵形，总苞片长圆状披针形，被短柔毛，花托托片披针形或匙形，雄花多数，黄绿色，不结实；雌花序生于雄花序下部，卵形，总苞片 2 层，外层较短，被柔毛，内层结合成囊状，成熟时坚硬，绿色或黄绿色，先端具 1-2 喙，被钩状刺，无花冠，结实。瘦果 1-2，椭圆形，黑灰色，扁平，先端具小刺尖。花期 7-8 月，果期 9-10 月。

生于荒地、路旁及田间。

产地：黑龙江省哈尔滨、杜尔伯特、安达、富裕、尚志、齐齐哈尔、密山，吉林省临江、抚松、安图、和龙，辽宁省抚顺、沈阳、清原、西丰、庄河、营口、普兰店、宽甸、桓仁、彰武、葫芦岛，内蒙古科尔沁右翼前旗、海拉尔、扎鲁特旗、赤峰。

分布：中国（全国广布），朝鲜半岛，日本，俄罗斯，伊朗，印度；中亚。

嫩株可作饲料。种子可榨油，也可作为制造油墨、肥皂及油毡的原料，又可制硬化油及润滑油。果实、根、茎及叶入药，果实治鼻窦炎效果最佳。

863　泽泻

Alisma orientale (Sam.) Juz.

多年生草本。叶基生，卵形或椭圆形，长 3-18cm，宽 1-9cm，先端短尖、锐尖或凸尖，基部心形或圆形；自深水中萌发的幼苗，有时其不能伸出水面的叶、叶柄与叶片不分化，微扁，线形，较柔软，褐绿色；叶有长柄，基部鞘状。花葶直立，花轮生呈伞状，再集生成大型圆锥花序；花被片 6，外轮 3，萼片状，广卵形，内轮 3，花瓣状，白色；雄蕊 6，心皮多数，轮生；花柱弯曲。瘦果侧扁，背部有 1-2 浅沟，花柱宿存。花期 7 月下旬至 8 月，果期 8-9 月。

生于水沟、沼泽。

产地：黑龙江省北安、呼玛、齐齐哈尔、安达、伊春、哈尔滨、虎林、密山、萝北，吉林省白城、吉林、蛟河、敦化、镇赉、汪清、珲春、安图、抚松、辉南，辽宁省铁岭、法库、凌源、本溪、北票、彰武、沈阳、盘锦、盖州、凤城、大连、抚顺，内蒙古根河、海拉尔、新巴尔虎左旗、科尔沁左翼后旗、额尔古纳、科尔沁右翼前旗、莫力达瓦达斡尔旗、通辽、新巴尔虎右旗、牙克石、扎赉特旗。

分布：中国（黑龙江、吉林、辽宁、内蒙古、河北、山西、陕西、甘肃、青海、宁夏、新疆、山东、江苏、安徽、浙江、福建、河南、湖北、湖南、江西、广东、广西、四川、贵州、云南），朝鲜半岛，日本，俄罗斯。

864 小慈菇

Sagittaria natans Pall.

多年生草本，高达 60cm。具地下枝条，顶端膨大。花茎直立。浮水叶形变化较多，通常为戟形或箭头形，长达 16cm，宽达 3.5cm，先端急尖或钝，具基部裂片，裂片披针形或长圆形，通常微向内弯，稀外展，中裂片为基部裂片长的 2-3 倍；沉水叶线形；浮水叶有长柄。花单性，雌雄同株，总状花序顶生，上部为雄花，花梗细长，下部为雌花，花梗粗短；苞片 3，基部常联合，脱落；花被片 6，外轮 3，萼片状，广卵形，内轮 3，花瓣状，白色，易脱落；雄蕊多数；心皮多数，分离，密集成球形。瘦果为不对称的狭倒三角形，具狭翼，近全缘，花柱宿存。花期 7-8 月，果期 8-9 月。

生于池塘、小溪、沟渠及浅水沼泽。

产地：黑龙江省漠河、呼玛、北安、黑河、虎林、嘉荫、吉林省敦化、辽宁省北票、沈阳、内蒙古牙克石、海拉尔、科尔沁右翼前旗、阿尔山。

分布：中国（黑龙江、吉林、辽宁、内蒙古、新疆），朝鲜半岛，俄罗斯；欧洲。

泽泻科 Alismataceae

Sagittaria trifolia L.

多年生草本,高达70cm。地下有匍匐枝,枝端膨大成球茎。叶箭头形,大小、宽窄变化很大,长5-40cm,宽2-13cm,基部裂片向两侧开展,比中裂片长,先端锐尖或渐尖,全缘,叶脉5(3),中脉明显;叶有长柄。花单性,雌雄同株,总状花序顶生,上部为雄花,花梗较细,下部为雌花,花梗较粗壮;苞片披针形或长圆状披针形;花被片6,外轮3,萼片状,广卵形,内轮3,花瓣状,白色;雄蕊多数;心皮多数,离生,密集成球状。果实由多数斜倒卵状三角形、侧扁的瘦果组成,瘦果背、腹边缘有薄翅,花柱宿存。花期7月,果期8-9月。

生于浅水、沟渠、河边及沼泽。

产地:黑龙江省虎林、宁安、哈尔滨、齐齐哈尔、牡丹江、萝北、密山,吉林省珲春、扶余、白城,辽宁省铁岭、新宾、彰武、法库、沈阳、鞍山、丹东、大连,内蒙古新巴尔虎左旗、科尔沁左翼后旗。

分布:中国(全国广布),朝鲜半岛,日本,俄罗斯,土耳其,伊朗,印度尼西亚;中亚,南亚。

可用作绿化材料,供观赏。茎叶也可饲用。球茎、叶及花入药。球茎入药,有行血通淋之功效,可治产后胎衣不下、淋病及肺虚咯血等症。叶入药,有清肺、解毒之功效,可治疮肿、丹毒、恶疮及虫蛇咬伤等症。花入药,有明目、祛湿之功效。

水鳖科 Hydrocharitaceae

866 水鳖
Hydrocharis dubia (Bl.) Backer

多年生草本。匍匐茎，茎褐绿色，节上生须根和花。叶圆心形，表面深绿色，背面微带红紫色，有广卵形的气室，当叶挺出水面后常消失，全缘；叶有长柄。花单性，雌雄同株；雄花 2-3 朵，生于佛焰苞内，萼片 3，草质，花瓣 3，白色，膜质，雄蕊 6-9，3-6 能育雄蕊，花丝叉状；雌花单生于佛焰苞内，萼片 3，长卵形，花瓣 3，广卵形，白色，退化雄蕊 6，子房下位，柱头 6，线形，2 深裂。果实肉质，近球形。种子多数。花期 7-8 月，果期 9 月。

生于池塘、湖泊及静水池沼。

产地：黑龙江省虎林，辽宁省新民。

分布：中国（黑龙江、辽宁、河北、河南、陕西、山东、江苏、安徽、浙江、福建、湖北、湖南、江西、广东、广西、海南、四川、台湾），俄罗斯；南亚，大洋洲。

幼嫩叶柄可作蔬菜。全草可作饲料、绿肥。全草入药，主治妇女赤白带下等症。

水鳖科 Hydrocharitaceae

867 苦草
Vallisneria spiralis L.

沉水草本，无茎，有匍匐枝。叶基生，线形，长 30-40（-50）cm，宽 5-10mm，先端钝，全缘或边缘微有细锯齿；叶无柄。花单性，雌雄异株；雄花小，多数，生于叶腋，包于佛焰苞内，雄蕊 1-3；雌花单生，佛焰苞管状，先端 3 裂，有长柄，丝状，伸到水面，授粉后，螺状卷曲，把子房拉回水中；花被片 6，2 轮，内轮常退化，外轮带红粉色；花柱 3，2 裂；子房下位。果圆柱形，成熟时长 14-17cm。种子多数，丝状。花期 8 月，果期 9 月。

生于湖泊、溪流中及淡水池沼。

产地：黑龙江省虎林，吉林省敦化，辽宁省盘山。

分布：中国（黑龙江、吉林、辽宁、河北、山东、江苏、安徽、浙江、福建、湖北、江西、湖南、广东、广西、四川、贵州、云南），朝鲜半岛，日本，俄罗斯，伊拉克，印度，中南半岛，马来西亚；大洋洲。

全草可作淡水鱼类的饲草，亦为家畜饲料。可入药，可治妇女白带等症。

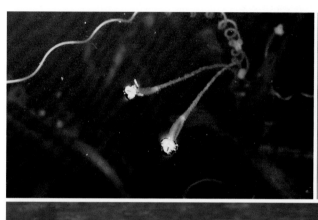

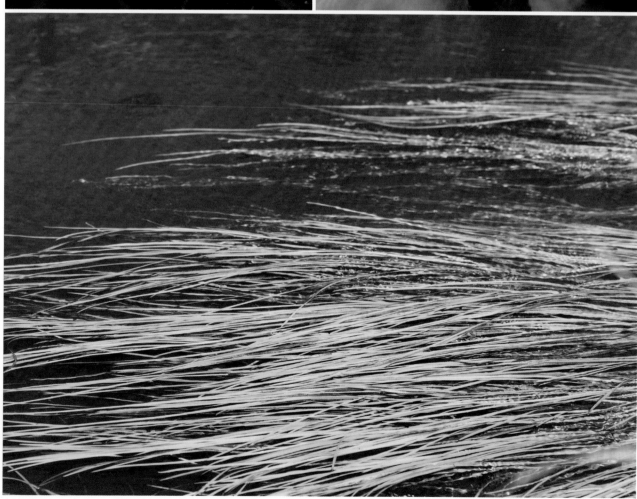

眼子菜科 Potamogetonaceae

868 眼子菜 鸭子草
Potamogeton distinctus A. Benn.

多年生水生草本。根状茎匍匐，白色；茎细弱，多分枝。叶两型，沉水叶披针形或线状披针形，长约13cm，宽约1.5cm；漂浮叶互生，花序下的叶对生，叶片广披针形或长圆状披针形，长4-13cm，宽2-4cm，先端渐尖或钝圆，基部近圆形；托叶早落；叶有长柄。穗状花序生于漂浮叶叶腋中，密生黄绿色小花；花被片4；雌蕊2。果广卵形，腹面近直，背部半圆形，具3脊，中脊近尖，波状，侧脊钝。花果期6-8月。

生于池沼、河中。

产地：黑龙江省密山、萝北、牡丹江、哈尔滨，吉林省珲春、长白、柳河、梅河口、通化、集安、辉南、安图，辽宁省开原、康平、大洼、凌海、抚顺、兴城、鞍山、盘锦、清原、法库、盖州、沈阳，内蒙古扎赉特旗、科尔沁右翼前旗、科尔沁右翼中旗、克什克腾旗。

分布：中国（全国广布），朝鲜半岛，日本，俄罗斯。

全草入药，有清热解毒、利尿及消积之功效，可治急性结膜炎、黄疸、水肿、白带、小儿疳积及蛔虫病等症，外用可治痈疖肿毒。

869 砂韭

Allium bidentatum Fisch. ex Prokh.

多年生草本。鳞茎圆柱形，基部稍扩大，外皮褐色至灰褐色，薄革质，线状破裂，有时顶端裂成纤维状。叶基生，狭半圆柱形，比花葶短，宽1-2mm，边缘具乳头状突起。花葶圆柱形，高10-30cm，下部被叶鞘；总苞白色膜质，与花梗近等长，2裂，宿存；伞形花序半球形；花多数密集，红色至淡紫红色；花梗近等长，基部无小苞片；花被片6，2轮，外轮长圆状卵形至卵形，内轮狭长圆形至长圆形，先端近截形，常有不规则小齿，比外轮花被片长；雄蕊6，基部合生；子房卵球形，外壁具细疣状突起或不明显。花期7-8月。

生于向阳山坡草地、石砬子及草原。

产地：黑龙江省安达、龙江、大庆，吉林省临江、洮南、通榆，辽宁省建平、海城、凌源，内蒙古海拉尔、克什克腾旗、阿鲁科尔沁旗、满洲里、额尔古纳、牙克石、赤峰、扎鲁特旗、科尔沁右翼中旗、巴林右旗、翁牛特旗、陈巴尔虎旗、新巴尔虎左旗。

分布：中国（黑龙江、吉林、辽宁、内蒙古、河北、山西、新疆），蒙古，俄罗斯；中亚。

百合科 Liliaceae

870 薤白 小根蒜 小根菜
Allium macrostemon Bunge

多年生草本。鳞茎肥厚，近球形，基部常具小鳞茎，外皮灰黑色，纸质或膜质，不破裂。叶3-5，半圆柱形或线形，长15-30cm，宽2-5mm，中空，断面三角形，先端渐尖，基部鞘状抱茎。花葶圆柱形，高30-60cm，光滑；总苞卵形，白色膜质，宿存；伞形花序，半球形或球形；花多数，淡紫色或淡红色；间具肉质珠芽或有时全为珠芽；珠芽暗紫色，基部具小苞片；花梗近等长；花被片6，2轮，外轮花被片长圆形至长圆状披针形，先端钝，内轮花被片长圆状披针形至披针形；雄蕊6；子房近球形，3棱，腹缝线基部具凹陷蜜穴，花柱线形。蒴果卵圆形，具3棱。花期5-6月，果期8-9月。

生于山坡草地、沟谷。

产地：黑龙江省哈尔滨、密山、黑河，吉林省永吉、桦甸、磐石、双辽、吉林，辽宁省沈阳、大连、昌图、清原、丹东、鞍山、东港、北镇、兴城、绥中、宽甸、桓仁、瓦房店、本溪、铁岭，内蒙古宁城、喀喇沁旗、敖汉旗、翁牛特旗、科尔沁右翼中旗、科尔沁左翼后旗、扎赉特旗。

分布：中国（全国广布），朝鲜半岛，日本，俄罗斯。

作蔬菜食用，东北通称"小根蒜"。鳞茎入药，有理气、宽胸、散结及祛痰之功效，可治痢疾、慢性支气管炎及慢性胃炎等症，外用可治火伤。

百合科 Liliaceae

871 单花韭 矮韭
Allium monanthum Maxim.

多年生草本。鳞茎近球形或广卵形，外皮灰褐色，具细条纹（呈"人"字形），不破裂或老时先端破裂呈极密的网状。叶基生，1-2，线形或宽线形，长 10-20cm，宽 3-8mm，先端钝，从中部向两端渐狭，表面平坦，背面呈圆弧状隆起。花葶纤细，高 5-12cm，下部具叶鞘；总苞卵形，白色，薄膜质，单侧开裂，宿存；伞形花序具花 1-2 朵；花单性，雌雄异株，花白色或微红色；花被片 6，2 轮，内轮花被片较狭；雌花花梗比花葶粗，先端膨大，花被片卵形或卵状披针形，先端短尖，子房椭圆状球形，花柱短，柱头 3 裂；雄花花梗与花葶近等粗，花被片长圆形或倒卵状长圆形，先端钝圆，雄蕊 6。蒴果球状。花期 4-5 月，果期 5 月。

生于山坡草地、林下。

产地：黑龙江省尚志、宁安、虎林、伊春，吉林省九台，辽宁省鞍山、本溪、西丰、凤城、宽甸、桓仁。

分布：中国（黑龙江、吉林、辽宁、河北），朝鲜半岛，日本，俄罗斯。

872 野韭

Allium ramosum L.

多年生草本。叶三棱状线形，比花葶短，宽1-6mm，中空，边缘和纵棱具细糙齿或光滑。花葶圆柱形，高30-70cm，下部具叶鞘；总苞白色膜质或稍厚，单侧开裂或2裂，宿存；伞形花序半球形或近球形；花较多，白色，稀淡红色；花梗近等长，基部具小苞片；花被片6，2轮，内轮花被片长圆状卵形，长5-11mm，宽2-3mm，具红色中脉，先端短尖或钝圆，外轮花被片长圆状卵形至长圆状披针形，与内轮花被片等长，但稍窄，先端短尖；雄蕊6；子房倒卵形，具3棱，外壁疣状突起，花柱钻形，短于花被片。花期8-9月。

生于向阳山坡草地，海拔800m以下。

产地：黑龙江省哈尔滨、伊春、孙吴、密山、齐齐哈尔、安达，吉林省珲春、九台、通榆，辽宁省沈阳、丹东、凤城、彰武、东港、喀左、凌源，内蒙古鄂伦春旗、海拉尔、陈巴尔虎旗、额尔古纳、新巴尔虎左旗、新巴尔虎右旗、扎赉特旗、宁城、赤峰、喀喇沁旗、科尔沁右翼中旗、克什克腾旗、阿鲁科尔沁旗、巴林右旗、扎鲁特旗。

分布：中国（黑龙江、吉林、辽宁、内蒙古、河北、山西、陕西、宁夏、甘肃、青海、新疆、山东），蒙古，俄罗斯；中亚。

叶可供食用。

873 山韭 岩葱 山葱
Allium senescens L.

多年生草本。鳞茎圆锥形，单生或数个聚生，外皮黑色或灰白色膜质，不破裂，内皮白色。叶基生，线形，短于花葶或稍长于花葶，宽 2-10mm，基部近半圆柱形，上部扁平，常镰状弯曲，先端钝圆。花葶圆柱形，高 10-65cm，下部具叶鞘；总苞白色膜质，2-3 裂，宿存；伞形花序半球形至球形；花多数，淡红色至紫红色；花梗近等长；花被片 6，2 轮，外轮卵形，舟状，内轮长圆状卵形至卵形，先端钝，边缘具不规则小齿；雄蕊 6，基部合生；子房近球形。花期 7-8 月，果期 8-9 月。

生于草原、草甸及山坡草地，海拔 2000m 以下。

产地：黑龙江省嫩江、鸡西、鸡东、大庆、绥芬河、哈尔滨、伊春、黑河、萝北、泰来、克山、虎林、密山、安达、齐齐哈尔、逊克、宁安，吉林省长春、临江、蛟河、汪清、敦化、安图、前郭尔罗斯、镇赉、通榆、珲春，辽宁省大连、开原、北镇、庄河、彰武、法库、新宾、清原、凤城、桓仁、本溪，内蒙古海拉尔、满洲里、鄂温克旗、额尔古纳、科尔沁右翼中旗、牙克石、新巴尔虎右旗、根河、新巴尔虎左旗、鄂伦春旗、突泉、科尔沁右翼前旗、科尔沁左翼后旗、翁牛特旗、巴林右旗、阿鲁科尔沁旗、克什克腾旗、喀喇沁旗、宁城、敖汉旗、赤峰、扎鲁特旗。

分布：中国（黑龙江、吉林、辽宁、内蒙古、河北、山西、甘肃、新疆、河南），朝鲜半岛，蒙古，俄罗斯；中亚，欧洲。

可作饲料或观赏。嫩叶可作蔬菜食用。

百合科 Liliaceae

874 球序韭
Allium thunbergii G. Don

多年生草本。鳞茎长卵形或卵形，外皮深褐色或黑褐色，纸质，先端有时破裂成纤维状。叶 3-5，散生，三棱状线形。花葶圆柱形，高 30-60cm，中空，于 1/4-1/3 处具叶鞘；总苞白色膜质，单侧开裂或 2 裂，宿存；伞形花序球形；花多数，密集；花梗近等长，基部具小苞片；花紫红色至蓝紫色；花被片 6，2 轮，外轮花被片椭圆形，舟状，先端钝，内轮花被片椭圆形至卵状椭圆形，先端钝；雄蕊 6；子房近球形，腹缝线基部具凹陷蜜穴。花期 8-9 月，果期 9-10 月。

生于山坡草地、湿地及林下。

产地：黑龙江省大庆、饶河、宁安、鸡东、哈尔滨、佳木斯、虎林、安达、萝北、密山，吉林省吉林、临江、抚松、通化、安图、九台、和龙、汪清，辽宁省沈阳、鞍山、大连、西丰、铁岭、新宾、桓仁、庄河、宽甸、岫岩、凤城、营口、绥中、北镇、建平、凌源、本溪、兴城、清原、抚顺，内蒙古扎赉特旗、科尔沁右翼前旗、科尔沁右翼中旗、翁牛特旗、突泉、喀喇沁旗、宁城。

分布：中国（黑龙江、吉林、辽宁、内蒙古、河北、山西、陕西、江苏、河南、湖北、台湾），朝鲜半岛，日本，蒙古，俄罗斯。

875 兴安天门冬　山天冬

Asparagus dauricus Fisch. ex Link

多年生草本，高 30-70cm。根绳索状，稍肉质。茎直立，分枝斜升。叶状枝针状，单生或 2-3 簇生，与分枝交成锐角，近扁圆柱形，长 1-5cm，粗 0.3-0.7mm，表面稍具不明显钝棱。叶膜质，鳞片状。花单性，雌雄异株，花 1-4 朵，通常 2 朵腋生，黄绿色；关节位于花梗中部；花被片 6；雄花雄蕊 6，具退化雌蕊；雌花极小，具退化雄蕊 6。浆果球形。花期 5-6 月，果期 7-8 月。

生于沙丘、多沙坡地及干山坡。

产地：黑龙江省大庆、肇源、肇东、宁安、海林、富裕，吉林省镇赉、双辽、长岭，辽宁省瓦房店、绥中、兴城、新民、喀左、清原、彰武、大连、锦州、长海、北镇、建昌、凌源、盖州、义县，内蒙古海拉尔、额尔古纳、满洲里、根河、牙克石、扎兰屯、鄂伦春旗、阿荣旗、陈巴尔虎旗、鄂温克旗、新巴尔虎左旗、新巴尔虎右旗、科尔沁左翼中旗、扎鲁特旗、科尔沁右翼中旗、科尔沁右翼前旗、通辽、扎赉特旗、乌兰浩特、翁牛特旗、科尔沁左翼后旗、巴林左旗、巴林右旗、阿鲁科尔沁旗、喀喇沁旗、敖汉旗、宁城、赤峰、克什克腾旗。

分布：中国（黑龙江、吉林、辽宁、内蒙古、河北、山西、陕西、山东、江苏），朝鲜半岛，蒙古，俄罗斯。

百合科 Liliaceae

876 南玉带

Asparagus oligoclonos Maxim.

多年生草本，高 40-80cm。根稍肉质。茎直立，坚挺，上部不俯垂。叶状枝针状，长（10-）15-30mm，粗约 0.5mm，表面具 3 棱，叶（3-）5-12，簇生，鳞片状。花单性，雌雄异株，1-2 朵腋生，黄绿色；花梗较长，关节位于近中部或上部；花被片 6；雄花雄蕊 6；雌花较小。浆果球形，熟时红色，渐变黑色。花期 5-6 月，果期 7-8 月。

生于林下、沟谷及草原。

产地：黑龙江省密山、牡丹江、宁安、海林、虎林、大庆、安达，吉林省长春、双辽、安图、汪清、珲春、磐石，辽宁省沈阳、本溪、鞍山、昌图、东港、兴城、法库、新宾、丹东、大连、清原、西丰、北镇、建平、凤城、盖州、彰武、宽甸、庄河、长海、辽阳，内蒙古科尔沁右翼前旗、科尔沁右翼中旗、扎赉特旗、科尔沁左翼后旗、奈曼旗、乌兰浩特、巴林右旗、牙克石、翁牛特旗。

分布：中国（黑龙江、吉林、辽宁、内蒙古、河北、山东、河南），朝鲜半岛，日本，俄罗斯。

百合科 Liliaceae

877 龙须菜 雉隐天冬
Asparagus schoberioides Kunth.

多年生草本，高 40-100cm。根稍肉质。茎直立，圆柱形。叶状枝 3-5 (-7)，簇生，狭线形，镰刀状，长 1-4cm，宽 0.5-1mm，上部扁平，下部或基部近锐 3 棱或压扁，中心通过维管束部分外形如叶具明显中脉。叶鳞片状，近披针形，基部无刺。花单性，雌雄异株，花 2-4 朵，腋生，黄绿色；花梗极短，近顶端具关节；雄花花被片 6，长圆形，先端具齿，雄蕊 6，退化雌蕊无花柱；雌花与雄花大小相似，具退化雄蕊 6。浆果球形，成熟时红色，后为黑色。种子黑色。花期 5-6 月，果期 8-9 月。

生于林下、山坡草地，海拔 400-2300m。

产地：黑龙江省哈尔滨、伊春、黑河、牡丹江、虎林、尚志、饶河、密山、宁安、依兰，吉林省临江、珲春、安图、和龙、抚松、桦甸、蛟河、磐石，辽宁省沈阳、鞍山、本溪、清原、北镇、凤城、普兰店、大连、桓仁、朝阳、庄河、营口、兴城、西丰，内蒙古宁城、翁牛特旗、克什克腾旗、阿鲁科尔沁旗、喀喇沁旗、科尔沁右翼前旗、科尔沁左翼后旗、阿尔山、鄂伦春旗、扎赉特旗。

分布：中国（黑龙江、吉林、辽宁、内蒙古、河北、山西、陕西、甘肃、山东、河南），朝鲜半岛，日本，俄罗斯。

可用作观叶植物，常植于庭院及树下。枝条可作切花的配材。根在河南作中药"白前"使用。

878 七筋姑 蓝果七筋菇

Clintonia udensis Trautv. et C. A. Mey.

多年生草本。根状茎短，横走。叶基生，椭圆形、倒卵状椭圆形或倒披针形，长 7-25cm，宽 3-17cm，稍厚，先端短突尖，基部楔形，后期伸长成柄状。花葶直立，单一，高 10-20cm，被白色短柔毛，果期伸长；总状花序顶生；花 2-12 朵；苞片披针形，早落；花梗密被柔毛；花被片 6，白色，狭椭圆形至披针形，先端钝圆，具脉 5-7；雄蕊 6；子房卵状长圆形。浆果球形至椭圆形，蓝色或蓝黑色。种子卵形，细小，褐色。花期 5-6 月，果期 7-10 月。

生于山阴坡林下。

产地：黑龙江省伊春、密山、虎林、宁安、饶河、海林、尚志、呼玛，吉林省抚松、安图、敦化、汪清、珲春、临江、长白，辽宁省本溪、凤城、桓仁、宽甸，内蒙古克什克腾旗。

分布：中国（黑龙江、吉林、辽宁、内蒙古、河北、山西、陕西、甘肃、河南、湖北、四川、云南、西藏），朝鲜半岛、日本，俄罗斯，印度，不丹。

带根全草入药，有散瘀镇痛之功效，主治跌打损伤等症。

879 铃兰 香水花 草玉兰
Convallaria keiskei Miq.

多年生草本。根状茎细长，匍匐。叶2，极少3，长圆形或卵状披针形，长6-20cm，宽2-8cm，先端渐尖，基部渐狭，全缘，表面绿色，背面稍带白粉，弧形脉；叶有柄。花葶稍弯曲，高10-35cm，比叶短；总状花序下垂，偏向1侧；花6-10朵，广钟形，下垂，白色，芳香；花梗下弯，近端处有关节，果熟时从关节处脱落；苞片膜质，广线形或披针形，先端尖；花被片6，下部结合成筒，中部以上6浅裂，裂片卵状三角形，向外反卷，先端锐尖，有1脉；雄蕊6；子房卵圆形。浆果球形，成熟后红色，下垂。种子扁圆形或双凸状，表面具细网纹。花期5-6月，果期7-9月。

生于山阴坡林下潮湿处、沟边，海拔850-2500m。

产地：黑龙江省齐齐哈尔、哈尔滨、塔河、尚志、虎林、呼玛、佳木斯、集贤、勃利、伊春、牡丹江、密山、黑河、穆棱、嘉荫、萝北，吉林省通化、临江、安图、抚松、九台、蛟河、敦化、汪清、珲春，辽宁省丹东、本溪、鞍山、凤城、新宾、西丰、桓仁、北镇、开原、清原、铁岭、建平、庄河、东港、沈阳，内蒙古科尔沁右翼前旗、牙克石、扎兰屯、鄂伦春旗、额尔古纳、阿荣旗、鄂温克旗、根河、科尔沁左翼后旗、巴林右旗、阿尔山、克什克腾旗、扎赉特旗。

分布：中国（黑龙江、吉林、辽宁、内蒙古、河北、山西、陕西、宁夏、甘肃、山东、浙江、河南、湖南），朝鲜半岛，日本，俄罗斯。

带花全草入药，为提取铃兰毒苷的原料，有强心、利尿之功效。

百合科 Liliaceae

880 宝珠草 绿宝铎草
Disporum viridescens (Maxim.) Nakai

多年生草本，高 20-80cm。茎直立，下部数节具白色膜质叶鞘，上部分枝。叶椭圆形至卵状长圆形，长 5-12cm，宽 2.5-7cm，先端渐尖，基部狭，边缘具细锯齿，弧形脉 3-7，横脉明显，背面沿脉具乳头状突起；叶有短柄或近无柄。花 1-2 朵，生于茎顶或枝端；花有梗；花被片 6，淡绿色或白色，长圆状披针形，先端尖，基部囊状，具脉 5-7；雄蕊 6；子房近球形，与花柱近等长，柱头 3 裂。浆果球形，黑色。种子红褐色。花期 5-6 月，果期 7-9 月。

生于林下、山坡草地，海拔 500-600m。

产地：黑龙江省密山、伊春、宁安、宝清、尚志、嘉荫，吉林省临江、珲春、蛟河、桦甸、汪清、安图、通化，辽宁省沈阳、大连、本溪、丹东、开原、东港、鞍山、凤城、宽甸、岫岩、西丰，内蒙古科尔沁左翼后旗。

分布：中国（黑龙江、吉林、辽宁、内蒙古），朝鲜半岛，日本，俄罗斯。

根入药，有清肺止咳、健脾胃之功效。

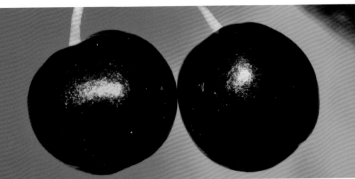

881　轮叶贝母　一轮贝母　多轮贝母
Fritillaria maximowiczii Freyn

多年生草本，高20-40cm。鳞茎由多数肥厚的鳞片组成。茎直立，光滑。叶3-6轮生，生于茎上部近1/3处，稀2轮，向上有时具散生叶1-2，叶线形至线状披针形，长6-8cm，宽3-10mm，先端钝，不卷曲。花单生，广钟状，俯垂；叶状苞片1，先端不卷曲；花被片6，长圆状椭圆形，外面紫红色，内面红色具黄色方格形斑纹，基部上方具椭圆形蜜腺；雄蕊6；花柱长，柱头3深裂。蒴果椭圆状，具宽翼。花期5-6月。

生于林区坡地、灌丛及溪流旁。

产地：黑龙江省逊克、呼玛，辽宁省绥中、建昌、朝阳、凌源，内蒙古鄂伦春旗、牙克石、根河、宁城。

分布：中国（黑龙江、辽宁、内蒙古、河北），朝鲜半岛，俄罗斯。

鳞茎入药，有化痰止咳之功效。

882 小顶冰花

Gagea hiensis Pasch.

多年生草本，高 10-25cm。鳞茎卵形，外皮黑褐色，薄革质，内面黄色。基生叶 1，线形，长 12-15cm，宽 2-5mm，扁平。伞形花序；花 2-5 朵；总苞片 1，叶状，线形或狭披针形；花梗不等长；苞片线形；花被片 6，外面黄绿色，内面淡黄色，长圆形或线状披针形，先端锐尖或钝；雄蕊 6；子房椭圆形。蒴果近球形，花被片宿存。种子近长圆形。花果期 4-5 月。

生于林缘、灌丛、山坡草地及河边，海拔 2300m 以下。

产地：黑龙江省伊春、宁安、海林、哈尔滨，辽宁省大连、瓦房店、凤城、凌源、桓仁、东港、普兰店、彰武，内蒙古阿荣旗。

分布：中国（黑龙江、辽宁、内蒙古、河北、山西、陕西、甘肃、青海），朝鲜半岛，俄罗斯。

鳞茎入药，有养心安神之功效，可治虚烦不眠、惊悸怔忡、愤怒忧郁、虚烦及失眠等症。

883 朝鲜顶冰花

Gagea lutea (L.) Ker-Gawl. var. **nakaiana** (Kitag.) Q. S. Sun

多年生草本，高 10-35cm。鳞茎卵球形，外皮灰黄色，无附属小鳞茎。基生叶 1，广线形，长 10-30cm，宽 5-10mm，扁平，中部向下渐狭。伞形花序；花 1-10 朵；总苞片 2，叶状；花梗不等长；花被片 6，黄色或黄绿色，线状披针形，先端尖，边缘白色膜质；雄蕊 6；子房椭圆形。蒴果圆球形，具 3 棱。种子多数。花果期 4-5 月。

生于灌丛、林下及草地。

产地：黑龙江省伊春、宁安、哈尔滨、尚志、铁力，吉林省安图、临江、舒兰，辽宁省沈阳、凤城、桓仁、宽甸、鞍山、新宾、本溪。

分布：中国（黑龙江、吉林、辽宁），朝鲜半岛，俄罗斯。

884 三花顶冰花　三花萝蒂　三花洼瓣花

Gagea triflora (Ledeb.) Roem. et Schult.

多年生草本，高 15-30cm。鳞茎广卵形，外皮薄革质，灰褐色，上端不延伸，内皮基部有小鳞茎。基生叶 1-2，线形，长 10-25cm，宽 1.5-3mm；茎生叶 1-4，下面的 1 枚较大，狭披针形，长 3-8.5cm，宽 3-6mm，边缘内卷，上面较小，线形。二歧伞房花序；花 2-4（-6）朵；花梗不等长；苞片披针形；花被片 6，白色，线状长圆形，长 10-14mm，宽 1.5-4mm，先端钝，具绿色脉纹；雄蕊 6；子房倒卵形。蒴果三棱状倒卵形，花被片宿存。花期 5-6 月。

生于山坡草地、灌丛及河沼边。

产地：黑龙江省宁安、海林、虎林、东宁、抚远、北安、尚志，吉林省安图、柳河、蛟河，辽宁省开原、本溪、凤城、宽甸、庄河、桓仁、鞍山。

分布：中国（黑龙江、吉林、辽宁、河北、山西），朝鲜半岛，日本，俄罗斯。

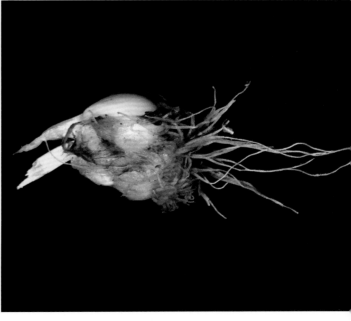

百合科 Liliaceae

885 北黄花菜 黄花菜 黄花萱草
Hemerocallis lilio-asphodelus L.

多年生草本。叶基生，2列，线形，长20-80cm，宽5-15mm，先端渐尖，基部抱茎，全缘。花葶由叶丛中抽出，高80-100cm；假二歧状总状花序或圆锥花序；花4-10朵，淡黄色或黄色，芳香；花梗不等长；苞片较大，披针形；花被片下部结合成花被管，上部6裂，外轮裂片倒披针形，内轮裂片长圆状椭圆形；雄蕊6，着生于花被管喉部；子房无柄，圆柱形，花柱细长，柱头头状。蒴果椭圆形。种子扁圆形，黑色，有光泽。花期6-8月，果期7-9月。

生于山坡草地。

产地：黑龙江省伊春、大庆、萝北、虎林、安达、集贤、密山、宁安、黑河、呼玛、嘉荫，吉林省汪清、珲春、安图、前郭尔罗斯，辽宁省西丰、北镇、法库、兴城、彰武、大连、铁岭，内蒙古额尔古纳、阿尔山、牙克石、科尔沁右翼前旗、克什克腾旗、科尔沁左翼后旗、扎鲁特旗。

分布：中国（黑龙江、吉林、辽宁、内蒙古、河北、山西、陕西、甘肃），朝鲜半岛，俄罗斯；欧洲。

花可作蔬菜。根入药，有清热利尿、凉血止血之功效，可治腮腺炎、黄疸、膀胱炎、尿血、小便不利、乳汁缺乏、衄血及便血等症，外用可治乳腺炎。

百合科 Liliaceae

886 大苞萱草 大花萱草

Hemerocallis middendorffii Trautv. et C. A. Mey.

多年生草本。根绳索状。叶基生，宽线形，长 50-80cm，宽 1-2.5cm。花葶由叶丛中抽出，直立，高 40-70cm，不分枝；花于顶端簇生，金黄色或橘黄色；花梗短或近簇生；苞片广卵形或心状卵形，先端长渐尖至尾状；花被片下部结合成花被管，上部 6 裂，裂片狭倒卵形或狭长圆形；雄蕊 6，着生于花被管喉部；子房长圆形，花柱细长，柱头头状。蒴果椭圆形，稍有钝棱。花果期 6-8 月。

生于林下、湿地、草甸及草地。

产地：黑龙江省伊春、密山、海林、虎林、哈尔滨、饶河、尚志、嘉荫、萝北、吉林省临江、抚松、安图、珲春、桦甸、通化、辽宁省本溪、凤城、岫岩、丹东、法库、桓仁、清原。

分布：中国（黑龙江、吉林、辽宁），朝鲜半岛，日本，俄罗斯。

植株可作观赏植物。花及花蕾可食用。根入药，有清热解毒、凉血止血及补肝益肾之功效，主治肺热咳嗽、咽痛、痰黄稠及瘰疬等症。

887 小黄花菜 黄花菜

Hemerocallis minor Mill.

多年生草本。根状茎短，须根绳索状；茎外皮淡黄褐色，具深浅不一的横纹。叶基生，线形，长20-60cm，宽5-10mm，先端渐尖，基部抱茎，全缘。花葶由叶丛中抽出，高40-60cm；花顶生1-2（-3）朵，淡黄色，芳香；花梗短或无；苞片披针形，花下部结合成花被管，外轮裂片长圆形，内轮裂片先端尖，边缘稍膜质，盛开时裂片反卷；雄蕊6；子房无柄，长圆形，花柱细长，柱头头状。蒴果椭圆形。花期6-8月，果期7-9月。

生于山坡草地、林缘及灌丛。

产地：黑龙江省鹤岗、伊春、萝北、密山、黑河、富锦、牡丹江、哈尔滨、大庆、嘉荫、呼玛、齐齐哈尔、安达、杜尔伯特、泰来、佳木斯、尚志、宁安、五常、虎林，吉林省桦甸、磐石、抚松、安图、汪清、通化、临江、双辽、通榆、珲春，辽宁省大连、普兰店、桓仁、义县、凤城、东港、沈阳、绥中、凌源、营口、本溪、内蒙古阿荣旗、海拉尔、牙克石、科尔沁右翼前旗、翁牛特旗、克什克腾旗、喀喇沁旗、科尔沁左翼后旗、宁城、科尔沁右翼中旗、额尔古纳、鄂伦春旗、鄂温克旗、巴林左旗、巴林右旗、阿尔山、根河、通辽。

分布：中国（黑龙江、吉林、辽宁、内蒙古、河北、山西、陕西、甘肃、山东），朝鲜半岛，蒙古，俄罗斯。

花及花蕾可食用，含蛋白质、脂肪及维生素A、维生素B、维生素C等成分，为著名的干菜。根入药，有清热利尿、凉血止血之功效。嫩苗入药，有利湿热、消食之功效。

百合科 Liliaceae

888 朝鲜百合
Lilium amabile Palib.

多年生草本，高 40-100cm。鳞茎卵形，高 3-4.5cm，直径 2-3cm，白色。茎直立，圆柱形，淡绿色，密被短硬毛。叶密集，长圆状披针形或披针形，长 3-9cm，宽 0.5-1.5cm，先端尖或稍钝，边缘具短毛，两面密被白色短硬毛；叶无柄。总状花序或近伞形花序；花 1-6 朵；花梗被白色短硬毛，近顶端处下弯；苞片先端渐尖或稍厚，被白色短硬毛；花冠红色，具黑色斑点，下垂；花被片 6，2 轮，外轮披针形，内轮卵状披针形，蜜腺两边具黑紫色乳头状突起；雄蕊 6，花丝钻状，花药长圆形，黑色；子房长圆形，具棱，花柱长，柱头稍分裂，淡红色。蒴果倒卵形

或椭圆形，直立，顶端凹。花期 6-7 月，果期 8-9 月。

生于山坡草地、灌丛及柞木林下。

产地：辽宁省丹东、凤城、东港、沈阳。

分布：中国（辽宁），朝鲜半岛。

889 有斑百合

Lilium concolor Salisb. var. **buschianum** (Lodd.) Baker

多年生草本，高 30-80cm。鳞茎卵球形，白色；茎直立，有小乳头状突起。叶散生，线形或线状披针形，长 2-7cm，宽 3-6mm，先端尖，边缘有小乳头状突起，具脉 3-7；叶无柄。总状花序或近伞形花序；花 1-7 朵；花梗直立；苞片 2-3，线形；花冠红色，有紫色斑点，有光泽；花被片 6，2 轮，倒披针形或披针形，蜜腺两边具乳头状突起；雄蕊 6，花丝长，花药长圆形；子房圆柱形，花柱与子房近等长，柱头稍膨大。蒴果长圆形，先端凹，基部具柄。花期 6-7 月，果期 8-9 月。

生于山坡草地、灌丛。

产地：黑龙江省伊春、鹤岗、富锦、黑河、双城、宁安、牡丹江、依兰，吉林省长春、通化、桦甸、汪清、敦化、磐石，辽宁省沈阳、鞍山、岫岩、凌源、清原、建平、北镇、西丰、庄河、长海、桓仁、法库、兴城、葫芦岛、大连、本溪、开原、铁岭、义县、绥中，内蒙古牙克石、扎兰屯、根河、科尔沁右翼前旗、额尔古纳、阿尔山、巴林右旗、巴林左旗、扎赉特旗、克什克腾旗、喀喇沁旗、宁城。

分布：中国（黑龙江、吉林、辽宁、内蒙古、河北、山西、山东），朝鲜半岛，蒙古，俄罗斯。

花美丽，可作观赏植物，也可供药用。鳞茎可供食用、酿酒。鳞茎入药，有滋补强壮、止咳之功效。

890 毛百合

Lilium dauricum Ker-Gawl.

多年生草本，高 50-100cm。鳞茎卵球形，白色；茎直立，有条棱。叶散生，叶 4-5 轮生于茎顶，披针状线形，长 7-15cm，宽 4-15mm，基部通常有一簇白绵毛，边缘具小乳头状突起，脉 3-5；叶近无柄。花单生于茎顶，直立；花梗被白绵毛；花冠橙红色或红色，有紫色斑点，钟状；花被片 6，2 轮，外轮倒披针形，先端渐尖，基部渐狭，外面被白绵毛，内轮较狭，蜜腺两边有深紫色乳头状突起；雄蕊 6；子房圆柱形，花柱细长，柱头膨大，3 裂。蒴果直立，椭圆形，有钝棱，瓣裂。花期 6-7 月，果期 8-9 月。

生于山坡林下、林缘、灌丛、草甸及湿草地。

产地：黑龙江省伊春、尚志、呼玛、宝清、宁安、黑河、穆棱、密山、萝北，吉林省临江、珲春、和龙、抚松、安图、靖宇、桦甸、长白、通化，辽宁省本溪、桓仁、沈阳、清原、西丰，内蒙古科尔沁右翼前旗、鄂伦春旗、鄂温克旗、扎赉特旗、根河、额尔古纳、牙克石、海拉尔、阿尔山、扎兰屯。

分布：中国（黑龙江、吉林、辽宁、内蒙古、河北），朝鲜半岛，日本，蒙古，俄罗斯。

花大而美，可作观赏植物。可供食用、酿酒。可入药，有润肺止咳、宁心安神之功效，可治肺结核咳嗽、痰中带血、神经衰弱及心烦不安等症。

891 东北百合 轮叶百合

Lilium distichum Nakai

多年生草本，高50-120cm。鳞茎卵圆形，白色；茎直立，具小乳头状突起。叶轮生，6-9排成一轮，生于茎中部，上部具少数小叶或苞片，叶倒卵状披针形至长圆状披针形，长6-15cm，宽1-4cm，先端渐尖，下部渐狭，边缘稍膜质。总状花序；花2至多数；花梗粗，近顶端下弯；苞片披针形；花冠橙红色，具紫红色斑点，下垂；花被片6，披针形，反卷，先端加厚，基部渐狭，蜜腺两边无乳头状突起；雄蕊6，花丝长，花药线形；子房圆柱形，具3翼，花柱长，柱头3裂。蒴果倒卵形。花期7-8月，果期9-10月。

生于山坡林下、林缘、路边及溪流旁，海拔200-1800m。

产地：黑龙江省萝北、虎林、哈尔滨、饶河、宁安、牡丹江、海林、密山、尚志、伊春，吉林省通化、临江、抚松、安图、珲春、敦化、蛟河、汪清、长白，辽宁省鞍山、西丰、宽甸、凤城、本溪、桓仁、丹东、庄河、岫岩、清原、沈阳。

分布：中国（黑龙江、吉林、辽宁），朝鲜半岛，俄罗斯。

鳞茎可供食用、酿酒。

892 卷丹

Lilium lancifolium Thunb.

多年生草本，高 1-1.5m。鳞茎近球形，白色；茎直立，坚硬，具紫色条纹，上部被白绵毛，下部散生乳头状突起。叶披针形或线状披针形，长 3-15cm，宽 5-15mm，先端渐尖，被白色绵毛，边缘具乳头状突起，具脉 5-7；茎上部叶渐短以至形成叶状苞片，叶腋间生有珠芽，珠芽球形，老时变为黑色；叶无柄。总状花序；花 3-6 朵或更多；花梗粗硬，被白绵毛；苞片卵状披针形，先端钝，常被白绵毛；花冠橙红色，具黑紫色斑点，下垂；花被片 6，2 轮，披针形，反卷，内轮花被片较宽，蜜腺两边有乳头状突起及流苏状突起；雄蕊 6，花丝淡红色，花药紫红色具斑点；子房圆柱形，花柱长 4-6.5cm，柱头 3 裂。蒴果倒卵形。花期 7-8 月，果期 9-10 月。

生于山坡草地、林缘。

产地：黑龙江省宁安，吉林省通化、安图，辽宁省凤城、北镇、鞍山、沈阳、义县。

分布：中国（黑龙江、吉林、辽宁、河北、山西、陕西、甘肃、青海、山东、江苏、安徽、浙江、河南、湖北、江西、湖南、广西、四川），俄罗斯，朝鲜半岛，日本。

花大而美，可作观赏植物。花含芳香油，可作香料。鳞茎可供食用，也可入药，有滋补强壮之功效。

893 大花卷丹

Lilium leichtlinii Hook. f. var. **maximowiczii** (Regel) Baker

　　多年生草本，高 0.5-1.5m。鳞茎近球形，白色；茎直立，下部带紫色斑点，具小乳头状突起，上部有时被白绵毛。叶狭披针形，长 8-15cm，宽 0.5-1.5cm，先端锐尖或渐尖，边缘和背面沿脉具小乳头状突起；叶无柄。总状花序或近伞房花序；花 2-10 朵；花梗上升，近顶端下弯；苞片披针形；花冠红色，具紫色斑点，下垂；花被片 6，披针形，反卷，蜜腺两边具乳头状突起和流苏状突起；雄蕊 6，花丝长，花药红褐色；子房圆柱形，花柱长，柱头 3 裂。蒴果椭圆形。花期 7-9 月。

　　生于谷底沙地，海拔约 1300m。

　　产地：黑龙江省宁安，吉林省珲春、安图，辽宁省凤城、桓仁、宽甸、鞍山。

　　分布：中国（黑龙江、吉林、辽宁），俄罗斯，日本。

894 山丹 细叶百合 线叶百合

Lilium pumilum DC.

多年生草本，高 18-60cm。鳞茎圆锥形或长圆形，高 2-5cm，白色；茎直立，下部有时带紫色条纹。叶多生于茎中部，线形或丝状，长 3-7（-9）cm，宽 0.5-1.5（-3）mm，先端尖，边缘稍反卷，具乳头状突起，中脉明显；叶无柄。总状花序；花 1 至数朵；花梗上升，近顶端下弯；苞片 1-2（-3）；花冠鲜红色，无斑点或少数斑点，下垂；花被片 6，2 轮，长圆状披针形或披针形，反卷，蜜腺两边具乳头状突起；雄蕊 6，花丝长，花药长圆形；子房圆柱形，花柱长，柱头稍 3 裂。蒴果椭圆形或近球形，先端平，基部有柄，具钝棱。花期 7-8 月，果期 9-10 月。

生于山坡草地、草甸、草甸草原及林缘，海拔 400-2600m。

产地：黑龙江省哈尔滨、杜尔伯特、嫩江、尚志、呼玛、肇东、大庆、铁力、安达、黑河、绥化、萝北、宁安，吉林省白城、双辽、和龙、安图、长春，辽宁省建平、沈阳、昌图、法库、凤城、丹东、义县、北镇、兴城、凌源、建昌，内蒙古海拉尔、满洲里、额尔古纳、阿荣旗、新巴尔虎右旗、牙克石、科尔沁右翼前旗、宁城、巴林左旗、巴林右旗、鄂温克旗、扎兰屯、克什克腾旗、阿尔山、通辽、科尔沁左翼后旗、科尔沁右翼中旗、扎赉特旗、乌兰浩特、鄂伦春旗、陈巴尔虎旗。

分布：中国（黑龙江、吉林、辽宁、内蒙古、河北、山西、陕西、甘肃、宁夏、青海、山东、河南），朝鲜半岛，蒙古，俄罗斯。

可作观赏植物。花含芳香油，可作香料。鳞茎亦可食用。鳞茎入药，有滋养强壮、镇咳、祛痰、镇静及利尿之功效。

百合科 Liliaceae

895 舞鹤草

Maianthemum dilatatum Nelson.

多年生草本，高 8-25cm。根状茎细长，匍匐；茎直立，光滑，基部具白色膜质叶鞘。叶 2-3，互生于茎上部，叶卵状心形，长 3-10cm，宽 2.5-8（-10）cm，先端凸头或锐尖，基部广心形，边缘具半圆形小突起；叶有柄。总状花序顶生；花白色；花序轴直立；花梗短，苞片披针形；花被片 4，椭圆形，先端钝；雄蕊 4，花丝锥形，花药卵形；子房球形，花柱短，柱头 3 浅裂。浆果球形，红色。种子球形。花期 5-6 月，果期 7-8 月。

生于针叶林及针阔混交林下。

产地：黑龙江省伊春、海林，吉林省临江、汪清、敦化、安图、吉林。

分布：中国（黑龙江、吉林），朝鲜半岛，日本，俄罗斯；北美洲。

根状茎及根入药，有祛风止痛、活血消肿及清热解毒之功效，主治吐血、尿血及月经过多等症，外用可治外伤出血、脓肿及疥癣等症。

百合科　Liliaceae

896　四叶重楼

Paris quadrifolia L.

多年生草本，高 20-30cm。根状茎细长，匍匐；茎直立，单一。叶 4 枚于茎上部轮生，卵形或广倒卵形，长 5-10cm，宽 3.5-5cm，先端短尖，基部近楔形；叶无柄。花单生于叶轮中央；花梗长；花被片 4，2 轮，外轮狭披针形，先端渐尖，内轮线形，黄绿色；雄蕊 8，花药与花丝近等长，药隔突出部分钻形；子房圆球形，紫红色，花柱 4-5 分枝，分枝细长。蒴果浆果状，不开裂。种子多数。花期 6-7 月，果期 8-9 月。

生于山坡草地、沙丘。

产地：黑龙江省伊春，内蒙古牙克石。

分布：中国（黑龙江、内蒙古、新疆），俄罗斯；欧洲。

897 北重楼

Paris verticillata M.-Bieb.

多年生草本，高 25-60cm。根状茎细长，匍匐；茎直立，单一。叶 6-8 枚于茎顶轮生，披针形、狭长圆形、倒披针形或倒卵状披针形，长 (4-) 7-13 (-15) cm，宽 1.5-3.5cm，先端渐尖，基部楔形，全缘，基出 3 脉；叶具短叶柄或近无柄。花单生；花梗长；花被片 8，2 轮，外轮花被片倒卵状披针形、长圆状披针形、倒披针形，先端尖，基部圆形或楔形，内轮花被片丝状，黄绿色，下垂；雄蕊 8，花丝丝状，花药线形，药隔显著突出；子房近球形，紫褐色，花柱 4(-5)，下部或基部合生，反卷。蒴果浆果状，紫黑色，不开裂。

花期 5-6 月，果期 7-9 月。

生于山坡林下、林缘、草丛、阴湿地及沟边，海拔 2300m 以下。

产地：黑龙江省哈尔滨、伊春、汤原、依兰、牡丹江、东宁、虎林、饶河、宁安、尚志、呼玛、黑河、嘉荫，吉林省临江、安图、蛟河、抚松、桦甸、长白、汪清，辽宁省本溪、鞍山、丹东、开原、西丰、凤城、桓仁、清原、凌源、宽甸、沈阳，内蒙古阿尔山、牙克石、根河、额尔古纳、科尔沁右翼前旗、克什克腾旗、巴林右旗、喀喇沁旗、鄂伦春旗、鄂温克旗。

分布：中国（黑龙江、吉林、辽宁、内蒙古、河北、山西、陕西、甘肃、安徽、浙江、四川），朝鲜半岛，日本，俄罗斯。

根状茎入药，有清热解毒、散结消肿之功效。

898 五叶黄精

Polygonatum acuminatifolium Kom.

多年生草本，高 20-30cm。根状茎圆柱形，匍匐；茎直立，单一。叶（4-）5，椭圆形至长圆形，长 5-9cm，宽 1.8-5cm，先端短渐尖或钝，基部楔形；叶有短柄。总花梗单生于叶腋，下弯；花 2-3 朵；花梗短；苞片白色膜质；花被片下部合生成筒，淡绿色，筒内花具短绵毛，先端 6 裂；雄蕊 6，花丝扁；子房椭圆形，花柱长。花期 5-6 月。

生于林下。

产地：黑龙江省尚志、五常，吉林省临江、蛟河，辽宁省西丰、清原。

分布：中国（黑龙江、吉林、辽宁、河北），俄罗斯。

百合科 Liliaceae

899 长苞黄精
Polygonatum desoulayi Kom.

多年生草本，高 20-40cm。根状茎细圆柱形；茎直立，圆柱形，上方倾斜。叶 5-9，长椭圆形，长 5-10cm，宽 2-4cm，先端短渐尖，背面有乳头状突起；叶无柄或具短柄。花 1-2 朵；花梗上着生苞片 1；苞片披针形至广披针形，长 1.5-2.8cm，宽 3-7mm，边缘具乳头状突起；花被片下部合生成筒，白色，先端 6 裂；雄蕊 6；子房圆形，花柱长。花期 5-6 月。

生于林下，海拔约 600m。

产地：黑龙江省伊春、尚志，辽宁省本溪。

分布：中国（黑龙江、辽宁），朝鲜半岛，日本，俄罗斯。

百合科 Liliaceae

900 小玉竹

Polygonatum humile Fisch. ex Maxim.

多年生草本，高 15-50cm。根状茎细圆柱形，匍匐；茎直立。叶 7-11（-14），长圆形、长圆状披针形或广披针形，长 4-9cm，宽 1.5-4cm，先端多少锐尖或钝，基部钝，表面无毛，背面及边缘具短糙毛；叶无柄或下部叶有极短的柄。花单生，稀 2 或 3 朵，花白色，先端带绿色；花梗向下弯曲；花被片筒状，先端 6 浅裂；雄蕊 6；子房倒卵状长圆形，花柱长。浆果球形，蓝黑色。花期 5-6 月，果期 7-8 月。

生于林下、林缘、灌丛及山坡草地，海拔 800-2200m。

产地：黑龙江省伊春、哈尔滨、牡丹江、宁安、海林、呼玛、密山、嘉荫，吉林省珲春、汪清、九台、通化、蛟河、安图、和龙、桦甸、抚松、集安，辽宁省凤城、宽甸、本溪、清原、沈阳、新宾、岫岩、西丰、法库，内蒙古额尔古纳、鄂伦春旗、鄂温克旗、阿荣旗、根河、牙克石、阿尔山、科尔沁右翼前旗、突泉、宁城、巴林右旗、奈曼旗、克什克腾旗、喀喇沁旗。

分布：中国（黑龙江、吉林、辽宁、内蒙古、河北、山西），朝鲜半岛，日本，蒙古，俄罗斯。

可作园林地被植物。

901 毛筒玉竹　毛筒黄精
Polygonatum inflatum Kom.

多年生草本，高 50-80（-100）cm。根状茎圆柱形，匍匐；茎直立，上部斜升。叶 5-9，卵形、长圆形至椭圆形，长 8-16cm，宽 4-8cm，先端稍尖至钝，背面带粉白色；叶有柄。花 2-5 朵；总花梗长，花梗短；苞片薄膜质，披针形或线状披针形；花被片近壶状筒形，淡绿色，喉部稍缢缩，裂片 6，长 2-3mm，筒内具短绵毛；雄蕊 6；子房长圆形，花柱长。浆果球形，蓝黑色。花期 5-7 月，果期 8-9 月。

生于林下、林缘。

产地：黑龙江省尚志，吉林省临江、通化、桦甸、蛟河、安图、抚松、靖宇、和龙，辽宁省鞍山、本溪、凤城、宽甸、岫岩、清原、西丰。

分布：中国（黑龙江、吉林、辽宁），朝鲜半岛，日本，俄罗斯。

902　二苞黄精

Polygonatum involucratum Maxim.

多年生草本，高 20-50cm。根状茎圆柱形，较细，径 3-5mm。叶卵形、卵状椭圆形至矩圆状椭圆形，长 5-10cm，先端短渐尖。总花梗单生于下部叶腋，稍扁平，顶端着生花 2 朵；苞片 2，大型，绿色卵圆形，宿存；花梗双生；花被片下部合生成筒，绿白色至淡黄绿色，先端 6 裂；雄蕊 6；子房长圆形。浆果，蓝黑色。种子圆形。花期 5-6 月，果期 8-9 月。

生于山阴坡林下阴湿处，海拔 700-1400m。

产地：黑龙江省牡丹江、宁安、海林、尚志，吉林省靖宇、珲春、安图、蛟河、通化，辽宁省本溪、鞍山、凤城、庄河、桓仁、清原、凌海、绥中、义县、西丰、宽甸，内蒙古宁城、喀喇沁旗。

分布：中国（黑龙江、吉林、辽宁、内蒙古、河北、山西、河南），朝鲜半岛，日本，俄罗斯。

可作观赏地被植物。根状茎入药，有滋补强壮之功效。

903 热河黄精 多花黄精

Polygonatum macropodium Turcz.

多年生草本，高 40-100cm。根状茎圆柱形；茎直立，单一，不分枝。叶多数生于茎中上部，长圆形、卵形或长卵形，长 5-15cm，宽 2.5-9cm，先端尖，基部圆形，全缘，两面无毛，叶脉密；叶柄短或无柄。伞房状花序腋生；花（3-）5-12（-17）朵；总花梗弯曲；苞片近线形，早落或部分宿存；花被片下部合生成筒，白色，先端 6 裂；雄蕊 6；子房短，花柱长。

浆果球形，熟时黑色。花期 5-6 月，果期 8-9 月。

生于山阴坡林下。

产地：辽宁省大连、鞍山、瓦房店、阜新、桓仁、建昌、凌源、义县、建平、绥中、本溪、朝阳、北镇，内蒙古翁牛特旗、赤峰、喀喇沁旗。

分布：中国（辽宁、内蒙古、河北、山西、山东）。

全株嫩绿色，花多，略下垂，绿白色，可用作庭园绿化植物，常植于林下、灌丛、庭园角隅及建筑物背阴处。

904 玉竹 山苞米 葳蕤
Polygonatum odoratum (Mill.) Druce

多年生草本，高20-70cm。根状茎长，横走；茎直立，单一，上部多少外倾。叶7-12，生于茎上部，椭圆形、长圆形、近披针形或卵形，长3-16cm，宽2-8cm，先端锐尖，基部楔形，表面绿色，背面带灰白色；叶柄短或几无柄，稍抱茎。花1-2（-4）朵，生于叶腋；花梗下垂，花梗与花筒结合处有关节，无苞片；花被片下部合生成筒，淡黄绿色或白色，长（1.3-）1.5-2cm，先端6裂，裂片先端内弯具1簇白毛；雄蕊6；子房倒卵形，花柱长，柱头3裂，具簇毛。浆果圆球形。花期5-6月，果期7-9月。

生于林下、林缘、山坡草地及灌丛。

产地：黑龙江省哈尔滨、鹤岗、呼玛、富裕、尚志、虎林、密山、萝北、绥芬河、嘉荫、安达、依兰、大庆、宁安、黑河、伊春，吉林省临江、长春、通化、安图、和龙、汪清、珲春、敦化、蛟河、九台、桦甸，辽宁省沈阳、鞍山、本溪、大连、丹东、昌图、西丰、普兰店、凤城、宽甸、庄河、岫岩、葫芦岛、绥中、凌海、营口、北镇、建平、阜新、义县、盖州、桓仁、新宾、铁岭、法库、建昌、凌源、东港，内蒙古满洲里、海拉尔、牙克石、科尔沁右翼前旗、翁牛特旗、克什克腾旗、科尔沁左翼后旗、科尔沁右翼中旗、巴林右旗、喀喇沁旗、宁城、扎鲁特旗、突泉、额尔古纳、鄂伦春旗、奈曼旗、阿荣旗、鄂温克旗、阿鲁科尔沁旗、林西、阿尔山。

分布：中国（黑龙江、吉林、辽宁、内蒙古、河北、山西、甘肃、青海、山东、江苏、安徽、河南、湖北、江西、湖南、台湾），朝鲜半岛，日本，蒙古，俄罗斯；欧洲。

可作园林地被植物，亦用于花境。根状茎入药，为中药"玉竹"，有滋阴润肺、生津养胃之功效。

905　黄精　鸡头黄精　东北黄精
Polygonatum sibiricum Redoute

多年生草本，高50-80cm。根状茎圆柱形，肉质，横走，节间膨大，一端粗一端细，粗的一端有分枝（药材上称这种根状茎类型为鸡头黄精）及少数须根，茎痕圆形，黄色；茎直立，单一，上部稍弯曲。叶4-6轮生，披针形或线状披针形，长6-15cm，宽0.5-2cm，先端细丝卷曲成钩状，全缘，背面有白粉；叶无柄。花腋生，2-4朵，有短梗，梗坚硬，俯垂；苞片白色膜质，长钻形或线状披针形，脱落；花被片下部合生成筒，白色，中部稍缢缩，先端6裂；雄蕊6；子房椭圆形。浆果球形，熟时黑色。花期5-6月，果期7-9月。

生于向阳山坡草地、灌丛及林下。

产地：黑龙江省龙江、泰来、杜尔伯特、肇东、肇州，吉林省双辽、镇赉，辽宁省大连、鞍山、本溪、彰武、盖州、凌源、建昌、法库、长海，内蒙古满洲里、海拉尔、额尔古纳、新巴尔虎左旗、新巴尔虎右旗、牙克石、扎赉特旗、阿尔山、科尔沁右翼前旗、宁城、克什克腾旗、巴林右旗、翁牛特旗、科尔沁左翼后旗、奈曼旗。

分布：中国（黑龙江、吉林、辽宁、内蒙古、河北、山西、陕西、甘肃、宁夏、山东、安徽、浙江、河南），朝鲜半岛、蒙古、俄罗斯。

园林中常植于林下或建筑物背阴处。根状茎入药，为常用中药"黄精"，有补气养阴、健脾润肺及益肾之功效，可治脾胃虚弱、体虚乏力、肺虚咳嗽、风湿头痛、精血不足及糖尿病等症。

906　狭叶黄精
Polygonatum stenophyllum Maxim.

多年生草本，高 30-90cm。根状茎圆柱形，结节处膨大；茎直立。叶 3-6 轮生，线状披针形，长 5-10cm，宽 3-8mm，先端渐尖，不弯曲或拳卷，全缘；叶无柄。花腋生，叶腋内生 2 朵花；花梗短，下垂；苞片白色膜质；花被片下部合生成筒，白色，喉部稍缢缩，先端 6 裂；雄蕊 6。浆果球形。花期 6 月，果期 8 月。

生于林下、灌丛。

产地：黑龙江省哈尔滨、依兰、尚志、宁安、林口，吉林省磐石，辽宁省昌图、凤城、庄河，内蒙古扎兰屯、科尔沁右翼前旗、突泉、科尔沁左翼后旗、鄂伦春旗。

分布：中国（黑龙江、吉林、辽宁、内蒙古），朝鲜半岛，俄罗斯。

叶色翠绿，株型整齐，适宜作地被植物及盆栽。

907 绵枣儿

Scilla sinensis (Lour.) Merr.

多年生草本。鳞茎卵圆状球形，黑褐色。叶基生，线形，长 15-30cm，宽 2-10mm。花葶高 30-45cm，总状花序顶生；花多数，紫红色或粉红色，有花梗；苞片 1-2，披针形；花被片 6，长圆形、倒卵形或狭椭圆形，先端钝，基部稍合生成盘状；雄蕊 6；子房近球形，有柄。蒴果倒卵形，直立，室背开裂。种子广披针形，黑色。花期 7-8 月，果期 9-10 月。

生于山坡草地、林缘。

产地：黑龙江省大庆、杜尔伯特、林甸、龙江、齐齐哈尔、安达、牡丹江，吉林省镇赉、双辽，辽宁省大连、瓦房店、庄河、凌海、长海、丹东、东港、凌源、葫芦岛、义县、彰武、法库、盖州、开原、绥中、西丰、北镇，内蒙古鄂伦春旗、科尔沁左翼中旗、科尔沁右翼中旗、敖汉旗、突泉、扎兰屯、翁牛特旗。

分布：中国（黑龙江、吉林、辽宁、内蒙古、河北、山西、江苏、浙江、江西、广东、四川、云南、台湾），朝鲜半岛，日本，俄罗斯。

鳞茎及全草入药，有活血解毒、消肿止痛之功效。

百合科 Liliaceae

908 兴安鹿药

Smilacina davurica Turcz.

多年生草本，高 30-60cm。根状茎匍匐；茎直立，单一，上部被短毛。叶纸质，长圆形或狭长圆形，长 5-13cm，宽 2-4cm，先端急尖或具短尖，基部近圆形，表面鲜绿色，背面密生粗毛；叶无柄。总状花序顶生；花 2-4 朵簇生；花梗密被短毛；花冠白色；花被片 6，长圆形或倒卵状长圆形，基部稍合生；雄蕊 6；子房无柄，近球形。浆果球形，红色或紫红色。花期 6 月，果期 8 月。

生于山坡林下阴湿处，海拔 1400m 以下。

产地：黑龙江省伊春、虎林、宁安、海林、尚志、北安、呼玛，吉林省临江、抚松、靖宇、安图、汪清，辽宁省义县、抚顺，内蒙古牙克石、额尔古纳、根河、鄂伦春旗、宁城。

分布：中国（黑龙江、吉林、辽宁、内蒙古），朝鲜，俄罗斯。

909 鹿药 山糜子

Smilacina japonica A. Gray

多年生草本，高 30-60cm。根状茎圆柱状，横走；茎直立，单一，上部稍向外倾斜，密被粗毛。叶卵状椭圆形、广椭圆形至狭长椭圆形，长 6-13cm，宽 3-7cm，先端具短尖，基部圆形，两面被粗毛或近无毛；叶短柄。圆锥花序顶生，花序轴被粗毛；花白色，单生；花梗短；花被片 6，倒披针形或长圆形；雄蕊 6；子房近球形。浆果近球形，红色。花期 5-6 月，果期 8 月。

生于林下阴湿处、岩缝中，海拔 900-1950m。

产地：黑龙江省伊春、尚志、哈尔滨、海林、宁安、饶河、嘉荫，吉林省临江、安图、蛟河、抚松、舒兰、通化、长白，辽宁省本溪、大连、鞍山、开原、桓仁、凤城、宽甸、义县、凌源、抚顺、铁岭、法库、朝阳、清原、北镇、兴城、绥中、西丰、东港、庄河。

分布：中国（黑龙江、吉林、辽宁、河北、山西、陕西、甘肃、山东、江苏、安徽、浙江、河南、湖北、江西、湖南、四川、贵州、台湾），朝鲜半岛，日本，俄罗斯。

根状茎及根入药，可治风湿骨痛、神经性头痛等症，外用可治乳腺炎、痈疖肿毒及跌打损伤等症。

910 牛尾菜 心叶菝葜 草菝葜

Smilax riparia A. DC.

草质藤本。根状茎短,须根多数;茎中空,长 1-2m,无刺。叶卵形、椭圆形至长圆状披针形,长 7-15cm,宽 2.5-11cm,先端渐尖或急尖,基部近圆形或心形,具弧形脉 3-5,背面绿色,无毛;叶有柄,下部或基部扩大,每侧各具 1 线状卷须。伞形花序,腋生,总花梗较细弱,花托膨大;苞片披针形;花淡绿色,单性,雌雄异株;花被片 6;雄花雄蕊 6;雌花较小,子房近球形,无花柱,柱头 3 裂,下弯。浆果球形,成熟时黑色。花期 5-6 月,果期 8-9 月。

生于林下、灌丛及草丛。

产地:黑龙江省虎林、尚志、宁安、穆棱、依兰,吉林省通化、安图,辽宁省沈阳、辽阳、鞍山、本溪、丹东、东港、清原、新民、凤城、宽甸、桓仁,内蒙古科尔沁右翼中旗、科尔沁左翼后旗。

分布:中国(黑龙江、吉林、辽宁、内蒙古、河北、甘肃、陕西、江苏、浙江、福建、湖北、江西、湖南、广东、四川、云南、河南),朝鲜半岛,日本,俄罗斯。

嫩苗可作山野菜。根状茎入药,有活血散瘀、祛痰止咳及舒筋活血之功效,可治风湿性关节炎、筋骨作痛、腰肌劳损及跌打损伤等症。

百合科 Liliaceae

911 华东菝葜

Smilax sieboldii Miq.

木质藤本，高 1-2m。根多数，细长。根状茎短。枝木质，小枝多少带草质，有棱或无，棱上具刺，刺直立或近直立。叶纸质，椭圆状卵形、卵圆形或三角状卵形，长 3-12cm，宽 2.5-9cm，先端渐尖，基部心形或近圆形，边缘近全缘，常皱褶，两面绿色，有光泽，具弧形脉（3-）5-7；叶有柄，下部扩大，两侧各具 1 长卷须。伞形花序，腋生，总花梗比叶柄长或近等长，花托几不膨大；花淡黄绿色单性，雌雄异株；花被片 6；雄花雄蕊 6；雌花较小，子房上位，退化雄蕊 6。浆果球形，成熟时黑色。花期 5-6 月，果期 9-10 月。

生于山坡灌丛及草丛。

产地：辽宁省大连、长海、东港。

分布：中国（辽宁、山东、江苏、安徽、浙江、福建、台湾），朝鲜半岛，日本。

根状茎及根入药，主治风湿性关节炎、腰腿筋骨疼痛、腰肌劳损、跌打损伤、疔疮及肿毒等症。

百合科　Liliaceae

912　丝梗扭柄花　箭头算盘七

Streptopus streptopoides (Ledeb.) Frye et Rigg. var. **koreanus** (Kom.) Kitam.

多年生草本，高 10-40cm。根状茎细长，匍匐；茎直立，不分枝或中部以上分枝。叶薄纸质，卵形或卵状披针形，长 3-10cm，宽 1-3cm，先端短尖，基部圆形，边缘有锯齿，弧形脉 3-8；叶无柄。花 1-2 朵，腋生，黄绿色；花梗细丝状，下垂，果期伸长；花被片 6，狭卵形，基部合生；雄蕊 6，花丝极短，花药倒心形；子房球形，无花柱，柱头圆盾状，稍 3 裂。浆果球形，红色。花期 5 月，果期 7-8 月。

生于针叶林下，海拔 800-2000m。

产地：黑龙江省伊春、宁安、尚志、海林，吉林省安图、抚松、长白，辽宁省桓仁。

分布：中国（黑龙江、吉林、辽宁），朝鲜半岛。

913　白花延龄草　吉林延龄草

Trillium camschatcense Ker-Gawl.

多年生草本，高 20-50cm。根状茎短粗；茎丛生。3 叶轮生于顶部，广卵状菱形或卵圆形，长 10-17cm，宽 7-17cm，先端短尖，基部近圆形，两面无毛；叶近无柄。花单一，顶生；有长梗；花被片 6，外花被片绿色，长圆形，内花被片白色，卵形或椭圆形；雄蕊 6；子房圆锥形，柱头短，3 深裂，裂片反卷。浆果球形。种子多数，近长圆形。花期 6 月，果期 7-8 月。

生于林下及林缘阴湿处，海拔 500-1400m。

产地：黑龙江省宝清、宁安、海林、伊春、尚志，吉林省临江、珲春、汪清、安图、敦化、抚松、蛟河、通化、靖宇、长白，辽宁省宽甸、桓仁。

分布：中国（黑龙江、吉林、辽宁），朝鲜半岛，日本，俄罗斯。

根及根状茎入药，有镇静止痛、止血及解毒之功效。

百合科 Liliaceae

914 兴安藜芦 老旱葱 山白菜
Veratrum dahuricum (Turcz.) Loes. f.

多年生草本，高 70-100cm。茎基部具浅褐色或灰色无网眼的纤维束。叶椭圆形或卵状椭圆形，长 10-25cm，宽 5-10cm，先端稍钝或渐尖，基部抱茎，表面绿色，背面密被银白色短毛；叶无柄。圆锥花序顶生，花序轴密被白色绵毛；花两性或单性；苞片卵形；花梗短，被毛；花被片 6，淡黄绿色或边缘带苍白色，椭圆形或卵状椭圆形，基部具柄，边缘锐锯齿状；雄蕊 6，花药球形；子房近圆锥形，密被短柔毛。花期 6-7 月，果期 8-9 月。

生于山坡湿草地、草甸及阔叶林下。

产地：黑龙江省伊春、密山、尚志、宁安、牡丹江、海林、林口、虎林、呼玛、黑河、萝北，吉林省临江、汪清、珲春，内蒙古牙克石、阿尔山、额尔古纳。

分布：中国（黑龙江、吉林、内蒙古），俄罗斯。

根及根茎入药，有祛痰、催吐之功效，可治中风、癫痫、喉痹及疟疾等症（但其毒性大，内服宜慎重），外用可治疥癣、恶疮等症。全草可作杀虫剂，灭蝇杀蛆。

百合科 Liliaceae

915 毛穗藜芦

Veratrum maackii Regel

多年生草本，高 60-110cm。茎直立，基部稍粗，具棕褐色有网眼的残叶鞘纤维。茎基部叶长圆状披针形，上部叶线状披针形，长约 30cm，宽 1-5cm，先端渐尖或长渐尖，基部渐狭，下延成鞘，抱茎。圆锥花序顶生，花较稀疏，花序轴及花梗被绵毛；花两性，初绿色，后变深紫色；花梗较长；苞片披针形；花被片 6，近倒卵状长圆形，先端钝，全缘；雄蕊 6，花丝先端内曲，花药肾形；子房长圆形，花柱 3，开展。蒴果直立，卵形至长圆形，基部有宿存的花被片和花丝。花

期 6-7 月，果期 8-9 月。

生于林下、灌丛、山坡草地及湿草甸，海拔 400-1300m。

产地：黑龙江省伊春、黑河、密山、牡丹江、汤原、虎林、尚志、宁安、萝北、依兰、嘉荫，吉林省安图、临江、抚松、汪清、珲春、靖宇、敦化，辽宁省本溪、西丰、清原、桓仁、岫岩、宽甸、庄河，内蒙古鄂伦春旗。

分布：中国（黑龙江、吉林、辽宁、内蒙古、山东），朝鲜半岛，日本，俄罗斯。

全草可作农业杀虫剂、杀菌剂，防治病虫害。

百合科 Liliaceae

916 藜芦 山苞米 黑藜芦

Veratrum nigrum L.

多年生草本，高 60-100cm。根状茎圆柱形，须根肉质；茎直立，粗壮，圆柱形，基部残存叶鞘破裂成黑褐色网眼。茎下部叶椭圆形至长圆状披针形，长 12-25cm，宽（4-）8-18cm，先端尖或渐尖，基部叶鞘细长抱茎，上部叶披针形，叶鞘较短，紧抱茎，全缘或微波状，表面青绿色，背面灰绿色。总状花序组成圆锥花序，顶生，直立，侧生总状花序通常具雄花，顶生总状花序多为两性花，花序轴密被白色卷毛；花梗密被白色绵毛；苞片披针形；花被片 6，黑紫色；雄蕊 6，花药肾形，横向开裂；子房卵形，花柱 3。蒴果卵形，有 3 棱，成熟时 3 裂。种子多数，具翼。花期 7-8 月，果期 8-9 月。

生于山坡林下、草丛。

产地：黑龙江省萝北、依兰、牡丹江、海林、林口、密山、宁安、哈尔滨、克山、北安、黑河、伊春，吉林省安图、长白、珲春、通化，辽宁省丹东、桓仁、本溪、建昌、新宾，内蒙古根河、额尔古纳、满洲里、牙克石、克什克腾旗、巴林右旗、喀喇沁旗、宁城、科尔沁右翼前旗、扎鲁特旗、陈巴尔虎旗、鄂伦春旗、鄂温克旗。

分布：中国（黑龙江、吉林、辽宁、内蒙古、河北、山西、陕西、甘肃、山东、河南、湖北、四川、贵州），俄罗斯；中亚，欧洲。

根状茎及全草入药，主治中风痰壅、癫痫及疟疾等症，外用可治疥癣。亦用于灭蝇蛆。

917 尖被藜芦
Veratrum oxysepalum Turcz.

多年生草本，高 50-100cm。茎粗壮，基部密生无网眼的纤维束。叶长圆形或椭圆形，长 14-29cm，宽 3.4-14cm，先端渐尖或短急尖，基部抱茎；叶无柄。圆锥花序顶生，花多数，花序轴密被短绵毛；苞片叶状，披针形；花梗短；花被片 6，外面绿色，内面白色，长圆形至卵状长圆形；雄蕊 6；子房疏被短柔毛或乳头状毛，花柱外卷。蒴果 3 裂。种子淡褐色。花期 7-8 月，果期 8-9 月。

生于湿草地、山坡草地、林缘及林下。

产地：黑龙江省伊春，吉林省安图、临江、抚松、靖宇，辽宁省本溪、桓仁、宽甸、凌源、西丰。

分布：中国（黑龙江、吉林、辽宁），朝鲜半岛，日本，俄罗斯。

918 棋盘花

Zigadenus sibiricus (L.) A. Gray

多年生草本，高 30-50cm。鳞茎稍膨大，外层鳞茎皮黑褐色。叶基生，线形，长 12-30cm，宽 2-10mm，先端钝。花葶直立，单一；总状花序稀疏或基部具短分枝，稍成圆锥形；有花梗；苞片卵状披针形；花被片 6，绿白色，倒卵状椭圆形至长圆形，内面有黄绿色肉质腺体，倒心形，先端 2 裂，宿存；雄蕊 6；子房圆锥形，花柱 3，近果期外卷。蒴果圆锥形，室间开裂。种子近长圆形，具狭翅。花期 7-8 月，果期 8-9 月。

生于林下、山坡草地。

产地：黑龙江省呼玛、海林、嫩江，吉林省安图，内蒙古宁城、牙克石、额尔古纳、鄂伦春旗、喀喇沁旗。

分布：中国（黑龙江、吉林、内蒙古、河北、山西、湖北、四川），朝鲜半岛，日本，蒙古，俄罗斯。

薯蓣科 Dioscoreaceae

919 穿龙薯蓣 穿龙骨
Dioscorea nipponica Makino

多年生草本。根状茎粗壮、坚硬,圆柱形,横走;茎缠绕向左旋。叶卵形或广卵形,长 5-12cm,宽 2.5-10cm,基部心形,3-5 浅裂或中裂,顶裂片卵状披针形,先端锐尖,侧裂片较小;叶具长柄。花单性,雌雄异株,花小钟形,下垂,淡黄绿色;花被片 6,椭圆形;雄花花序复穗状,雄蕊 6;雌花花序穗状,子房 3 室。蒴果倒卵状椭圆形,呈三翅状倒卵形,着生于下垂的花轴上。种子具膜质翅。花期 5-7 月,果期 7-9 月。

生于林下、林缘及灌丛。

产地:黑龙江省虎林、密山、宁安、伊春、尚志、哈尔滨、五常、海林、东宁、林口、穆棱、通河、铁力、庆安,吉林省临江、抚松、安图、汪清、珲春、蛟河,辽宁省西丰、法库、沈阳、本溪、清原、桓仁、宽甸、凤城、岫岩、建昌、建平、凌源、北镇、鞍山、营口、海城、盖州、大连、朝阳、瓦房店、铁岭、阜新,内蒙古科尔沁右翼前旗、宁城、科尔沁左翼后旗、巴林左旗、巴林右旗、克什克腾旗、敖汉旗、喀喇沁旗。

分布:中国(黑龙江、吉林、辽宁、内蒙古、河北、山西、陕西、甘肃、宁夏、青海、山东、安徽、浙江、江西、河南、四川),朝鲜半岛,日本,俄罗斯。

根状茎入药,有舒筋活血之功效,可治腰腿疼痛等症。

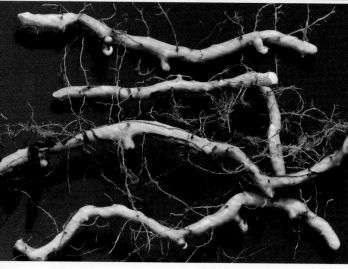

雨久花科 Pontederiaceae

920 雨久花

Monochoria korsakowii Regel et Maack

一年生草本，高 30-60cm。茎直立于水中。叶质肥厚，有光泽，深绿色，广卵形或卵状心形，长 5-12cm，宽 4-10cm，先端短尖，基部心形；基生叶柄较长，茎生叶柄较短，基部成鞘状，有紫斑。总状花序顶生；花多数，蓝紫色；花被片 6，先端钝圆；雄蕊 6，其中 1 枚较长，花丝一面具齿；花柱细长弯曲。蒴果长卵形，花被片宿存。花果期 8-9 月。

生于池塘、湖边及稻田。

产地：黑龙江省齐齐哈尔、哈尔滨、尚志、依兰、牡丹江、伊春、宁安、密山、萝北，吉林省四平、九台、安图、珲春，辽宁省新民、彰武、康平、开原、西丰、沈阳、凤城、营口、庄河、普兰店、大连，内蒙古莫力达瓦达斡尔旗、科尔沁左翼后旗、敖汉旗、扎赉特旗、科尔沁右翼前旗。

分布：中国（黑龙江、吉林、辽宁、内蒙古、河北、山西、陕西、山东、江苏、安徽、河南），朝鲜半岛，日本，俄罗斯。

可作水池中观赏植物。全草可作家畜、家禽饲料。可入药，有清热解毒、定喘及消肿之功效。

921 射干 山蒲扇 老鸦扇
Belamcanda chinensis (L.) DC.

多年生草本。根状茎横走，有匍匐枝；茎直立，单一。叶剑形，扁平，套折状于茎上互生，长 20-50cm，宽 1.5-4cm，平行脉，无毛。花茎高 50-90cm；伞房花序顶生，二歧分枝；花 3-10 朵，橙红色，带黄色，有暗紫色斑点；苞片卵形至披针形，基部抱茎；花被片 6, 2 轮，基部合生；雄蕊 3，花药线形；子房下位，倒卵形，花柱棒状，先端 3 裂。蒴果倒卵形，成熟时沿缝线开裂成 3 瓣裂，裂片反卷。种子多数，近球形，黑色，有光泽。花期 7-9 月，果期 8-10 月。

生于林缘、向阳山坡草地。

产地：辽宁省沈阳、本溪、桓仁、宽甸、新宾、凤城、岫岩、丹东、营口、海城、盖州、东港、大连、长海，内蒙古扎鲁特旗、通辽。

分布：中国（辽宁、内蒙古、河北、山西、陕西、甘肃、山东、河南、安徽、江苏、浙江、福建、台湾、湖北、湖南、广东、广西、四川、贵州、云南、西藏），朝鲜半岛，日本，俄罗斯，印度，越南。

根状茎入药，有解毒、散火及消炎之功效，可治咽喉肿痛、扁桃腺炎及腰痛等症。

鸢尾科 Iridaceae

922 野鸢尾　射干鸢尾　白射干

Iris dichotoma Pall.

多年生草本。根状茎块状，棕褐色或黑褐色，须根多数。基生叶剑形，长 15-35cm，宽 1.5-3cm，先端向外弯曲成镰刀状，渐尖或短渐尖，基部鞘状抱茎；花茎上部 2 歧分枝，分枝处生有披针形茎生叶，下部有茎生叶 1-2，抱茎。花茎高 40-60cm；花序生于枝端；花 3-4 朵，蓝紫色或浅蓝色，有褐色斑纹；花梗细；苞片 4-5，膜质；花被片 6，2 轮，外花被片上部反折，内花被片狭倒卵形，直立，先端 2 裂；雄蕊 3；花柱分枝 3，花瓣状，先端裂片三角形。蒴果长圆形。种子椭圆形，暗褐色，两端有刺状物。花期 7-8 月，果期 8-9 月。

生于砂质草地、向阳山坡草地。

产地：黑龙江省大庆、安达、肇东、泰来、宁安，吉林省四平、通榆、集安、前郭尔罗斯，辽宁省凌源、建昌、建平、葫芦岛、北镇、凌海、东港、阜新、铁岭、沈阳、丹东、鞍山、营口、庄河、西丰、大连、内蒙古满洲里、海拉尔、根河、额尔古纳、牙克石、科尔沁右翼前旗、科尔沁右翼中旗、扎鲁特旗、新巴尔虎左旗、新巴尔虎右旗、宁城、巴林左旗、巴林右旗、喀喇沁旗、敖汉旗、赤峰、翁牛特旗、克什克腾旗、阿鲁科尔沁旗、通辽。

分布：中国（黑龙江、吉林、辽宁、内蒙古、河北、山西、陕西、甘肃、宁夏、青海、山东、江苏、安徽、河南、江西），朝鲜半岛，蒙古，俄罗斯。

鸢尾科 Iridaceae

923　玉蝉花　花菖蒲　紫花鸢尾
***Iris ensata* Thunb.**

多年生草本，基部残留叶鞘纤维。根状茎粗短，斜伸。基生叶宽线形，长 30-80cm，宽 0.5-1.2cm，先端渐尖，基部鞘状；茎生叶 1-3。花茎高 40-100cm；花 2 朵，顶生；花梗长；苞片狭披针形，近革质；花被片 6，深紫色，外花被片倒卵形，内花被片狭披针形，直立；雄蕊 3，花药紫色；花柱分枝扁平，花瓣状，紫色。蒴果椭圆形，先端具短喙，有 6 条纵肋。花期 6-7 月，果期 8-9 月。

生于沼泽地、河边湿地。

产地：黑龙江省黑河、嫩江、北安、呼玛、密山、虎林、宁安、萝北、依安、富锦、海林、依兰、伊春、尚志、鹤岗、吉林省抚松、安图、靖宇、珲春、汪清、敦化、临江、和龙、辽宁省西丰、岫岩、北镇、沈阳、内蒙古额尔古纳、鄂伦春旗、阿鲁科尔沁旗。

分布：中国（黑龙江、吉林、辽宁、内蒙古、山东、浙江），朝鲜半岛，日本，俄罗斯。

924 马蔺 蠡实 马莲

Iris lactea Pall. var. **chinensis** (Fisch.) Koidz.

多年生密丛草本,基部残留叶鞘纤维。根状茎粗壮,木质,须根多数。叶基生,宽线形,长达40cm,宽4-6mm,灰绿色,两面叶脉明显。花茎高约10cm;花2-4朵,有花梗;苞片狭披针形;花被片6,浅蓝色、蓝色或蓝紫色,有较深的条纹,外花被片3,倒披针形,内花被片3,较狭,直立;雄蕊3,花丝黄色,花药白色;花柱分枝3,花瓣状,先端2裂。蒴果长椭圆状柱形,具6条肋,先端有短喙。花期5-6月,果期6-9月。

生于林缘、路旁、山坡草地、灌丛、河边及海滨砂质地。

产地:黑龙江省哈尔滨、宁安、富锦、安达、肇东、北安、吉林省长春、双辽、磐石、辽宁省凌源、葫芦岛、北镇、阜新、彰武、沈阳、本溪、凤城、宽甸、丹东、鞍山、庄河、兴城、大连、长海、桓仁、海城、内蒙古海拉尔、满洲里、新巴尔虎左旗、新巴尔虎右旗、扎鲁特旗、翁牛特旗、阿鲁科尔沁旗、科尔沁右翼前旗。

分布:中国(黑龙江、吉林、辽宁、内蒙古、河北、山西、陕西、甘肃、宁夏、青海、新疆、河南、山东、江苏、安徽、浙江、湖北、湖南、四川、西藏),蒙古,朝鲜半岛,俄罗斯,印度,阿富汗。

可用于水土保持,改良盐碱土。叶可作饲料,并可供造纸及编织用。根的木质部坚韧而细长,可制刷子。花、种子入药。

925 燕子花 平叶鸢尾 光叶鸢尾

Iris laevigata Fisch. et C. A. Mey.

多年生草本，基部残留棕褐色叶鞘纤维。根状茎粗壮。基生叶剑形，长 40-100cm，宽 0.8-1.5cm，先端渐尖，基部鞘状；茎生叶 2-3。花茎高 40-60cm；花 2-4 朵，顶生，蓝紫色；花梗长；苞片披针形，膜质；花被片 6，外花被片倒卵形或椭圆形，内花被片倒披针形；雄蕊 3，花药白色；花柱分枝扁平，花瓣状，拱形弯曲。蒴果长圆状柱形。花期 6-7 月，

果期 7-8 月。

生于沼泽地、河边湿地及高山湿地。

产地：黑龙江省伊春、密山、虎林、宁安、富锦，吉林省磐石、安图、靖宇，内蒙古牙克石、科尔沁右翼前旗、科尔沁左翼后旗。

分布：中国（黑龙江、吉林、内蒙古、云南），朝鲜半岛，日本，俄罗斯。

可用作观赏花卉。

鸢尾科 Iridaceae

926 长尾鸢尾 柔鸢尾

Iris rossii Baker

多年生草本，基部残留黄褐色叶鞘纤维。根状茎较粗，坚韧，斜伸，有多数结节状突起，须根细长。基生叶长圆形或狭披针状长圆形，长 4-10(-15)cm，宽 2-5mm，先端长渐尖。花茎短，不伸出地面，基部着生 2-3 狭披针形叶；花有花梗；苞片狭披针形；花被片 6，蓝紫色，倒卵形，外花被片上部反折，内花被片直立或稍外倾；雄蕊 3；花柱分枝扁平，花瓣状。蒴果球形。花期 4-5 月，果期 6-8 月。

生于向阳山坡草地、林缘。

产地：辽宁省新宾、宽甸、凤城、丹东。

分布：中国（辽宁），朝鲜半岛，日本。

927 紫苞鸢尾

Iris ruthenica Ker-Gawl.

多年生草本。根状茎斜伸或横走。基生叶线形，长 8-30cm，宽 1-7（-10）mm，先端长渐尖，基部鞘状。茎生叶 2-3，明显较基生叶短或下部叶退化为鳞片状抱茎。花茎高 5-12cm；花单一，顶生，有短梗；苞片膜质，披针形或广披针形；花被片 6，蓝紫色，外花被片倒披针形，有深紫色斑纹，内花被片狭倒披针形，直立；雄蕊 3；子房纺锤形，花柱分枝扁平，先端裂片狭三角形。蒴果近球形。花期 4-6 月，果期（6-）7-8 月。

生于向阳山坡草地、多石质山坡。

产地：黑龙江省伊春、牡丹江、嘉荫，吉林省安图、柳河，辽宁省绥中、建昌、建平、北镇、开原、沈阳、凤城、丹东、东港、大连，内蒙古喀喇沁旗、巴林右旗、克什克腾旗。

分布：中国（黑龙江、吉林、辽宁、内蒙古、河北、山西、陕西、宁夏、甘肃、新疆、江苏、浙江、河南、四川、云南、西藏），朝鲜半岛，蒙古，俄罗斯；中亚。

928 溪荪 东方鸢尾

Iris sanguinea Donn ex Horn.

多年生草本。根状茎粗壮,斜伸。叶宽线形,长 20-70cm,宽 0.5-1.5cm,先端渐尖,基部鞘状。茎生叶 1-2。花茎高 40-50cm;花 2-3 朵;苞片披针形,膜质;花被片 6,蓝色,外花被片倒卵形,基部有黑褐色的网纹及黄色斑纹,内花被片狭倒卵形;雄蕊 3,花丝白色,花药黄色;花柱分枝扁平,花瓣状。蒴果三棱状圆柱形,具 6 条纵肋,熟时由顶部开裂。

花期 6-7 月,果期 7-9 月。

生于沼泽地、湿草地及向阳山坡草地。

产地:黑龙江省黑河、伊春、嘉荫、牡丹江、宁安、虎林、密山、呼玛,吉林省抚松、临江、珲春,辽宁省桓仁,内蒙古海拉尔、根河、额尔古纳、阿尔山、牙克石、科尔沁右翼前旗、扎鲁特旗、巴林右旗、新巴尔虎右旗、通辽。

分布:中国(黑龙江、吉林、辽宁、内蒙古),朝鲜半岛,日本,俄罗斯。

鸢尾科 Iridaceae

929 单花鸢尾
Iris uniflora Pall. ex Link

多年生草本，基部残留老叶纤维及膜质鞘状叶。根状茎细长，斜伸。基生叶线状披针形，长 5-20cm，宽 0.4-1cm，

先端渐尖，基部鞘状；茎生叶 1，膜质，披针形。花茎高 5-8cm；花单一，顶生，具短梗；苞片披针形，干膜质；花被片 6，蓝紫色，外花被片狭倒卵形，上部平展，内花被片狭披针形，直立；雄蕊 3，花丝细长；花柱分枝扁平，花瓣状。蒴果球形，具 6 条肋。花期 5-6 月，果期 7-8 月。

生于山坡草地、林缘、路旁及林下。

产地：黑龙江省哈尔滨、宁安、牡丹江、黑河、伊春、嘉荫、尚志、呼玛，吉林省四平、吉林、永吉、蛟河，辽宁省北镇、西丰、法库、凌源、本溪，内蒙古额尔古纳、根河、牙克石、新巴尔虎左旗、扎兰屯、科尔沁右翼前旗、扎鲁特旗、巴林右旗、阿尔山、鄂温克旗、扎赉特旗。

分布：中国（黑龙江、吉林、辽宁、内蒙古），朝鲜半岛，蒙古，俄罗斯。

930 灯心草

Juncus effusus L.

多年生草本，高40-75cm。根状茎横走，须根多数；茎簇生，圆筒形，髓白色。无基生叶和茎生叶，仅具叶鞘，红褐色或黄褐色。聚伞花序假侧生，多花密集；总苞片与茎相连，似茎的延伸，直立，圆柱状；花被片6，披针形，外花被片稍长，先端尖，边缘膜质；雄蕊3，花药长圆形。蒴果三棱状长圆形，3室，先端钝或微凹。种子黄褐色，长圆状椭圆形。花果期7-9（-10）月。

生于水边、湿地及林下沟旁。

产地：黑龙江省尚志、伊春，吉林省通化、临江、靖宇、抚松、安图、长白、和龙、珲春、汪清、桦甸、通榆，辽宁省本溪、清原、桓仁、宽甸、丹东、鞍山、兴城、瓦房店、普兰店、大连、长海、凤城、铁岭。

分布：中国（黑龙江、吉林、辽宁、河北、陕西、甘肃、山东、江苏、浙江、福建、台湾、河南、安徽、江西、湖北、湖南、广东、广西、四川、贵州、云南、西藏），朝鲜半岛，日本，俄罗斯；欧洲，北美洲。

纤维细长，可造纸，亦为人造棉的良好纺织原料，可编织凉席、草帽、坐垫、草鞋及制作绳索等。茎内白色髓心入药，可治淋病、水肿、小便不利及心烦不寐等症，外敷可治金疮。

931 滨灯心草

Juncus haenkei E. Mey.

多年生草本，高（10-）15-30cm。根状茎横走；茎簇生，纤细，直立，稍压扁。叶退化仅具叶鞘，生于茎基部，质厚，淡黄褐色至近赤褐色。聚伞花序假侧生，花数朵至十余朵，总苞叶与茎连生，直立、似茎的延伸；花梗短；苞片卵形，干膜质；花被片6，淡绿褐色，披针形，外花被片稍长，先端锐尖；雄蕊6，花药长椭圆形。蒴果具3棱，长圆状倒卵形或近椭圆形，先端具短凸尖，熟时3瓣裂。种子广椭圆形，褐色。果期8-10月。

生于湿草地、亚高山草地及湖岸湿地。

产地：黑龙江省密山，吉林省安图。

分布：中国（黑龙江、吉林），朝鲜半岛，日本，俄罗斯；北美洲。

932　地杨梅

Luzula capitata (Miq.) Nakai

多年生草本，高10-25cm。茎丛生，直立。基生叶多数；茎生叶2，线形或宽线形，扁平，长为茎的1/2-2/3，宽2-4mm，先端钝，具胼胝体，叶鞘口及叶边缘密被白色长毛。头状花序1-3，顶生，花多数，总苞超出花序，具缘毛；苞片卵形，白色膜质；花被片6，褐色至黑褐色，披针形或长圆状披针形，边缘白色膜质；雄蕊6。蒴果三棱状倒卵形，黄褐色至黑褐色，先端短尖。种子广倒卵形，基部具较大的种阜，长约为种子的1/2。

生于山坡草地。

产地：吉林省临江。

分布：中国（吉林），朝鲜半岛，日本，俄罗斯。

全草及果实入药，主治赤白痢等症。

鸭跖草科　Commelinaceae

933　鸭跖草
Commelina communis L.

一年生草本，高10-50cm。茎基部常匍匐或初直立后匍匐，圆柱形稍肉质，具节，分枝较多。叶卵状披针形、披针形或狭披针形，长3-8cm，宽1-3cm，先端渐尖，基部下延成白色膜质叶鞘，抱茎。聚伞花序；花数朵；总苞片有柄，佛焰苞状，心状卵形，先端尖，边缘对合折叠状；萼片3；花瓣3，蓝色，前方1，色淡，较小，两侧花瓣较大，卵圆形，基部具爪；雄蕊6，能育雄蕊3；雌蕊1；子房上位，花柱先端弯曲。蒴果椭圆形，2室。花期6-8月，果期8-9月。

生于湿地、溪流旁及路旁。

产地：黑龙江省黑河、孙吴、萝北、密山、北安、尚志、呼玛、伊春、哈尔滨、虎林、塔河，吉林省安图、抚松、和龙、九台、吉林、永吉、汪清、珲春、磐石、临江，辽宁省清原、桓仁、西丰、庄河、凤城、沈阳、葫芦岛、长海、新民、凌源、法库、丹东、营口、宽甸、大连、本溪、鞍山、抚顺，内蒙古鄂伦春旗、莫力达瓦达斡尔旗、扎兰屯、宁城、喀喇沁旗、牙克石、科尔沁左翼后旗、科尔沁右翼前旗。

分布：中国（黑龙江、吉林、辽宁、内蒙古、河北、山西、甘肃、江苏、河南、湖北、江西、广东、四川、云南），朝鲜半岛，日本，俄罗斯。

嫩茎叶可作山野菜及家畜饲料。可入药，有消肿利尿、清热解毒之功效，可治睑腺炎、咽炎、扁桃腺炎、宫颈糜烂及蝮蛇咬伤等症。

鸭跖草科　Commelinaceae

934　疣草

Murdannia keisak (Hassk.) Hand.-Mazz.

一年生草本，高 10-40cm。茎圆柱状，淡绿色或带紫红色，基部匍匐，多分枝，上部上升或斜上。叶 2 列互生，线状披针形，长 3-8cm，宽 5-9mm，先端渐尖，基部短鞘状，抱茎，全缘有白色缘毛。聚伞花序顶生或于枝上部腋生；花 1-3 朵；花梗长；苞片披针形；萼片 3，长圆形；花瓣 3，蓝紫色或淡红色，倒卵圆形；能育雄蕊 3；雌蕊 1；子房 3 室，柱头头状。蒴果长圆形，先端锐尖。种子稍扁，平滑。花期 7-8（-9）月，果期 8-9 月。

生于水边、湿地。

产地：黑龙江省尚志，吉林省珲春，辽宁省沈阳、本溪、普兰店，内蒙古扎赉特旗。

分布：中国（黑龙江、吉林、辽宁、内蒙古、浙江、江西），朝鲜半岛，日本，俄罗斯。

935 竹叶子
Streptolirion volubile Edgew.

一年生草质藤本。茎柔弱，细长，长（0.5-）1-3m。叶卵状心形，长 5-11cm，宽 3-8cm，先端尾状尖，基部深心形，表面绿色，疏被短柔毛、长柔毛或近无毛，背面色淡，无毛，弧形脉；叶有长柄，基部具膜质叶鞘抱茎，叶鞘先端截形，有缘毛。蝎尾状聚伞花序顶生或腋生；花（1-）2-4 朵；总苞片广卵形至卵状披针形；萼片 3，长圆形，先端急尖；花瓣 3，白色，线形；雄蕊 6，全发育，花丝密被柔毛。蒴果椭圆形或近长圆形，具 3 棱，先端具喙，室背开裂。花果期（6-）7-9 月。

生于林缘、林下及湿石砬子旁。

产地：吉林省集安、长白，辽宁省宽甸、桓仁、鞍山、岫岩、庄河，内蒙古科尔沁右翼中旗、科尔沁左翼后旗。

分布：中国（吉林、辽宁、内蒙古、河北、山西、陕西、甘肃、浙江、河南、湖北、湖南、四川、贵州、云南、西藏），朝鲜半岛，日本，不丹，印度。

全草入药，主治感冒发热、肺痨咳嗽、口渴心烦、水肿、热淋、白带、咽喉疼痛、痈疮肿毒、跌打损伤及风湿骨痛等症。

936 看麦娘

Alopecurus aequalis Sobol.

一年生草本。秆少数丛生，细弱，直立或基部膝曲，高15-40cm。叶鞘无毛，短于节间，鞘内常具分枝；叶舌膜质；长 2-5mm；叶片扁平，长 4-9cm，宽 3-8mm。圆锥花序细圆柱形，长 2-8cm，宽 3-5mm；小穗长 2-3mm；颖膜质，长 2-3mm，具 3 脉，基部联合，脊上具纤毛，侧脉具短毛；外稃膜质，与颖等长或稍长，下部边缘联合，顶端钝；芒生于外稃下部，长 2-3mm，不露出或稍露出颖外；花药橙黄色，长 0.5-1mm。颖果长约 1mm。花果期6-9 月。

生于田边。

产地：黑龙江省哈尔滨、伊春、虎林、宁安、呼玛、萝北，吉林省珲春、安图、磐石、桦甸、和龙、靖宇、长白，辽宁省北镇、兴城、绥中、沈阳、凤城、桓仁、盖州、长海、庄河、清原、新宾、丹东、东港、鞍山、铁岭、本溪，内蒙古海拉尔、扎兰屯、扎赉特旗、科尔沁右翼前旗、额尔古纳、巴林右旗、克什克腾旗、牙克石、阿尔山、科尔沁右翼中旗、扎鲁特旗。

分布：中国（全国广布），北半球温带。

全草入药，有利水消肿、解毒之功效，主治水肿、水痘等症。

937 荩草

Arthraxon hispidus (Thunb.) Makino

一年生草本。秆细弱,基部倾斜,高 30-45cm,常分枝。叶鞘短于节间,被短硬疣毛;叶舌膜质,长 0.5-1mm;叶片卵状披针形,基部心形抱茎,长 3-4cm,宽 8-15mm。总状花序长 1.5-3cm,2-10 枚呈指状排列或簇生秆顶;小穗孪生,一有柄,一无柄,有柄小穗退化仅剩针状刺,柄长 0.2-1mm;无柄小穗卵状长圆形,两侧压扁;第一颖草质,边缘膜质,具 7-9 脉,第二颖近膜质,舟形,脊上粗糙,具 3 脉,侧脉不明显;第一外稃透明膜质,第二外稃近基部伸出一膝曲的芒;雄蕊 2。颖果长圆形。花果期 8-10 月。

生于山坡草地阴湿处。

产地:黑龙江省哈尔滨、密山、肇东、尚志、虎林、齐齐哈尔,吉林省蛟河、扶余、和龙、珲春、抚松、敦化、九台、安图,辽宁省彰武、西丰、鞍山、本溪、锦州、海城、大连、北镇、庄河、清原、凌源、葫芦岛、营口、桓仁、沈阳、宽甸,内蒙古科尔沁左翼后旗、扎兰屯、额尔古纳、喀喇沁旗、宁城、科尔沁右翼前旗、赤峰、翁牛特旗。

分布:中国(全国广布),朝鲜半岛,日本,蒙古,俄罗斯。

为优良牧草。汁液可作黄色染料。茎叶入药,可治久咳等症,亦可外用洗疮。

938 菵草 水稗子

Beckmannia syzigachne (Steud.) Fern.

一年生草本。秆疏丛生，直立，高 15-90cm，无毛。叶鞘无毛，长于节间；叶舌透明膜质，长 3-8mm；叶片扁平，宽线形，长 5-20cm，宽 3-10mm，表面微粗糙，背面光滑。圆锥花序狭，具 1 或 2-3 次分枝，长 10-30cm；小穗两侧扁圆形，灰绿色，具花 1 朵，长约 3mm；颖等长，舟形，背部具淡色横纹；外稃披针形，稍长于颖，具 5 脉，无毛，先端具短尖头；内稃短于外稃；花药黄色。颖果黄绿色，长圆形。花果期 5-9 月。

生于水边。

产地：黑龙江省伊春、哈尔滨、塔河、密山、宁安、克山、大庆、呼玛、嫩江、铁力、尚志、虎林、勃利、萝北、安达、黑河、孙吴、吉林省珲春、靖宇、安图、长白、磐石、敦化、临江、镇赉、双辽、公主岭、延吉、和龙、辽宁省彰武、绥中、兴城、沈阳、本溪、抚顺、铁岭、丹东、长海、清原、北镇、桓仁、盘锦、内蒙古海拉尔、牙克石、额尔古纳、满洲里、新巴尔虎右旗、根河、阿尔山、乌兰浩特、科尔沁右翼前旗、扎鲁特旗、宁城、克什克腾旗、通辽。

分布：中国（全国广布），朝鲜半岛，日本，蒙古，俄罗斯；中亚，北美洲。

为水田之杂草。可用作饲料。

939 野青茅

Calamagrostis arundinacea Wibel

多年生草本。根状茎短。秆直立，丛生，高 50-130cm，较粗壮，具 2-4 节。叶鞘长于或上部短于节间，无毛，叶关节处有毛；叶舌膜质；叶片扁平或内卷，长 10-50cm，宽 2-7（-12）mm，两面粗糙。圆锥花序紧缩；花序分枝粗糙，具多数小穗；颖近等长或第一颖稍长，先端及中脉粗糙，第一颖具 1 脉，第二颖 3 脉；外稃膜质，长 4-5mm，基盘毛长为外稃的 1/4-1/3，顶端具微齿；芒生于外稃近基部，膝曲，下部扭转，长 5-9mm；延伸小穗轴长 1-2mm，其上毛长 1-2mm；内稃与外稃近等长；花药长 1.8-2.3mm。花果期 6-9 月。

生于山坡草地、沙地、林缘、灌丛、河滩草丛及沟谷溪流旁。

产地：黑龙江省逊克、萝北、尚志、密山、虎林、饶河，吉林省安图、临江、蛟河、抚松、敦化，辽宁省建平、凌源、建昌、本溪、绥中，内蒙古宁城、额尔古纳、鄂伦春旗、牙克石、科尔沁右翼前旗、根河、阿尔山、翁牛特旗。

分布：中国（黑龙江、吉林、辽宁、内蒙古、河北、陕西、甘肃、江苏、浙江、江西、湖南、湖北、广西、四川、贵州、云南、台湾），朝鲜半岛，日本，俄罗斯，土耳其；欧洲。

为优良牧草，可作饲料。

940 拂子茅
Calamagrostis epigeios (L.) Roth

多年生草本。根茎匍匐。秆直立，丛生，较粗壮，高50-100（-200）cm，具2-4节，花序以下部分稍粗糙。叶鞘平滑或稍粗糙；叶舌膜质，长4-12mm，锐尖或撕裂状；叶片线形，扁平或微内卷，长14-20（-30）cm，宽4-10mm，表面粗糙，背面光滑。圆锥花序长圆形，直立，分枝直立或斜升，粗糙；小穗线形，灰绿色或带淡紫色；颖近等长或第一颖稍长，先端长渐尖，具脉1，第二颖具脉3，两颖中脉及上部粗糙；外稃膜质，背部平滑，基盘毛与颖近等长；芒生于外稃背部的中部或稍上，细直；内稃长为外稃的1/2-2/3；小穗轴不延伸或仅有痕迹；雄蕊3；花药黄色。花果期7-9月。

生于湿草地、林缘及林间草地。

产地：黑龙江省哈尔滨、杜尔伯特、集贤、穆棱、漠河、呼玛、密山、安达、尚志、宁安、虎林、饶河、黑河、孙吴、伊春、鹤岗、萝北，吉林省镇赉、安图、抚松、靖宇、长白、和龙、敦化、汪清、珲春、白城，辽宁省法库、绥中、彰武、建平、葫芦岛、锦州、北镇、庄河、长海、盖州、丹东、凌源、营口、大连、沈阳、鞍山、桓仁、清原、铁岭、本溪、抚顺、内蒙古额尔古纳、乌兰浩特、扎鲁特旗、宁城、通辽、阿尔山、根河、克什克腾旗、阿鲁科尔沁旗、牙克石、科尔沁右翼前旗、赤峰、鄂温克旗、新巴尔虎左旗、海拉尔、科尔沁左翼后旗。

分布：中国（黑龙江、吉林、辽宁、内蒙古），朝鲜半岛、日本、蒙古、俄罗斯、伊朗、印度；中亚、欧洲。

为优良牧草。茎可编席、织草垫及盖房顶。亦为良好护堤材料。

941 北京隐子草
Cleistogenes hancei Keng

多年生草本。根状茎短，粗壮。秆直立，疏松丛生，较粗壮，高 50-80cm，几乎全被叶鞘所包。叶鞘无毛或疏生疣毛，长于节间，中部较节间稍短；叶舌极短，先端具细毛；叶片线形，扁平或内卷，长 3-12cm，宽 3-8mm，两面稍粗糙。圆锥花序开展，长 6.5-11cm，具 5-7 分枝，基部主枝长；小穗排列紧密，具 3-7 (-10) 花；颖不等长，具 3-5 脉，有时侧脉不明显，第一颖长 2-3.5mm，第二颖长 3.5-5mm；外稃披针形，有紫黑色斑纹，具 5 脉，主脉延伸成短芒，第一外稃长约 6mm；内稃与外稃等长或稍长，先端稍凹，脊上粗糙。花果期 8-9 月。

生于干山坡草地、路旁。

产地：吉林省前郭尔罗斯，辽宁省建平、大连、沈阳，内蒙古科尔沁右翼前旗、阿鲁科尔沁旗、赤峰、科尔沁右翼中旗、根河。

分布：中国（吉林、辽宁、内蒙古、河北、陕西、山西、山东、江苏、安徽、福建、河南、江西）。

942　毛马唐　俭草　升马唐

Digitaria ciliaris (Retz.) Koel.

一年生草本。秆基部倾斜卧地，节上生根，高 10-60cm。叶鞘具长柔毛；叶舌较短；叶片狭披针形，长 4-8cm，宽 3-10mm。总状花序 4-6 呈指状排列；小穗狭披针形，灰绿色，孪生于穗轴各节，一有长柄，一有极短柄或几无柄，长约 3mm；第一颖很小，第二颖长为小穗的一半，被丝状柔毛，边缘具长纤毛，成熟后张开；第一外稃包着整个小穗，具 5-7 脉，边缘具刚毛状长纤毛，小穗成熟后向外张开。

颖果与小穗近等长，色淡。花果期 6-10 月。

生于荒地、路旁。

产地：黑龙江省哈尔滨，吉林省珲春、临江，辽宁省锦州、西丰、开原、凌源、沈阳、抚顺、营口、海城、庄河、大连、瓦房店、清原、彰武、桓仁、北镇、绥中，内蒙古科尔沁左翼后旗、科尔沁右翼中旗。

分布：中国（全国广布），遍布世界各地。

为优良牧草，亦为果园和旱田的主要杂草。全草入药，有明目、润肺之功效。

943 马唐

Digitaria sanguinalis (L.) Scop.

一年生草本。秆基部倾斜或铺地展开，节上生根或具分枝，高 40-100cm。叶鞘疏松，短于节间，疏生疣基软毛；叶舌短；叶片线状披针形，长 3-17cm，宽 3-12mm，两面疏被软毛或无毛。总状花序 3-10 指状排列；穗轴直伸或开展，两侧具宽翼，边缘粗糙而具细齿；小穗孪生，一具长柄，一具极短柄或几无柄；小穗披针形；第一颖小，钝三角形，薄膜质，第二颖披针形，具 3 脉，具纤毛；第一外稃与小穗等长，具 5-7 脉，脉间距离较宽，无毛，边脉小刺状粗糙；第二外稃近革质，先端渐尖。颖果与小穗近等长，色淡。花果期 6-10 月。

生于荒地、路旁。

产地：黑龙江省密山、哈尔滨，吉林省珲春、临江、通榆，辽宁省彰武、西丰、铁岭、沈阳、营口、庄河、大连、瓦房店。

分布：中国（黑龙江、吉林、辽宁、河北、山西、陕西、甘肃、新疆、安徽、河南、四川、西藏），遍布世界热带、亚热带和温带。

为优良牧草，亦为田间有害杂草。谷粒可制淀粉。

944　野稗　稗子
Echinochloa crusgalli (L.) Beauv.

一年生草本。秆基部倾斜或膝曲，高50-130cm。叶鞘疏松裹秆，无毛；无叶舌；叶片线形，长10-35cm，宽5-20mm，光滑无毛。圆锥花序直立，主轴粗壮，粗糙，有棱；分枝为总状花序，可再分枝，小枝斜上或贴生；穗轴粗糙，基部具硬刺疣毛；小穗卵形，柄极短，柄粗糙或具硬刺疣毛；第一颖三角形，长为小穗的1/3-1/2，具5脉，具短硬毛或硬刺疣毛，第二颖先端渐尖成小尖头，具5脉，脉上具刺疣毛；第一外稃草质，具7脉，脉上亦有硬刺疣毛，先端延伸成一粗糙的芒；内稃与外稃等长，薄膜质，具2脊；第二外稃椭圆形，先端具小尖头。花果期6-9月。

生于沼泽、水湿处。

产地：黑龙江省黑河、萝北、伊春、尚志、哈尔滨、密山、大庆、虎林、安达、佳木斯、宁安、吉林省和龙、安图、敦化、珲春、临江、通化、镇赉、九台、永吉、白城、辽宁省沈阳、大连、营口、彰武、西丰、清原、凌源、葫芦岛、北镇、桓仁、内蒙古扎鲁特旗、海拉尔、巴林右旗。

分布：中国（全国广布），遍布世界温带、亚热带和热带。

为优良牧草，可作饲料。亦为稻田中常见的杂草。全草可作绿肥。谷粒可供食用或酿酒。茎叶纤维可作造纸原料。根及幼苗入药，有止血之功效，可治创伤出血不止等症。

945 披碱草
Elymus dahuricus Turcz.

多年生草本。秆直立，单生或成疏丛，高 60-80cm，基部稍膝曲。叶鞘无毛；叶舌膜质，截平；叶片扁平，长 10-22cm，宽 4-8mm，表面粗糙，背面光滑。穗状花序直立，较紧密，每节簇生小穗 2，有时基部和顶部小穗单生；小穗绿色，有花 3-5 朵；小穗轴密被微毛；颖披针形，具 3-5 脉，先端长渐尖或具短芒；外稃披针形，具 5 脉，中部以上明显，全部被短小糙毛，第一外稃先端延伸成长芒，粗糙，成熟后向外展开；内稃约与外稃等长或稍短，先端钝圆，沿脊有纤毛；花药长约 2.5mm；子房先端具毛茸。

生于山坡草地、路旁。

产地：黑龙江省哈尔滨、伊春、呼玛、安达、杜尔伯特、肇东、萝北、黑河、虎林、克山、依兰、尚志、佳木斯，吉林省双辽、抚松、蛟河、汪清、珲春，辽宁省彰武、建平、沈阳、大连、北镇、清原，内蒙古额尔古纳、海拉尔、新巴尔虎左旗、新巴尔虎右旗、科尔沁右翼前旗、扎鲁特旗、克什克腾旗、阿鲁科尔沁旗、巴林右旗、莫力达瓦达斡尔旗、宁城。

分布：中国（黑龙江、吉林、辽宁、内蒙古、河北、山西、陕西、青海、新疆、河南、四川、西藏），朝鲜半岛，日本，蒙古，俄罗斯，伊朗；中亚。

为优良牧草，可作饲料。亦用于改良盐渍化草地。

946 肥披碱草 老芒麦

Elymus excelsus Turcz.

多年生草本。根须状。秆直立，粗壮，单生或疏丛生，高达140cm。叶鞘无毛，有时下部叶鞘被柔毛；叶舌膜质，截平，常撕裂；叶片扁平，长20-30cm，宽8-14mm，两面粗糙或背面散生柔毛。穗状花序直立，粗壮；穗轴较粗，每节簇生小穗2-3，绿色，边缘有短硬毛，有花4-5；颖披针形或狭披针形，具5-7脉，先端具芒长约6mm；外稃披针形，具5脉，上部明显，先端和边缘疏被短硬毛，中部以下近无毛，基盘两侧的毛稍长，第一外稃先端延伸成长芒，反曲；内稃稍短于外稃，脊上具短毛，脊间被稀少短毛。花果期6-9月。

生于山坡草地、路旁。

产地：黑龙江省哈尔滨、伊春、佳木斯、黑河、宝清、密山、萝北、肇东、虎林、宁安、尚志、北安、铁力，吉林省汪清、珲春、和龙、抚松、安图、通榆，辽宁省锦州、清原、桓仁、大连、沈阳，内蒙古额尔古纳、海拉尔、扎兰屯、科尔沁右翼前旗、科尔沁右翼中旗、通辽、巴林右旗、牙克石。

分布：中国（黑龙江、吉林、辽宁、内蒙古、河北、山西、陕西、甘肃、青海、新疆、河南、四川），朝鲜半岛，日本，俄罗斯。

为优良牧草，可作饲料。茎叶可作造纸材料。

947 无毛画眉草
Eragrostis jeholensis Honda

一年生草本。秆丛生，直立或斜升，高约30cm。叶鞘光滑，鞘口无毛；叶舌退化为纤毛，长约0.5mm；叶片扁平或内卷，表面微粗糙，背面光滑。圆锥花序较开展，长10-25cm，分枝基部者近轮生，分枝腋间无毛；小穗暗绿色或带紫色，长2-7mm，具花3至多数；颖不等长，无脉或具1脉，长0.5-1.2mm；外稃侧脉不明显，第一外稃长1.5-2mm；内稃长1.2-1.5mm，脊上粗糙至具短毛。花果期6-9月。

生于荒地、路旁。

产地：辽宁省沈阳、西丰，内蒙古赤峰、新巴尔虎右旗。

分布：中国（辽宁、内蒙古、华北、华东、华南），日本。

948 牛鞭草

Hemathria sibirica (Gand.) Ohwi

多年生草本。根状茎长，横走。秆高约 1m。叶鞘边缘膜质，鞘口具纤毛；叶舌膜质，上缘撕裂状；叶片线形，长12-25cm，宽 4-6cm。总状花序单生秆或腋生；无柄小穗卵状披针形；第一颖草质，在顶端以下紧缩，第二颖厚纸质，与穗轴贴生；有柄小穗约与无柄小穗等长；第一小花中性，仅存膜质外稃，第二小花两稃均为膜质。颖果卵圆形。花果期6-7 月。

生于河滩草地。

产地：黑龙江省哈尔滨、依兰、安达、大庆、萝北、密山、虎林、呼玛，吉林省镇赉，辽宁省彰武、康平、锦州、葫芦岛、沈阳、鞍山、盖州、长海，内蒙古扎兰屯、科尔沁右翼前旗、科尔沁左翼后旗、巴林右旗、巴林左旗、翁牛特旗、扎鲁特旗。

分布：中国（黑龙江、吉林、辽宁、内蒙古、华北、华中、华南、西南），朝鲜半岛，日本，俄罗斯。

禾本科 Gramineae

949 高山茅香
Hierochloe alpina (Sw.) Roem. et Schult.

　　多年生草本。根状茎短。秆丛生，高（5-）10-15cm。叶鞘长于节间；叶舌膜质；叶片长约5cm，宽1.5-3mm，内卷，蘖生叶长而狭。圆锥花序卵圆形，长（1-）2-5cm，宽1-2cm；小穗长圆形，长5-6mm，具花3朵；颖膜质，不等长，第一颖1-3脉，第二颖3-5脉；雄花外稃深黄褐色，背部及边缘具纤毛；第一外稃近先端处生一短芒，第二外稃于背部中上部生一膝曲的芒，内稃具2脊，脊上具纤毛；两性花外稃先端具短尖头，背部上部具短纤毛，内稃与外稃近等长，脊上部具纤毛。花果期7-8月。

　　生于高山冻原，海拔约2300m。

　　产地：黑龙江省呼玛，吉林省安图、抚松。

　　分布：中国（黑龙江、吉林），朝鲜半岛，日本，蒙古，俄罗斯；欧洲，北美洲。

禾本科 Gramineae

950 芒颖大麦草 芒麦草

Hordeum jubatum L.

多年生草本。秆丛生，直立或基部稍倾斜，高 20-60cm，无毛。叶鞘长于或中部者短于节间；叶舌干膜质，截平；叶片扁平，长 5-13mm，宽 1.5-2.5mm，两面粗糙。穗状花序柔软；穗轴易逐节断落，棱边被短纤毛；小穗 3，簇生，侧生小穗柄短；颖芒状；花退化成芒状，稀为雄性，中间无柄小穗；外稃广宽披针形，具 5 脉，先端具细软长芒；内稃与外稃近等长。花果期 5-8 月。

生于荒地、路旁。

产地：黑龙江省密山、哈尔滨，辽宁省营口、北镇、大连。

分布：现中国黑龙江、辽宁、内蒙古有分布，原产北美洲。

951 白茅 印度白茅
Imperata cylindrica (L.) Beauv

多年生草本。根状茎长，粗壮，密被鳞片。秆丛生，直立，高 20-100cm。叶鞘无毛，边缘及鞘口处具纤毛；叶舌干膜质；叶片线形或线状披针形，长 5-60cm，宽 2-6mm，先端渐尖，边缘粗糙，顶生叶片短小，长 1-3cm，宽约 0.5mm。圆锥花序圆柱形，银白色；小穗披针形，长 5-6mm，基盘密被长柔毛；两颖膜质，等长，具 3-4 脉，第二颖较宽，具 4-6 脉，边缘具纤毛，背部疏生柔毛；第一外稃卵状长圆形，内稃不存在；第二外稃披针形，长约 1.5mm，顶端尖，两侧略呈细齿状，内稃与外稃近等长，顶端截平，具数齿；雄蕊 2，花药黄色。颖果长圆形。花果期 5-7 月。

生于河边草地、砂质草甸、荒漠及海滨。

产地：吉林省双辽，辽宁省昌图、彰武、沈阳、大连、绥中、北镇、兴城，内蒙古科尔沁左翼后旗、扎赉特旗、科尔沁右翼前旗、科尔沁右翼中旗、阿鲁科尔沁旗。

分布：中国（吉林、辽宁、内蒙古、河北、山西、陕西、山东），俄罗斯，土耳其，伊拉克，伊朗；中亚，非洲，欧洲，大洋洲。

为旱地恶性杂草。叶子可编蓑衣。根茎可食，也可入药，有凉血止血之功效。

952 大花臭草 俯垂臭草

Melica nutans L.

多年生草本。根状茎细长，横走；须根细弱。秆丛生，高达70cm。叶鞘光滑或微粗糙；叶舌短小，被微毛；叶片扁平，长达20cm，宽3-5mm，表面被短柔毛。圆锥花序狭，几成总状，先端弯垂；小穗少数；小穗柄细，被微毛，先端下垂；小穗具孕性花2朵，椭圆形或近圆形，不孕外秸聚集成倒圆锥形；颖椭圆形，边缘膜质，带紫色，第一颖具明显中脉，第二颖具5脉；外稃卵形，先端钝，边缘狭膜质，具7-9脉，背部无毛或具微毛，第一外稃约与小穗等长；内稃短于外稃，脊具微细纤毛；花药长约1.5mm。颖果纺锤形。花果期6-8月。

生于草甸草原、山坡草地及林缘，海拔1300-2300m。

产地：黑龙江省伊春、尚志、嘉荫，吉林省桦甸、安图，辽宁省沈阳、绥中、清原、西丰、桓仁、凤城、本溪，内蒙古科尔沁右翼前旗。

分布：中国（黑龙江、吉林、辽宁、内蒙古、新疆），日本，俄罗斯；中亚，欧洲。

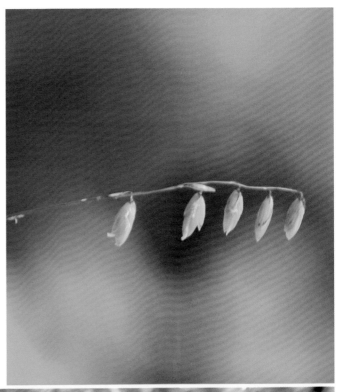

953 大臭草
Melica turczaninowiana Ohwi

多年生草本。须根细弱。秆丛生，直立，高达 1.2m，光滑或在花序以下粗糙。叶鞘无毛，闭合几达鞘口；叶舌长

2-4mm；叶片扁平，长 8-18cm，宽 3-6（-8）mm，两面粗糙或表面被柔毛。圆锥花序开展，分枝细弱，微粗糙；小穗柄弯曲，先端稍膨大，被微毛；小穗椭圆形，紫色，具孕性花 2-3 朵；颖近相等，卵状长圆形，先端钝或稍尖，具 5-7 脉，长 9-11mm；外稃边缘宽膜质，7-9 脉或基部具 11 脉，中部以下被长糙毛；内稃长约为外稃的 2/3，无毛或具微纤毛。花果期 7-9 月。

生于针叶林及白桦林林缘及林下、灌丛及草甸，海拔 700-2200m。

产地：黑龙江省哈尔滨、牡丹江、呼玛、虎林、伊春、尚志、黑河、萝北、密山，吉林省洮南，辽宁省大连，内蒙古根河、牙克石、鄂温克旗、科尔沁右翼前旗、扎赉特旗、克什克腾旗、喀喇沁旗、鄂伦春旗、扎鲁特旗、额尔古纳、巴林右旗、阿尔山、宁城。

分布：中国（黑龙江、吉林、辽宁、内蒙古、河北、山西），朝鲜半岛，蒙古，俄罗斯。

954 粟草

Milium effusum L.

多年生草本。根细弱，稀疏。秆高 45-150（-180）cm，光滑无毛。叶鞘光滑无毛，具明显脉纹，短于节间；叶舌膜质，长 3-10mm；叶片长 10-30cm，宽 5-15mm，无毛，边缘微粗糙。圆锥花序较开展，分枝细长，光滑，分枝下部裸露；上部着生小穗，小穗椭圆形；颖近等长，稍长于外稃，背部圆，绿色或带紫色，具 3 脉，光滑或微粗糙；外稃椭圆状披针形，具 5 细脉，软骨质，有光泽，包着内稃；雄蕊 3，花药长约 2mm。花果期 5-7 月。

生于林下、湿草地，海拔 700-1500m。

产地：黑龙江省伊春、饶河、虎林、尚志、哈尔滨、嘉荫，吉林省安图、抚松、临江，辽宁省新宾、凤城、清原、沈阳、本溪、宽甸、桓仁、开原、鞍山。

分布：中国（黑龙江、吉林、辽宁、河北、新疆、长江流域各省区），朝鲜半岛，日本，俄罗斯，伊朗；中亚，欧洲，北美洲。

为优良牧草，可作饲料。谷粒也是家禽的优良饲料。茎为编织草帽的良好材料。

955 荻
Miscanthus sacchariflorus (Maxim.) Benth.

多年生草本。根状茎粗壮，横走，被鳞片。秆直立，高1-4m，无毛，具多节，节上具长毛。叶鞘无毛；叶舌短，先端钝圆，具纤毛；叶片线形，长10-60cm，宽4-12mm，先端

长渐尖，基部收缩成柄，边缘锯齿状粗糙，表面基部密被柔毛，其余无毛。圆锥花序扇形，主轴无毛，分枝细弱，腋间被短毛；小穗成对生于各节，一具长柄，一具短柄，狭披针形，基盘毛长为小穗的2倍；第一颖具2脊，先端膜质，长渐尖，边缘及背部具长柔毛，第二颖舟形，稍短于第一颖，顶端渐尖，边缘透明膜质，具纤毛；第一外稃稍短于颖，先端尖，具纤毛，第二外稃狭披针形，较颖短，先端尖，具小纤毛，无脉或具1脉；内稃卵形，长为外稃的一半，具长纤毛；雄蕊3。颖果长圆形。花果期8-10月。

生于山坡草地、河边湿草地、沼泽及草甸。

产地：黑龙江省黑河、萝北、饶河、孙吴、勃利、密山、尚志、虎林，吉林省珲春、吉林、安图、和龙、蛟河、通榆，辽宁省西丰、新民、沈阳、锦州、抚顺、丹东、宽甸、庄河、普兰店、本溪、北镇、清原、凌源，内蒙古科尔沁右翼前旗、科尔沁右翼中旗、新巴尔虎左旗、翁牛特旗、阿鲁科尔沁旗、突泉、科尔沁左翼后旗、通辽、开鲁、赤峰。

分布：中国（黑龙江、吉林、辽宁、内蒙古、河北、山西、陕西、甘肃、山东、河南），朝鲜半岛，日本，俄罗斯。

可用于防沙护堤。根状茎入药，有清热、活血之功效，主治妇女干血痨、潮热、产妇失血口渴及牙痛等症。

956 求米草

Oplismenus undulatifolius (Ard.) Beauv.

多年生草本。秆较细弱，基部横卧地面，节上生根，直立部分高 30-50cm。叶鞘遍布疣基刺毛或仅边缘具纤毛；叶舌膜质；叶片披针形，通常皱而不平，有横脉，长 2-8cm，宽 5-18mm，通常有细毛或疣毛，先端尖，基部圆，稍不对称。圆锥花序紧缩，主轴无毛或密被柔毛；小穗卵圆形，簇生于主轴或部分孪生；第一颖具 3 脉，长为小穗之半，顶端具直芒，第二颖具 5 脉，比第一颖长，先端直芒较短；第一小花长约 3mm，其外稃椭圆形，幼时纸质后变硬，平滑光亮，略包着同质的内稃，顶端具微小的尖头；雄蕊 3。颖果椭圆形。花果期 7-11 月。

生于林下阴湿处。

产地：辽宁省绥中。

分布：中国（全国广布），世界温带、亚热带。

957 芦苇

Phragmites australis (Cav.) Trin. ex Steud.

多年生草本。根状茎粗壮，匍匐。秆高达3m，径达10mm，节下具白粉。叶鞘圆筒形；叶舌极短，截平，被短毛；叶片扁平，质较厚，宽1-3.5cm，具横脉，边缘较粗糙。圆锥花序长达40cm，分枝密，开展，微垂头，下部枝腋间被白柔毛；小穗长12-17mm，具花4-7朵；颖具3脉，第一颖较短，第一花通常为雄性，外稃长8-15mm，为第一颖长的2倍或更多；内稃长3-4mm，基盘具白色柔毛。颖果长圆形。花果期7-9月。

生于江边、河边、湖边、池塘边、沟渠沿岸及低湿地。

产地：黑龙江省安达、杜尔伯特、肇东、肇源、哈尔滨、密山、饶河、宁安、尚志、黑河、萝北，吉林省双辽、安图、抚松、和龙、汪清、临江、通榆、镇赉，辽宁省沈阳、桓仁、葫芦岛、彰武、大连、普兰店、清原、北镇、抚顺、丹东、庄河、鞍山，内蒙古新巴尔虎左旗、新巴尔虎右旗、海拉尔、科尔沁右翼前旗、阿鲁科尔沁旗。

分布：中国（全国广布），世界温带。

为固堤造陆先锋植物。茎可作造纸、编席织帘及建棚材料。茎、叶嫩时可作饲料。根状茎入药。

958 细叶早熟禾

Poa angustifolia L.

多年生草本。根状茎匍匐。秆直立，密丛生，高 20-60cm。叶鞘短于节间，无毛；叶舌膜质，先端截平，长 0.5-1mm；叶片内卷刚毛状，长 2-11cm，宽 1-2mm。圆锥花序较紧缩，长圆形，每节具 3-5 分枝，微粗糙；小穗卵圆形；小花 2-4 朵，绿色或带紫色；颖披针形，先端尖，近等长；外稃披针形，先端尖具狭膜质，脊下部 2/3 及边脉下部 1/2 被柔毛，基盘密生长多量绵毛；内稃与外稃等长或较长于外稃，脊具短纤毛；花药长 1.2mm。颖果纺锤形，扁平。花果期 6-8 月。

生于松林林缘、山坡草地。

产地：黑龙江省哈尔滨、尚志、嫩江、富锦、黑河、伊春，吉林省通化、安图，辽宁省沈阳、大连、凤城，内蒙古额尔古纳、鄂温克旗、新巴尔虎左旗、乌兰浩特、巴林右旗、海拉尔、阿尔山、科尔沁右翼前旗、科尔沁右翼中旗、克什克腾旗。

分布：中国（黑龙江、吉林、辽宁、内蒙古、河北、山西、陕西、宁夏、甘肃、青海、新疆、四川、贵州、云南、西藏），日本，蒙古，俄罗斯；中亚，欧洲。

为优良牧草，亦为草坪植物和环保植物。

959 狗尾草 谷莠子

Setaria viridis (L.) Beauv.

一年生草本。秆直立或基部膝曲，高（10-）30-100cm。叶鞘较松弛，无毛或被柔毛；叶舌极短，边缘具纤毛；叶片扁平，三角状狭披针形，长（3-）5-30cm，宽 2-15mm，先端渐尖，基略钝圆或渐狭，无毛。圆锥花序紧密呈圆柱形，微弯垂或直立，刚毛长 4-12mm，粗糙、绿色、淡色或变紫色；小穗椭圆形，先端钝；第一颖卵形，具 3 脉，长约为小穗的 1/3；第二颖与小穗等长，具 5（-7）脉；第一外稃具 5-7 脉，与小穗近等长，内具 1 狭窄的内稃；第二外稃先端钝，有细点状皱纹，成熟时很少肿胀。花果期 5-10 月。

生于荒地、路旁。

产地：黑龙江省黑河、伊春、宁安、哈尔滨、虎林、尚志、密山、齐齐哈尔、杜尔伯特、安达、大庆、嘉荫，吉林省安图、抚松、和龙、延吉、珲春、通榆、镇赉，辽宁省清原、开原、西丰、新宾、沈阳、宽甸、桓仁、庄河、瓦房店、盖州、丹东、大连、绥中、兴城、锦州、北镇、葫芦岛、建平、凌源、彰武、抚顺、铁岭、内蒙古牙克石、满洲里、海拉尔、额尔古纳、科尔沁右翼前旗、赤峰、翁牛特旗、巴林右旗。

分布：中国（全国广布），世界温带至热带。

可作饲料，亦为田间杂草。小穗可提取糠醛。可入药，可治癣等症。全草提取液可喷杀菜虫。

960　结缕草　锥子草

Zoysia japonica Steud.

多年生草本。匍匐根状茎长。秆直立，高 10-15（-25）cm。叶鞘无毛，仅鞘口处有长柔毛，下部松弛而互相跨复，上部紧密包茎；叶舌不明显；叶片线状披针形，长 3-10cm，宽 2-4mm，表面疏被柔毛，背面无毛，通常扁平或微内卷。总状花序顶生，长 2-4cm，宽 3-5mm；小穗卵形，长 3-3.5mm，宽 1.2-1.5mm；第一颖退化；第二颖草质，紫褐色，有光泽，无毛，先端钝，具 1mm 短尖头，脉不明显；外稃膜质，长 2.5-3mm；雄蕊 3，花丝短，花药长 1-1.5mm；花柱 2，伸出颖外。颖果卵形。花果期 6-8 月。

生于路旁、山坡草地。

产地：吉林省抚松，辽宁省丹东、东港、凤城、鞍山、兴城、绥中、盖州、瓦房店、庄河、大连、长海、本溪。

分布：中国（吉林、辽宁、山东、河北、江苏、安徽、浙江、福建、台湾），日本，朝鲜半岛，俄罗斯。

适宜作草坪。

961　东北天南星　东北南星　天老星
Arisaema amurense Maxim.

多年生草本，高 15-60（-100）cm。块茎扁球形或近球形。基生鳞叶 2，皆包假茎，膜质，淡紫色或黄褐色；基生叶 1-2，绿色至淡紫色；叶鸟趾状全裂，稀深裂，裂片 3-5，倒卵形、椭圆形或广倒卵形，先端渐尖或锐尖，基部楔形，全缘或呈波状，长 3-17cm，宽 1-9cm，叶背面有光泽；基生叶柄长，中裂片与侧裂片片具共同柄。雌雄异株或稀同株；肉穗花序；佛焰苞绿色，下部筒状，先端张开，口缘平截，檐部向前弯曲，卵形至椭圆形，先端渐尖或锐尖；雄花序近圆柱形；附属体棒状；花药 2-6，花丝合生形成短柄，花药顶孔开裂；子房 1，倒卵形，具棱，花柱极短，盘状柱头呈毛刷状，胚珠 6。浆果，成熟时红色，果序似苞米穗状，故有"山苞米"之称。种子白色，卵圆形。花期 5-6 月，果期 8-9 月。

生于林下、沟边，海拔 1200m 以下。

产地：黑龙江省尚志、宁安，吉林省抚松、通化、蛟河、安图、靖宇，辽宁省西丰、桓仁、本溪、凤城、丹东、鞍山、营口、大连、北镇、凌源、宽甸、辽阳、岫岩、新宾、清原、沈阳、抚顺、盖州、海城、开原、兴城、东港、庄河、铁岭、绥中、建昌、建平、喀左，内蒙古科尔沁左翼后旗、宁城。

分布：中国（黑龙江、吉林、辽宁、内蒙古、河北、山西、陕西、宁夏、山东、河南），朝鲜半岛，俄罗斯。

块茎入药，为中药"天南星"，有燥湿化痰、祛风止痉及消肿散结之功效。亦可作农药和兽药。

962 朝鲜天南星

Arisaema peninsulae Nakai

多年生草本，高 20-70cm。块茎扁球形或近球形。基生鳞叶 2，鞘状，膜质，黄棕色，有的带紫色斑纹；基生叶 2，包于花序柄，形成假茎，表面具蛇皮状斑纹，故有"长虫苞米"之称；叶鸟趾状深裂至全裂，裂片 5-17，椭圆状披针形、倒卵状长圆形或椭圆形；叶楔形，中部小裂片对称，侧裂片不对称，先端骤狭、渐尖或锐尖，全缘，长 4-20cm，宽1-4cm，叶背面浅绿色；中裂片与侧裂片具共同柄。雌雄异株；肉穗花序；佛焰苞绿色，下部筒状，先端张开，檐部向前弯曲，稍呈椭圆形，先端渐尖；雄花序 1-3cm，雌花序

1.5-3cm，稍呈圆柱形；附属体具短柄，棒状，直立或顶端稍向前弯曲，有的先端膨大；雄花花药 2-6，花丝合生成短柄，花药顶孔开裂；子房倒卵形，具棱，1 室，胚珠 5，盘状柱头毛刷状。浆果近球形，成熟时红色或橘红色。花期 5-6 月，果期 8-9 月。

生于山阴坡林下、山坡草地及沟谷溪流旁。

产地：吉林省桦甸、集安、抚松，辽宁省抚顺、长海、大连、沈阳、本溪、清原、新宾、桓仁、宽甸、岫岩、凤城、丹东、鞍山、盖州、庄河。

分布：中国（吉林、辽宁、河南），朝鲜半岛，俄罗斯。

块茎入药，有燥湿化痰、祛风止痉及消肿散结之功效。亦可作农药和兽药。

963 水芋　水葫芦　水浮莲
Calla palustris L.

多年生水生草本，高 20-40cm，全株肉质有光泽。根状茎横卧，肉质，圆柱形；茎上具叶柄残基，节间长达 7cm。

基叶生广披针形，先端钝圆；叶心形，全缘，长宽近等长，先端刺尖，主脉 1，侧脉随叶形向叶端呈弧形弯曲；叶柄长圆柱形，一侧扁，基部具鞘。肉穗花序呈短苞米状；花序柄长，圆柱形；佛焰苞广卵形，基部包于花序柄，全缘，先端尾尖，外侧淡绿色，内侧乳白色；肉穗花序与佛焰苞之间具长梗；雄蕊多数，花丝扁平，不等长，花药 2；花柱短，四棱锥形，柱头盘状，子房 1 室，胚珠 6-9。果序短柱形，成熟时橘红色。花期 6-7 月，果期 8 月。

生于沼泽地、水中。

产地：黑龙江省哈尔滨、尚志、密山、虎林、嘉荫、黑河、东宁，吉林省抚松、敦化、汪清，辽宁省清原、新宾、彰武，内蒙古科尔沁左翼后旗、额尔古纳、牙克石。

分布：中国（黑龙江、吉林、辽宁、内蒙古），日本，俄罗斯；欧洲，北美洲。

可作观赏植物。根状茎入药，可治水肿等症，外用可消毒消肿。全草煎剂口服作风湿症的镇痛药。

天南星科 Araceae

964 臭菘 黑瞎子白菜
Symplocarpus foetidus (L.) Sieb. ex Nutt.

多年生草本，植株有蒜气味。根状茎短，粗壮。叶基生，圆心形或广卵状椭圆形至近圆心形，叶初开展时小，后期长 20-40cm，宽 15-35cm，先端急尖，基部深心形，全缘，无毛；叶柄长，两侧对折如鞘状。花序先于叶生出；花序柄基生，直立；佛焰苞暗紫色或近黑褐紫色，内凹如兜，围抱花序，先端渐尖并常下弯；肉穗花序广椭圆形，长 2-3cm，具短柄；花被片 4，先端均向内弯，合抱雄蕊及子房；雄蕊 4，花药黄色，花丝扁平；子房 1，胚珠 1。花期 5 月，果期 7-8 月。

生于针叶林及混交林下、沼泽地。

产地：黑龙江省饶河、穆棱、宝清，吉林省临江。

分布：中国（黑龙江、吉林），朝鲜半岛，日本，俄罗斯；北美洲。

浮萍科 Lemnaceae

965 浮萍
Lemna minor L.

漂浮水面的小型草本植物。叶状体扁平，两侧边缘对称，倒卵形、椭圆形或倒卵状椭圆形，长 1.5-5mm，宽 1-3mm，全缘，两面平坦，不透明，有不明显的脉纹 3 条，背面生白色丝状根 1 条。根长 2-3cm，根冠先端钝或稍钝，根鞘无附属物，通常于叶状体两侧由无性芽发育生出新叶状体并逐渐脱离母体。花小，单性，雌雄同株，生于叶状体边缘侧囊内，具 2 唇状的佛焰苞，内有 2 朵雄花及 1 朵雌花；雄花的花丝纤细，花药 2 室；雌花的子房 1 室，具 1 弯生胚珠。果实无翅或有窄翅。种子 1 粒，具隆起的胚孔和不规则的脉纹。花期 7-8 月，果期 7-9 月。

生于水田、池塘及水沟。

产地：黑龙江省虎林、密山、伊春，吉林省靖宇，辽宁省抚顺、沈阳，内蒙古新巴尔虎右旗、克什克腾旗、阿尔山、海拉尔、科尔沁右翼前旗。

分布：中国（全国广布），世界温带。

茎叶煮熟可作猪饲料。全草入药，有清热解毒、利水消肿之功效，可治肾炎、肝炎及牙龈肿痛等症，外用可治疮痈、毒蛇咬伤等症。

966 宽叶香蒲

Typha latifolia L.

多年生水生沼生草本，高 2m 以上。茎直立，粗壮。叶鞘抱茎；叶片线形，宽 8-20mm，深绿色。上部扁平，背面中部以下隆起，下部横切面近新月形。穗状花序，雄、雌花序紧密相接，雄花序在雌花序之上；雄花雄蕊 2，花粉粒为四合体；雌花具长毛，毛长于变形的不育雌蕊或近等长，比柱头短，柱头披针形至菱形，棕色至暗棕色，宿存。成熟果穗粗 1.8-3cm，暗棕色；小坚果披针形，褐色。种子褐色，椭圆形。花期 5 月中旬至 6 月上旬，果期 8-9 月。

生于河边、湖边及沼泽地等积水低地。

产地：黑龙江省密山、虎林、嘉荫、哈尔滨、伊春、呼玛、北安，吉林省汪清、珲春、安图、蛟河、辉南、临江、抚松，辽宁省桓仁、宽甸、清原、新宾、北票、沈阳、辽阳、本溪，内蒙古牙克石、扎赉特旗、赤峰。

分布：中国（黑龙江、吉林、辽宁、内蒙古、河北、陕西、甘肃、新疆、浙江、河南、四川、贵州、西藏），北半球温带至寒带。

雌蕊柄上的长毛可作枕芯填充物。叶可编织蒲包、蒲垫。全草及花粉入药，有行瘀利尿之功效，炒炭可收敛止血。根茎入药，可治口疮、热痢等症。果穗入药，有止血消炎之功效。

香蒲科 Typhaceae

967 短穗香蒲 无苞香蒲
Typha laxmannii Lepech.

多年生沉生或水生草本，高 80-120（-150）cm。茎直走，细弱。叶狭线形，宽 3-4mm，下部背面隆起，横切面半圆形；叶鞘抱茎。穗状花序，雄、雌花序离生，雄花序在雌花序之上，花序轴被白色或黄褐色柔毛；雄花雄蕊 2-3，花粉粒单一；雌花序雌花子房狭长圆状椭圆形；子房柄纤细，花柱比子房稍长，柱头卵状披针形，雌蕊柄上的长毛先端钝，比柱头短。成熟果穗短圆柱形至广椭圆形，比雄花序短 2-3 倍，棕色；小坚果椭圆形。种子褐色。花期 6 月，果期 7 月。

生于河边、湖边及沼泽地等积水低地。

产地：黑龙江省呼玛、哈尔滨、伊春、宁安，吉林省白城、镇赉，辽宁省长海、铁岭、法库、本溪、抚顺、辽阳，内蒙古通辽、鄂温克旗、克什克腾旗、牙克石、鄂伦春旗、额尔古纳、扎赉特旗、科尔沁右翼前旗、科尔沁左翼后旗、巴林右旗、翁牛特旗、敖汉旗。

分布：中国（黑龙江、吉林、辽宁、内蒙古、河北、山西、陕西、宁夏、甘肃、青海、新疆、山东、江苏、河南、四川），朝鲜半岛，日本，蒙古，俄罗斯，巴基斯坦；中亚，欧洲。

雌蕊柄上的长毛可作枕芯填充物。叶可编织蒲包、蒲垫。花粉入药，为中药"蒲黄"，有行瘀利尿之功效，炒炭可收敛止血。

968　香蒲　东方香蒲

Typha orientalis Presl.

多年生水生或沼生草本，高 1.2-2m。茎直立，粗壮。叶鞘抱茎；叶片线形，宽 6-10mm，上部扁平，下部腹面微凹，背面隆起，横切面半圆形。穗状花序圆柱形，雄、雌花序紧密相接；雄花未开放前具叶状苞片，花后脱落，雄花序在雌花序之上，粗 6-10（-11）mm，比雌果穗短，雄花有雄蕊 2-4，花丝合生，花粉粒单一；雌蕊柄上的长毛与柱头等长或近等长，柱头匙形至披针形，暗棕色，杂有不育雌蕊。雌果穗成熟后长 6-10（-15）cm，粗达 2.5cm，灰棕色；小坚果椭圆形。种子褐色，微弯。花期 7 月，果期 8-9 月。

生于水沟、池沼及湖边。

产地：黑龙江省伊春、安达、依兰、饶河、哈尔滨、密山、齐齐哈尔、萝北，吉林省蛟河、安图、双辽、镇赉、珲春，辽宁省沈阳、西丰、本溪、彰武、辽阳、东港、铁岭、内蒙古海拉尔、通辽、科尔沁左翼后旗、牙克石。

分布：中国（黑龙江、吉林、辽宁、内蒙古、河北、山西、陕西、甘肃、新疆、江苏、安徽、浙江、河南、江西、广东、云南、台湾），朝鲜半岛，日本，俄罗斯，菲律宾。

叶片挺拔，花序粗壮，用作花卉观赏。雌花序可作枕芯和坐垫的填充物。叶片可用于编织及造纸。花粉入药，为中药"蒲黄"。幼叶基部和茎先端可作蔬食。

969 羊胡子薹草 羊须草

Carex callitrichos V. Krecz

多年生草本。根状茎长，匍匐或上升。秆疏丛生，高 2-6cm，钝三棱形。基部叶鞘红褐色；叶细长，毛发状，宽 0.2-0.8（-1）mm，柔软，为秆长的 5-6 倍。苞片鞘状，先端急尖，边缘膜质；小穗 2-4，远离生；雄小穗顶生，线状披针形，花少数；雄花鳞片披针形，先端急尖，淡锈色，边缘白色膜质；雌小穗侧生，线形，具短柄，具花 1-3 朵；小穗轴膝曲；雌花鳞片披针形，锈色或淡锈色，边缘宽膜质，背部具淡绿色龙骨凸起，明显长于果囊。果囊倒卵形，钝三棱形，腹面凸起，背面近平，被短柔毛，基部楔形，先端稍圆形，急收缩为短喙，喙口全缘，淡褐色；小坚果紧密地包于果囊中，长圆状倒卵形。

生于阔叶红松林下。

产地：黑龙江省伊春、尚志，吉林省安图，内蒙古科尔沁右翼前旗、宁城。

分布：中国（黑龙江、吉林、内蒙古），俄罗斯。

970 针薹草

Carex dahurica Kukenth.

多年生草本。根状茎短。秆丛生，直立，纤细，三棱形，高 10-20cm。基部叶鞘无叶片，褐色；叶片狭，宽 0.5-1mm，先端渐狭，短于秆。小穗单一，顶生，雄雌顺序，卵形至卵圆形；雄花发育微弱，线形，具花 3-5 朵；雌花明显，具花 5-10 朵，鳞片果期脱落，卵形，先端稍钝，淡栗色，微短于果囊。果囊斜开展或反折，膜质，淡绿色或灰绿色，卵形至椭圆形，不明显三棱形，基部近圆形或微心形，先端稍收缩为不明显喙；喙口微凹；小坚果疏松地包于果囊中，椭圆形或倒卵形，三棱形。

生于泥炭藓沼泽地。

产地：黑龙江省伊春，内蒙古满洲里、科尔沁右翼前旗、阿尔山、克什克腾旗。

分布：中国（黑龙江、内蒙古），蒙古，俄罗斯。

971 寸草

Carex duriuscula C. A. Mey.

多年生草本。根状茎具纤细地下匍匐枝。秆疏丛生，高5-20cm。基部叶鞘灰褐色，有光泽，细裂成纤维状；叶片内卷成针状，刚硬，比秆短，宽达1.5mm，先端三角状锥形，边缘稍粗糙。穗状花序卵形或球形；小穗3-6；雌花鳞片锈褐色，广卵形或广椭圆形，先端稍急尖，边缘及先端膜质，稍带白色，比果囊短。果囊革质，广椭圆形或广卵形，平凸状，基部近圆形，具短柄，锈色或黄褐色，成熟时微有光泽，顶端具短喙；喙口白色膜质，背侧微缺，腹侧全缘，成熟后由于膜质部分易开裂，近浅二齿裂；小坚果稍疏松地包于果囊中，近圆形或广椭圆形。花果期4-6月。

生于草原、山坡草地、路边及河边，海拔250-700m。

产地：黑龙江省伊春、汤原、大庆、嫩江、哈尔滨、安达，吉林省汪清，辽宁省本溪，内蒙古鄂温克旗、满洲里、通辽、扎兰屯、科尔沁右翼前旗、科尔沁右翼中旗、牙克石、海拉尔、新巴尔虎右旗、新巴尔虎左旗、乌兰浩特、根河、额尔古纳、科尔沁左翼后旗、克什克腾旗、喀喇沁旗、巴林右旗。

分布：中国（黑龙江、吉林、辽宁、内蒙古），朝鲜半岛，蒙古，俄罗斯；中亚。

可作草坪植物。为草原地区早春家畜牧草。

972 异穗薹草

Carex heterostachya Bunge

多年生草本。根状茎具长匍匐枝。秆三棱形，高 15-35cm，上部稍粗糙。叶基生，基部叶鞘无叶片，褐色，后细裂成纤维状；叶片质稍硬，线形，宽 1-2.5mm，扁平，背面密被乳头状突起，边缘稍外卷，微粗糙。苞片无鞘或基部具短鞘；小穗 3-4，常较集中生于秆的上端，间距较短；顶端雄小穗 1（-2），浅紫褐色，狭圆柱形，直立，有时其下方小穗为雄雌顺序；余者为雌小穗，无柄，卵形至长椭圆形，花密生；雌花鳞片深紫褐色，卵形或椭圆形，边缘宽膜质，

背部具 3 脉，中脉常色淡，顶端具短芒尖。果囊厚革质状，卵形或球状卵形，黄褐色，基部近圆形，先端为短喙；喙口半月状微缺，二齿裂；小坚果倒卵形，三棱形，包于果囊中。花果期 5-7 月。

生于山坡草地、路旁、水边及荒地。

产地：黑龙江省哈尔滨，辽宁省沈阳、大连、北镇、盖州、黑山，内蒙古科尔沁左翼后旗。

分布：中国（黑龙江、辽宁、内蒙古、河北、山西、陕西、甘肃、山东、河南），朝鲜半岛。

为优良地被植物。

973 软薹草 日本薹草
Carex japonica Thunb.

多年生草本。根状茎具长匍匐枝。秆扁三棱形，高20-40cm，稍具翼，微粗糙。基部叶鞘无叶片，褐色，边缘细裂成网状；叶线形，与秆近等长，宽3-4mm，侧脉2突起，中脉不显。苞片叶状，基部无鞘；小穗3-4，远离生；雄小穗顶生，线形，具长柄；雌小穗侧生，短圆柱形或长圆形，花密生，下部者具短柄或柄极短，上部者无柄；雌花鳞片苍白色，中部色深，狭卵形，具脉3，先端渐尖。果囊狭卵形或卵状披针形，稍膨大三棱形，有光泽，有多数细脉，先端渐狭为长喙，基部近圆形。喙口微缺，白色膜质；小坚果疏松地包于果囊中，倒卵状椭圆形或椭圆形，三棱形。花果期5-7月。

生于林缘、山坡草地及沟边，海拔500m以下。

产地：吉林省安图，辽宁省鞍山、凤城、本溪，内蒙古科尔沁左翼后旗。

分布：中国（吉林、辽宁、内蒙古、河北、山西、陕西、江苏、河南、湖北、四川、云南），朝鲜半岛，日本，俄罗斯。

974 黄囊薹草

Carex korshinskyi Kom.

多年生草本。根状茎匍匐或斜升，有匍匐枝。秆丛生，高 15-40cm，三棱形。基部叶鞘无叶片，淡红褐色至褐色，细裂成纤维状；叶片线形，与秆近等长，宽 1-2mm，扁平或对折，边缘微外卷。苞片鳞片状，具短芒或先端刚毛状；小穗 2-3；雄小穗顶生，线形或棒棍状；雌小穗侧生，卵圆形或球形，无柄，花 3-15 朵；雌花鳞片长 3-4mm，深黄色或浅褐色，卵形，边缘宽白色膜质，先端渐尖。果囊倒卵形至椭圆形，膨大三棱形，金黄色，有光泽，先端急缩为短喙，基部楔形；喙口膜质，斜截形；小坚果紧密地包于果囊中，椭圆状卵形，三棱形，具短柄。花果期 5-7 月。

生于山坡草地、砂质地，海拔 1300m 以下。

产地：黑龙江省哈尔滨，吉林省安图，辽宁省沈阳、彰武，内蒙古额尔古纳、海拉尔、牙克石、满洲里、鄂温克旗、新巴尔虎左旗、陈巴尔虎旗、扎赉特旗、科尔沁左翼后旗、新巴尔虎右旗、科尔沁右翼前旗、阿尔山、科尔沁右翼中旗、巴林右旗、乌兰浩特、根河、克什克腾旗、宁城。

分布：中国（黑龙江、吉林、辽宁、内蒙古、新疆），朝鲜半岛，蒙古，俄罗斯。

975 假尖嘴薹草

Carex laevissima Nakai

多年生草本。根状茎短。秆丛生，高15-60cm，三棱形。基部叶鞘无叶片，灰褐色，上部叶鞘长，膜质部分紧密抱茎，具皱纹，先端有半月状突起；叶片线形，扁平，短于秆，宽1-3mm。苞片不明显，近鳞片状，卵形或长圆形，顶端短刚毛状，短于小穗；小穗卵形，多数，雄雌顺序；雌花鳞片卵形，褐色，边缘白色膜质，先端渐尖。果囊狭卵形，平凸状，淡绿黄色，两侧具狭边，无翼，基部收缩为短柄，先端具喙；喙口二齿裂；小坚果疏松地包于果囊中，椭圆形，平凸状，基部具短柄。花果期5-7月。

生于草甸、林缘，海拔500-1800m。

产地：黑龙江省哈尔滨、伊春、呼玛、尚志、密山、虎林、黑河、嘉荫，吉林省吉林、临江、蛟河、安图、珲春、敦化，辽宁省开原、丹东、彰武、清原、鞍山，内蒙古扎兰屯、额尔古纳、鄂伦春旗、阿尔山、鄂温克旗、科尔沁右翼前旗、喀喇沁旗。

分布：中国（黑龙江、吉林、辽宁、内蒙古），朝鲜半岛，日本，俄罗斯。

976 凸脉薹草

Carex lanceolata Boott

多年生草本。根状茎短，斜升。秆密丛生，高 10-35cm，粗糙。基部叶鞘红褐色，带紫色，稍细裂成网状；叶片质软，线形，宽 1.5-2mm，扁平。苞片鞘状，淡褐色，先端斜膨大，截形，边缘白色膜质状；小穗 2-3，稍远离生；顶生者为雄小穗，线形；侧生者为雌小穗，长圆形，疏生花 5-10 朵；小穗轴常呈"之"字形弯曲，有时稍直，基部具柄，柄为叶鞘所包或稍长，露出鞘外；雌花鳞片披针形或倒卵状披针形，顶端锐尖，两侧紫褐色，中间淡绿色，边缘宽膜质状。果囊倒卵状椭圆形，三棱形，淡绿色或灰绿色，被短柔毛，脉多数，基部渐狭为柄状，顶端具短喙；喙口近截形；小坚果于果囊中，倒卵状椭圆形，三棱形，先端具短喙。花果期 4-6 月。

生于向阳山坡草地、林下及路旁，海拔 2300m 以下。

产地：黑龙江省尚志、哈尔滨、伊春、黑河、嘉荫，吉林省安图、桦甸、蛟河、长白，辽宁省鞍山、本溪、凤城、桓仁、丹东、新宾、宽甸、沈阳、瓦房店、大连、清原、东港、内蒙古满洲里、阿尔山、克什克腾旗、额尔古纳、阿荣旗、科尔沁右翼前旗、牙克石、海拉尔、根河。

分布：中国（黑龙江、吉林、辽宁、内蒙古、河北、山西、陕西、甘肃、山东、江苏、安徽、浙江、河南、江西、四川、贵州、云南），朝鲜半岛，日本，蒙古，俄罗斯。

茎叶可作造纸原料。嫩叶可作饲料。

977 尖嘴薹草

Carex leiorhyncha C. A. Mey.

多年生草本。根状茎短。秆丛生，高 20-70cm，三棱形。基部叶鞘无叶片，褐色，疏松抱茎，先端截形；叶片线形，

扁平，与秆等长或短于秆，宽 3-5mm，两面密被褐色斑点。苞片刚毛状，花序最下部者较长，上部者较短；穗状花序圆柱形；小穗雄雌顺序，多数，卵形或长圆形；雌花鳞片锈黄色，卵形或卵状披针形。果囊长圆状卵形或卵形，淡黄色或淡绿黄色，平凸状，被红褐色斑点，基部具短柄，具长喙；喙平滑，喙口二齿裂；小坚果疏松包于果囊中，椭圆形或近卵形，微双凸状。花果期 5-7 月。

生于山坡草地、林缘、草甸、水边及田边。

产地：黑龙江省哈尔滨、伊春、北安、尚志、黑河、呼玛、萝北、宁安，吉林省临江、长春、汪清、靖宇、抚松、安图、和龙、敦化、蛟河、长白，辽宁省西丰、丹东、兴城、宽甸、义县、桓仁、清原、昌图、铁岭、沈阳、北镇、鞍山、本溪、凤城、大连，内蒙古根河、鄂温克旗、鄂伦春旗、扎兰屯、牙克石、科尔沁右翼中旗、扎赉特旗、额尔古纳、扎鲁特旗、巴林右旗、乌兰浩特、阿尔山、克什克腾旗、宁城、喀喇沁旗。

分布：中国（黑龙江、吉林、辽宁、内蒙古、河北、山西、山东、河南、陕西、甘肃），朝鲜半岛，俄罗斯。

可作饲料。可用于造纸及苫房。

莎草科 Cyperaceae

978 翼果薹草

Carex neurocarpa Maxim.

多年生草本。根状茎短。秆丛生，粗壮，高 30-60cm，扁三棱形。基部叶鞘无叶片，暗黄褐色；叶质稍硬，线形，与秆等长或长于秆，宽 2-4mm，稍内卷。下部苞片叶状，长于花序，上部者刚毛状；穗状花序紧密，尖塔状圆柱形；小穗多数，卵形，雄雌顺序；雌花鳞片卵形至长椭圆形，稍带锈黄色，膜质，具脉 3 (-5)，先端渐尖，比果囊狭。果囊卵形至长圆状卵形，膜质，锈褐色，脉多数，两侧边缘于中部以上具宽翼，基部渐狭成短柄，上部被紫褐色腺点，先端渐狭为喙；喙扁平，具齿齿状翼，喙口二齿裂；小坚果疏松地包于果囊中，椭圆形，平凸状，基部具短柄。花果期5-7月。

生于草甸、湿草地。

产地：黑龙江省哈尔滨、齐齐哈尔、嫩江、伊春、尚志、萝北，吉林省珲春、双辽、公主岭、吉林，辽宁省沈阳、锦州、凤城、庄河、本溪、桓仁、绥中、瓦房店、长海、宽甸、盘山、清原、内蒙古额尔古纳、牙克石、扎兰屯、科尔沁右翼前旗、扎赉特旗、扎鲁特旗。

分布：中国（黑龙江、吉林、辽宁、内蒙古、河北、山西、陕西、甘肃、山东、江苏、安徽、河南），朝鲜半岛，日本，俄罗斯。

979 大穗薹草

Carex rhynchophysa C. A. Mey.

多年生草本。根状茎短。匍匐枝长，粗壮。秆高 50-100cm，粗壮，三棱形。基部叶鞘无叶片，淡褐色，上部叶鞘长，有叶片，具明显横隔；叶片等长，扁平，质软稍厚，脉间具明显横隔，宽 8-15mm。下部苞片长于花序，通常无鞘，稀微具短鞘；小穗 5-10，远离生；上部 3-6 为雄小穗，线形；其余为雌小穗，圆柱形，花密生，直立或稍下垂；雌花鳞片披针形，淡锈色，稍带紫红色，背部具脉 1，先端锐尖，无芒。果囊球状倒卵形至卵形，水平开展，膜质，黄绿色，有光泽，具细脉，基部圆形至广楔形，具短柄，先端为圆锥状长喙；

喙口二齿状分裂。小坚果倒卵形，三棱形，包于果囊中。花果期 6-7 月。

生于沼泽地、河边及湖边。

产地：黑龙江省伊春、宝清、呼玛、饶河、尚志、哈尔滨，吉林省汪清、珲春、扶余、抚松、安图、临江、和龙，内蒙古额尔古纳、根河、鄂温克旗、鄂伦春旗、牙克石、科尔沁右翼前旗、扎兰屯、满洲里、扎赉特旗、阿尔山、宁城、克什克腾旗、扎鲁特旗、科尔沁右翼中旗、巴林右旗。

分布：中国（黑龙江、吉林、内蒙古、新疆），朝鲜半岛，日本，俄罗斯；欧洲。

可作牧草。茎叶亦可作造纸原料。

980 宽叶薹草

Carex siderosticta Hance

多年生草本。根状茎斜升，具长匍匐枝。秆纤细，稍弯曲，高 20-30cm。基部叶鞘无叶片，淡黄褐色；叶质软，扁平，长圆状披针形，长 10-20cm，宽 1-3cm，表面绿色，有侧脉 2，背面色淡，中肋明显，沿脉疏被毛。苞片佛焰苞状；小穗 5-10，雄雌顺序，线状披针形，花疏生，直立，具长柄；雌花鳞片披针形至广披针形，先端钝，淡绿色，中肋明显，与果囊近等长。果囊椭圆状卵形，三棱形，先端急狭为一短喙；喙口截形，基部稍狭，具明显柄。小坚果紧密地包于果囊中，椭圆形，三棱形。花果期 5-7 月。

生于山坡草地、林下及水边。

产地：黑龙江省哈尔滨、尚志、伊春，吉林省蛟河、安图、抚松，辽宁省沈阳、北镇、西丰、清原、庄河、宽甸、丹东、凤城、新宾、鞍山、桓仁、兴城、本溪，内蒙古喀喇沁旗、宁城。

分布：中国（黑龙江、吉林、辽宁、内蒙古、河北、山西、陕西、河南、山东、安徽、浙江、江西），朝鲜半岛，日本，俄罗斯。

可作饲料。根入药，主治妇女气血亏、五劳七伤等症。

981　头穗莎草

Cyperus glomeratus L.

一年生草本。秆单一或丛生，直立，粗壮，高 10-50（-150）cm，三棱形。叶鞘褐色；叶片线形。苞片 3-5，叶状，比花序长数倍；长侧枝聚伞花序复出，辐射枝不等长，具多数小穗，聚成长圆形或卵形穗状花序；小穗线状披针形，近直立，后开展，几扁平，具花 8-20 朵；小穗轴细，具翼；鳞片近长圆形，膜质，顶端钝，淡棕褐色或淡棕色，具绿色中肋；雄蕊 3；柱头 3。小坚果长圆形，三棱形，灰褐色，具细点。花果期 6-10 月。

生于水边、路旁及湿草地。

产地：黑龙江省哈尔滨、虎林、密山、依兰、穆棱、大庆、安达、杜尔伯特，吉林省集安、九台、大安，辽宁省凌源、彰武、葫芦岛、大连、普兰店、本溪、新宾、阜新、西丰、沈阳，内蒙古科尔沁左翼后旗、扎兰屯、乌兰浩特、科尔沁右翼前旗、科尔沁右翼中旗、牙克石、扎鲁特旗、喀喇沁旗。

分布：中国（黑龙江、吉林、辽宁、内蒙古、河北、山西、陕西、甘肃、河南），朝鲜半岛，日本，俄罗斯；中亚、欧洲。

982　碎米莎草

Cyperus iria L.

一年生草本，须根多数。秆丛生，高 10-50cm，三棱形，基部具叶。叶鞘棕褐色；叶片线形，扁平，宽 2-4mm。苞片 3-5，叶状，开展，线形，比花序显著长；长侧枝聚伞花序复出，辐射枝不等长，每辐射枝具穗状花序 3-8；小穗线状长圆形，黄色或黄褐色，无柄或具短柄；小穗轴无翼，有花 5-20 朵；鳞片广倒卵形，黄色或麦秆黄色，先端微缺，具极短的小尖，背脊明显，绿色，具脉 3-5；雄蕊 3；柱头 3。小坚果椭圆形或倒卵形，三棱形，褐色，密具细点。花果期 6-10 月。

生于稻田、湿地，海拔 400m 以下。

产地：吉林省安图，辽宁省北镇、桓仁、瓦房店、大连、沈阳、长海。

分布：中国（吉林、辽宁、华北、西北、华东、华中、华南、西南），朝鲜半岛，日本，越南，印度，马来西亚，伊朗；中亚，大洋洲，非洲，北美洲。

983　黄颖莎草　具芒碎米莎草　三方草
Cyperus microiria Steud.

一年生草本，具须根。秆丛生，高15-40cm，扁三棱形，平滑，下部具叶。叶鞘淡褐色，膜质，疏松抱茎；叶片线形，长5-18cm，宽2-5mm。苞片3-4，叶状，开展，比花序显著长；长侧枝聚伞花序复出或多次复出，辐射枝不等长，每辐射枝具穗状花序3-6，穗状花序卵形或三角形；小穗多数，线形或线状披针形，有花8-24朵，淡黄色；小穗轴具明显的翼；鳞片膜质，倒卵形或近椭圆形，淡黄色，先端钝，具明显的小尖头，背脊绿色，具脉3-5，雄蕊3；柱头3。小坚果倒卵形，三棱形，黑褐色，有光泽，密具细点。花果期8-10月。

生于山坡草地、田间及水边。

产地：黑龙江省虎林，吉林省临江、集安，辽宁省丹东、锦州、大连、鞍山、普兰店、庄河、新民、宽甸、东港、长海、清原、北镇、西丰、盖州、沈阳，内蒙古扎兰屯。

分布：中国（黑龙江、吉林、辽宁、内蒙古、河北、山西、陕西、安徽、四川），朝鲜半岛，日本。

984 水莎草

Juncellus serotinus (Rottb.) C. B. Clarke

多年生草本。根状茎长，匍匐。秆高30-100cm，扁三棱形，平滑，基部具叶。叶线形，扁平，宽5-10mm，背部中肋呈龙骨状突起，上部边缘稍粗糙。苞片3，叶状，平展，长于花序数倍；长侧枝聚伞花序复出，辐射枝不等长，每辐射枝具穗状花序1-3，穗状花序具小穗5-17；小穗长圆状披针形，近平展，具花10-35朵；鳞片广卵形，红褐色，具多数脉，先端钝或圆，背脊绿色，边缘白色，膜质；雄蕊3；柱头2。小坚果倒卵形，平凸状，棕褐色，具细点，有光泽。花果期7-10月。

生于湖边、河边湿地，海拔900m以下。

产地：黑龙江省哈尔滨、虎林、密山，吉林省吉林、长春、珲春、临江、抚松，辽宁省沈阳、大连、彰武、盖州、凌源、盘山、法库、康平、丹东、本溪、瓦房店、建平，内蒙古乌兰浩特、科尔沁右翼中旗、巴林左旗、敖汉旗、巴林右旗、科尔沁左翼后旗、阿鲁科尔沁旗、喀喇沁旗、牙克石、扎兰屯、扎鲁特旗。

分布：中国（黑龙江、吉林、辽宁、内蒙古、河北、山西、陕西、甘肃、新疆、山东、江苏、安徽、河南、浙江、福建、湖北、广东、贵州、云南、台湾），朝鲜半岛、日本、俄罗斯、印度；中亚、欧洲。

985 茸球藨草

Scirpus asiaticus Beetle

多年生草本。秆丛生，直立，粗壮，高 100-150cm，坚硬，具节，三棱形，平滑，有光泽。叶广线形，宽 5-15mm，边

缘及背部粗糙。苞片 2-4，叶状，短于花序，稀长于花序；多次复出长侧枝聚伞花序大型，顶生；具不等长辐射枝，各次辐射枝粗糙；小穗（1-）2-5 集生，近球形或卵形，棕色或淡红褐色；鳞片长圆状卵形或卵形，锈色，背部绿色中脉延伸为短芒，比小坚果长；下位刚毛 6，平滑，弯曲，先端稍有小刺，显著长于小坚果；柱头 3。小坚果倒卵形，扁三棱形，淡黄色，有喙。花果期 6-9 月。

生于草甸，海拔约 800m。

产地：吉林省珲春、安图，辽宁省丹东、凤城、桓仁。

分布：中国（吉林、辽宁、山东、江苏、安徽、浙江、河南、湖北、江西、四川、贵州、云南），朝鲜半岛，日本，俄罗斯，印度。

986　佛焰苞藨草　日羊胡子草

Scirpus maximowiczii C. B. Clarke

多年生草本。根状茎斜出，具匍匐枝。秆单生，高 15-30cm，三棱形，具 1-3 个节，上部微粗糙，基部具多数老叶鞘，后细裂成纤维状。秆生叶 2-3，线状披针形，扁平或微对折，长 3-6cm，宽 4-6mm；基生叶似秆生叶，较长，上部狭，三棱形，顶端稍钝，边缘微粗糙。苞片 1-3，佛焰苞状，近直立，基部黑褐色，膜质状，上部披针形，叶状，先端钝；长侧枝聚伞花序伞状，辐射枝不等长，粗糙；小穗 2-3（-4）顶生，小穗成熟时下垂，椭圆形或卵形，灰褐色，花多数；鳞片椭圆形或长圆形，膜质状，上部淡灰绿色，背部具 1 条明显中脉及不明显侧脉，先端钝；下位刚毛 6，淡黄褐色，屈曲；雄蕊 3；柱头 3。小坚果狭倒卵形，三棱形。

生于高山冻原。

产地：吉林省抚松、安图、长白。

分布：中国（吉林），朝鲜半岛，日本，俄罗斯。

莎草科 Cyperaceae

987 水葱 水葱藨草
Scirpus tabernaemontani Gmel.

多年生草本。根状茎粗壮，匍匐。秆圆柱形，高 1-2m，平滑。叶鞘无毛，通常无叶片，最上部一个叶鞘具狭线形叶片。

苞片1，为秆之延长，直立，比花序短；长侧枝聚伞花序假侧生，具辐射枝不等长，1-2 回分歧；小穗单生至 2-3 集生，卵形或长圆状卵形；鳞片椭圆形或卵形至广卵形，膜质，边缘微透明，具纤毛，先端稍凹，具短尖头；下位刚毛 6，与小坚果等长，红棕色，具倒刺；雄蕊 3；柱头 2。小坚果倒卵形或椭圆形，双凸状，灰褐色，平滑。花果期 6-9 月。

生于湖边、浅水中。

产地：黑龙江省哈尔滨、穆棱、塔河、孙吴、虎林、密山、黑河、呼玛、伊春、萝北，吉林省双辽、白城、珲春、前郭尔罗斯、靖宇、九台、临江、和龙、安图、敦化、汪清、磐石，辽宁省彰武、沈阳、大连、本溪、新宾、长海、盖州，内蒙古海拉尔、满洲里、额尔古纳、科尔沁右翼前旗、新巴尔虎左旗、扎赉特旗、乌兰浩特、阿尔山、扎鲁特旗、通辽、新巴尔虎右旗。

分布：中国（黑龙江、吉林、辽宁、内蒙古、河北、山西、陕西、甘肃、青海、新疆、江苏、四川、贵州、云南），朝鲜半岛，日本，俄罗斯；中亚，欧洲，大洋洲，北美洲。

茎可编席子，可作造纸原料，亦可作牧草。全草入药，主治水腹胀满、小便不利等症。

988 藨草

Scirpus triqueter L.

多年生草本。根状茎匍匐，细长，呈淡红色和紫红色。秆直立，粗壮，高 30-100cm，锐三棱形，基部具鞘 2-3。叶鞘具隆起横脉，仅上部叶鞘具叶片。苞片 1，如秆之延长，直立，稍呈三棱形，比花序短或近等长；简单长侧枝聚伞花序，假侧生；辐射枝不等长，顶端有小穗 1-8，有时无辐射枝小穗簇生呈头状；小穗多花密生，卵形或长圆形；鳞片长圆形或椭圆形，膜质，锈褐色，边缘微具纤毛，先端凹缺，背部具绿色中肋，延伸至顶端成短尖；下位刚毛 3-5，具倒生刺；雄蕊 3；柱头 2。小坚果倒卵形或广倒卵形，平凸状或双凸状，褐色，有光泽。花果期 6-9 月。

生于河边湿地、沼泽地。

产地：黑龙江省哈尔滨，吉林省珲春、白城，辽宁省新民、盘山、丹东、沈阳、法库、海城、彰武、普兰店、凌源、建平、庄河、盖州、阜新、东港、大连、抚顺、本溪，内蒙古乌兰浩特、科尔沁右翼前旗、科尔沁右翼中旗、巴林右旗、鄂温克旗、敖汉旗、科尔沁左翼后旗、扎赉特旗、宁城。

分布：中国（全国广布），朝鲜半岛，日本，俄罗斯，印度；中亚，欧洲，北美洲。

茎为造纸、人造纤维、编织的原料。

兰科 Orchidaceae

989 凹舌兰

Coeloglossum viride (L.) Hartm.

陆生多年生草本，高 12-40cm。块茎肥厚，掌状分裂；茎单一，直立。叶 2-4，椭圆形、椭圆状披针形或近披针形，长 3-11cm，宽 1-3.5cm，先端钝或渐尖，基部成鞘状抱茎，全缘；叶无柄。总状花序顶生，具数花；花淡绿色或黄绿色；苞片线状披针形或线形，下部苞片比花长；中萼片卵状椭圆形，侧萼片斜卵形，与中萼片近等长；侧花瓣线状披针形；唇瓣倒披针形，下垂，先端 3 裂，中裂片小于侧裂片；距长

1.5-3mm；蕊柱直立，花药近倒卵形；花粉块近棒状，有柄；子房长 5-8mm，扭转，花柱近肾形。蒴果直立，长圆状椭圆形。花期 6-7 月，果期 8 月。

生于林下、林缘及山坡草地。

产地：黑龙江省尚志、伊春，吉林省安图，辽宁省建昌、朝阳，内蒙古根河、牙克石、科尔沁右翼前旗、额尔古纳、阿尔山。

分布：中国（黑龙江、吉林、辽宁、内蒙古、河北、山西、陕西、宁夏、甘肃、青海、新疆、河南、四川、云南、西藏、台湾），朝鲜半岛，日本，蒙古，俄罗斯；中亚，欧洲，北美洲。

990 斑花杓兰 紫点杓兰

Cypripedium guttatum Sw.

陆生多年生草本，高 15-35cm。根状茎细长，横走；茎直立，被短柔毛及腺毛，基部具棕色叶鞘，近中部具叶 2。叶椭圆形或卵状椭圆形，长 6-13cm，宽 2.5-6cm，先端急尖或渐尖，基部圆楔形，抱茎，全缘，疏具细缘毛。花单生于茎顶；苞片叶状，卵状披针形；中萼片卵形或椭圆状卵形，侧萼片合生，狭椭圆形，先端 2 齿裂；侧花瓣斜卵状披针形；唇瓣囊状近球形，白色具紫红色斑，囊口部较小，内折的侧裂片小，囊口前部几无内弯的边缘；蕊柱长 4-6mm；退化雄蕊长圆状椭圆形，花药扁球形；子房纺锤形，密被腺毛，柱头近菱形。蒴果下垂，长圆状纺锤形，纵裂。花期 6-7 月，果期 8 月。

生于林缘、林间草地及阔叶疏林下，海拔 400-800m。

产地：黑龙江省嘉荫、尚志、伊春、黑河、呼玛，吉林省安图、抚松，辽宁省凤城、桓仁、本溪，内蒙古根河、牙克石、鄂伦春旗、阿尔山、额尔古纳、巴林右旗、科尔沁右翼前旗、陈巴尔虎旗。

分布：中国（黑龙江、吉林、辽宁、内蒙古、河北、山西、陕西、宁夏、山东、四川、云南、西藏），朝鲜半岛，日本，蒙古，俄罗斯；北美洲。

花美丽可供观赏。地上茎煎剂有扩张血管之功效，可治胃痛并能刺激食欲。花酊剂有发汗解热、利尿之功效，可治头痛、上腹痛等症。地上茎和花可治癌症。

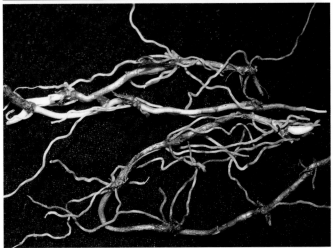

兰科 Orchidaceae

991 大花杓兰 大花囊兰 狗卵子花
Cypripedium macranthum Sw.

陆生多年生草本，高 25-50cm。根状茎横走，粗壮；茎直立，基部具叶鞘 2-3。叶椭圆形、卵状椭圆形或椭圆状披针形，长 8-16cm，宽 3-10cm，先端锐尖，基部渐狭成鞘，抱茎，全缘，具缘毛，表面绿色，中脉稍较明显，背面色淡，两面沿脉疏被短柔毛。花单生于茎顶，红紫色；花苞片与叶同形，较小；中萼片广卵形，合生侧萼片卵形，先端急尖，具 2 齿；侧花瓣披针形或广披针形，先端锐尖，表面基部被长柔毛；唇瓣椭圆状球形，基部与囊内底部被长柔毛，囊口径约 1.5cm，基部具 1 对直立基裂片，边缘较狭，内折侧裂片舌状三角形；蕊柱长约 2cm；雄蕊 2，花药扁球形，退化雄蕊长圆状卵形；子房狭圆柱形，弧曲，柱头近菱形。蒴果纺锤形，具 6 棱。花期 6-7 月，果期 8-9 月。

生于林缘、林间草地、疏林下、灌丛及草甸。

产地：黑龙江省呼玛、黑河、嘉荫、尚志、密山、萝北、伊春，吉林省安图、桦甸、临江、抚松，辽宁省本溪、丹东、新宾、开原、西丰、凤城、清原、宽甸、桓仁，内蒙古额尔古纳、根河、牙克石、鄂伦春旗、阿尔山、海拉尔、科尔沁右翼前旗、科尔沁左翼后旗、克什克腾旗、宁城、巴林右旗。

分布：中国（黑龙江、吉林、辽宁、内蒙古、河北、山西、山东、台湾、四川、云南、西藏），朝鲜半岛，日本，蒙古，俄罗斯。

花大美丽可供观赏。全草入药，有利尿消肿、活血祛瘀及祛风镇痛之功效，主治全身浮肿、小便不利、风湿性腰腿痛、带下及跌打损伤等症。

992 火烧兰

Epipactis thunbergii A. Gray

陆生多年生草本，高 40-70（-80）cm。根状茎横走；茎直立，粗壮，圆柱形，无毛，基部具叶鞘 3-5。叶卵形或卵状披针形，长 6-13cm，宽 2-5（-7）cm，先端渐尖，基部圆，鞘状抱茎，全缘；叶无柄。总状花序顶生；花下垂，淡黄褐色；苞片叶状，卵状披针形；中萼片卵形，侧萼片斜卵形，与背萼片近等大，先端锐尖；侧花瓣斜卵形，唇瓣与侧花瓣近等长，上唇卵状三角形，基部有 2-3 鸡冠状隆起褶片，下唇倒心形，内凹两侧呈耳状突出，形如侧裂片；蕊柱长约 6mm；花药卵形；子房棒状，无毛，柱头不规则四边形。蒴果长椭圆形，具纵棱；果梗扭转。花期 6-7 月，果期 8-9 月。

生于林下、山坡草地，海拔约 300m。

产地：黑龙江省萝北，辽宁省本溪、鞍山、彰武，内蒙古科尔沁左翼后旗。

分布：中国（黑龙江、辽宁、内蒙古、山东、河北、新疆），朝鲜半岛，日本，俄罗斯。

兰科 Orchidaceae

993 小斑叶兰
Goodyera repens (L.) R. Br.

陆生多年生草本，高 10-20（-25）cm。根状茎细长，匍匐；茎单一，直立，上部被腺毛。茎下部叶卵形或卵状椭圆形，长 1-2.5（-3）cm，宽 0.8-2cm，先端锐尖或钝，基部光楔形或近圆形，下延成鞘状叶柄，全缘，表面绿色，具数条弧形的纵脉，并分生细脉，形成黄白色网状斑纹，背面灰绿色；茎中上部叶成叶鞘抱茎；叶有短柄。总状花序顶生，花序轴多少扭转；花白色，偏向一侧；花序轴、苞片、花被片、子房均被腺毛；苞片披针形；中萼片长卵形，与侧花瓣靠合成兜状，侧萼片斜披针状卵形，唇瓣凹陷成舟状，基部先端狭而弯曲成喙状；蕊柱短，与唇瓣分离；花药较小；蕊喙直立，2 裂；黏盘插生其中；子房扭转，柱头 1，较大，位于蕊喙之下。蒴果广椭圆形或近球形，疏被腺毛。花期 7-8 月，果期 9 月。

生于林下、林缘。

产地：黑龙江省呼玛，吉林省长白、抚松、安图，辽宁省庄河，内蒙古额尔古纳、牙克石、科尔沁右翼前旗、根河、阿尔山。

分布：中国（黑龙江、吉林、辽宁、内蒙古、山西、陕西、甘肃、青海、新疆、河南、安徽、湖北、湖南、四川、云南、西藏、台湾），朝鲜半岛，日本，俄罗斯，印度，不丹，缅甸；中亚，欧洲，北美洲。

兰科 Orchidaceae

994 手掌参 手参 穗花羽蝶兰

Gymnadenia conopsea (L.) R. Br.

陆生多年生草本，高 25-90cm。块茎 1-2，肉质肥厚，两侧压扁，掌状分裂；茎单一，直立，基部具叶鞘 2-3。叶舌状狭椭圆披针形至长圆状线形，长 16-20cm，宽 1-3cm，先端急尖、渐尖或钝，基部成鞘状抱茎，茎上部具披针形苞片状小叶 2-3；叶无柄。穗状花序顶生；花多数，紫红色或粉红色，密集排列成圆柱状；苞片披针形；中萼片椭圆形，稍内凹；侧萼片斜卵状椭圆形，向两侧延伸；侧花瓣斜卵状三角形，与中萼片多少靠合成盔状；唇瓣菱状倒卵形，先端 3 裂；距圆筒状或线形；蕊柱长约 2mm；花药椭圆形；花粉块 2，有柄和黏盘线形；退化雄蕊长圆形，蕊喙小；子房扭转，柱头 2，隆起。蒴果近长圆形或长圆状椭圆形。花期 7-8 月，果期 8-9 月。

生于林下、湿草甸。

产地：黑龙江省黑河、北安、尚志、鹤岗、集贤、饶河、富锦、伊春、呼玛，吉林省抚松、安图、长白、临江、珲春、汪清、桦甸，辽宁省西丰、清原、桓仁、彰武、凤城，内蒙古额尔古纳、根河、阿尔山、扎兰屯、牙克石、鄂伦春旗、鄂温克旗、扎赉特旗、科尔沁右翼前旗、克什克腾旗、宁城、巴林右旗、喀喇沁旗。

分布：中国（黑龙江、吉林、辽宁、内蒙古、河北、山西、陕西、甘肃、四川、云南、西藏），朝鲜半岛，日本，蒙古，俄罗斯；欧洲。

块茎入药，有补肾益精、理气止痛之功效，主治病后体弱、神经衰弱、咳嗽、阳痿、久泻、白带、跌打损伤及瘀血肿痛等症。

兰科 Orchidaceae

995 角盘兰

Herminium monorchis (L.) R. Br.

陆生多年生草本，高 8-50cm。块茎近球形；茎直立，基部具棕色叶鞘，上部具 1-2 苞片状小叶。茎下部叶披针形或

狭椭圆形，长 2-13cm，宽 0.5-2.5cm，先端急尖或渐尖，基部渐狭成鞘，抱茎，全缘，具弧形网状脉。总状花序顶生，花多数，花小，黄绿色，垂头；苞片披针形；中萼片卵形或卵状披针形，侧萼片与中萼片近等长，稍狭；侧花瓣近线状披针形，中部以上渐狭成线形；唇瓣与花瓣近等长，肉质增厚，基部凹陷，呈浅囊状，近中部 3 裂，中裂片线形，侧裂片三角状；无距；蕊柱长约 0.7mm；退化雄蕊 2；花粉块近球形；蕊喙短小；子房无毛，扭转，柱头 2，隆起，位于蕊喙下。蒴果近长圆形。花期 6-7 月，果期 8-9 月。

生于阔叶林及针叶林下、灌丛、山坡草地及河滩沼泽地。

产地：黑龙江省黑河、孙吴、呼玛、富锦，吉林省抚松，辽宁省清原、本溪、沈阳、鞍山、海城、建平、凤城，内蒙古额尔古纳、克什克腾旗、牙克石、海拉尔、鄂伦春旗、科尔沁右翼前旗、扎赉特旗、根河、宁城、敖汉旗、巴林右旗、喀喇沁旗。

分布：中国（黑龙江、吉林、辽宁、内蒙古、河北、山西、陕西、宁夏、甘肃、青海、山东、安徽、河南、四川、云南、西藏），朝鲜半岛，日本，蒙古，俄罗斯，印度；中亚，欧洲。

全草入药，有强心利肾、生津止渴、补脾健胃及调经活血之功效。

兰科 Orchidaceae

996 对叶兰 大二叶兰

Listera puberula Maxim.

陆生多年生草本，高 10-25cm。根状茎较短；茎纤细，直立，基部具膜质叶鞘。叶三角状广卵形或近心形，长 1.5-3cm，宽 1.5-3.5cm，先端钝或稍尖，基部微心形或近截形，全缘；叶无柄。总状花序顶生；花小，绿色或黄绿色；苞片卵状披针形或近卵形；花梗长扭转，被短柔毛；中萼片近卵状披针形或近卵形，侧萼片斜卵状披针形，侧花瓣线形；唇瓣近楔形，顶 2 裂，2 裂片间有一极小裂片；蕊柱直立，上部稍向前弯；花药生于蕊柱顶端；蕊喙广卵状椭圆形；子房无毛，柱头 1，近半圆形。蒴果椭圆形，无毛。花期 7-8 月，果期（8-）9 月。

生于林下、林缘及高山冻原，海拔 2000m 以下。

产地：黑龙江省伊春，吉林省安图、抚松、长白，内蒙古额尔古纳、牙克石、巴林右旗、克什克腾旗、根河。

分布：中国（黑龙江、吉林、内蒙古、河北、山西、甘肃、青海），朝鲜半岛，日本，俄罗斯。

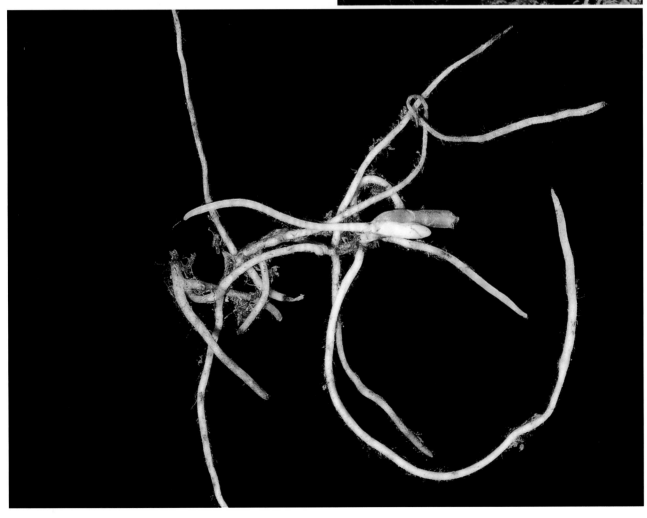

兰科 Orchidaceae

997 二叶兜被兰 鸟巢兰
Neottianthe cucullata (L.) Schltr.

陆生多年生草本，高 10-40cm。块茎近球形或广椭圆形；茎纤细，直立，无毛。基生叶卵形、披针形或椭圆形，长 2.5-10cm，宽 0.5-3.5cm，先端急尖或渐尖，基部近圆形或渐狭，全缘；茎中上部为苞片状叶，长 1-2.5cm，基生叶具鞘状叶柄，抱茎。总状花序顶生；花淡紫红色或粉红色，在花序上常偏向一侧；花梗扭转；苞片披针形；萼片披针形，下中部靠合内凹如兜，成盔瓣状，中萼片卵状披针形，侧萼片斜卵状披针形；侧花瓣线形，较萼片稍短；唇瓣位于下方，向前平伸，上面具乳突状突起，近中部 3 裂，中裂片披针形，侧裂片线形，短于中裂片；距圆筒形，下垂，向前弯曲；蕊柱小；花粉块淡黄色，具短柄和黏盘；退化雄蕊小；子房纺锤形，扭转，无毛。花期 6-7 月，果期 8-9 月。

生于林下、山坡草地。

产地：黑龙江省伊春、鸡西、呼玛、宁安、孙吴，吉林省安图、抚松，辽宁省大连，内蒙古牙克石、额尔古纳、巴林右旗、鄂伦春旗、科尔沁右翼前旗、克什克腾旗、宁城。

分布：中国（黑龙江、吉林、辽宁、内蒙古、河北、陕西、甘肃、青海、浙江、福建、河南、安徽、江西、四川、云南、西藏），朝鲜半岛，日本，蒙古，俄罗斯；欧洲。

兰科 Orchidaceae

Oreorchis patens (Lindl.) Lindl.

陆生多年生草本，高 20-45cm。假鳞茎近卵球形，常数个相连，呈念珠状。基生叶 1-2，长 20-30cm，宽 1.5-3cm，先端渐尖，基部收狭为柄。花葶侧生于假鳞茎顶端，直立，具 2 膜质筒状鞘；总状花序顶生；苞片小，披针形；花黄色；萼片长圆状披针形；侧花瓣狭长圆形，先端钝；唇瓣白色带紫斑，近基部 3 裂，侧裂片狭镰刀状，长约为中裂片的 1/2，中裂片楔状倒卵形，基部中央有 2 条明显的纵褶片；蕊柱纤细，先端稍扩大，前倾；子房纤细。蒴果纺锤状椭圆形，斜垂。花期 6-7 月，果期 8-9 月。

生于林下阴湿处、岩石缝间、林缘、灌丛、山坡草地及沟谷。

产地：黑龙江省尚志、饶河，吉林省桦甸，辽宁省大连、清原、桓仁、宽甸、岫岩、新宾。

分布：中国（黑龙江、吉林、辽宁、陕西、甘肃、四川、贵州、云南、西藏），朝鲜半岛，日本，俄罗斯。

999 绥草 东北盘龙参 拧劲兰
Spiranthes sinensis (Pers.) Ames

陆生多年生草本，高 15-40cm。根数条簇生，指状，肉质。茎直立，纤细。基生叶线形或线状披针形，长 7-14cm，宽 2-8mm；茎生叶，稍小于基生叶，先端锐尖，基部成鞘状抱茎。总状花序顶生；花序轴呈螺旋状扭转，被腺毛；苞片卵状披针形，先端锐尖；花粉红色或紫红色；中萼片狭椭圆形或卵状披针形，先端钝，具 1-3 脉，侧萼片披针形，较狭，先端尖；侧花瓣狭长圆形，与中萼片靠合成盔状；唇瓣白色，长圆状卵形，稍内卷呈舟状，基部具爪，或不明显，里面两侧各有 1 胼胝体，中部稍缢缩，中间以上具皱波状齿，先端圆形；蕊柱小；花粉块较大，蕊喙深 2 裂；黏盘纺锤形；柱头较大，呈马蹄形，子房卵形，扭转，被腺毛。蒴果具 3 棱。花期 6-8 月，果期 8-9 月。

生于林缘、林下及湿草地。

产地：黑龙江省虎林、黑河、齐齐哈尔、安达、哈尔滨、伊春、依兰、饶河、密山、呼玛，吉林省通化、安图、汪清、珲春、长春、通榆、长白，辽宁省凌源、北镇、彰武、康平、法库、铁岭、凤城、沈阳、鞍山、海城、长海、本溪、丹东、大连、宽甸、桓仁，内蒙古根河、巴林右旗、鄂温克旗、宁城、克什克腾旗、阿鲁科尔沁旗、鄂伦春旗、新巴尔虎左旗、扎赉特旗、科尔沁右翼前旗、科尔沁右翼中旗、阿荣旗、额尔古纳、科尔沁左翼后旗、扎兰屯、牙克石。

分布：中国（全国广布），朝鲜半岛，日本，蒙古，俄罗斯，印度；大洋洲。

根及全草入药，有滋阴益气、凉血解毒之功效，主治病后体虚、神经衰弱、肺结核咯血、咽喉肿痛、小儿夏季热、糖尿病及白带等症，外用可治毒蛇咬伤。

兰科 Orchidaceae

1000 蜻蜓兰 竹叶兰

Tulotis fuscescens (L.) Czer. Addit. et Collig.

陆生多年生草本，高 25-70cm。根状茎细长，肉质；茎直立，基部具叶鞘 1-2。叶广椭圆形或椭圆形，长 6-15cm，宽 3-10cm，先端钝或急尖，基部渐狭成抱茎叶鞘，全缘；茎上部生苞片状小叶 1 至数枚。穗状花序顶生；花多数密集，淡绿色；苞片狭披针形；中萼片广卵形，侧萼片卵形或狭卵形，基部稍偏斜；侧花瓣狭椭圆形或长圆形，稍偏斜；唇瓣基部 3 裂，中裂片舌状，线形，侧裂片小，三角形，先端尖；距细长，向顶端逐渐增粗；蕊柱小；退化雄蕊较小；花粉块具短柄和黏盘；黏盘椭圆形；蕊喙基部叉开，两侧基部形成蚌壳状黏囊；子房扭转，无毛。蒴果长圆形，先端狭细成喙，无毛。花期 7-8 月，果期 8-9 月。

生于林下、沟边。

产地：黑龙江省黑河、密山、伊春、虎林、尚志、哈尔滨，吉林省桦甸、抚松、安图、临江、汪清、珲春、和龙，辽宁省西丰、清原、桓仁、宽甸、鞍山、本溪、凤城、抚顺、丹东，内蒙古额尔古纳、根河、鄂伦春旗、扎赉特旗、牙克石。

分布：中国（黑龙江、吉林、辽宁、内蒙古、河北、山西、陕西、甘肃、青海、山东、河南、四川、云南），朝鲜半岛，日本，俄罗斯。

参考文献
References

曹伟，李冀云. 2003. 长白山植物自然分布. 沈阳：东北大学出版社.

曹伟，李冀云. 2007. 小兴安岭植物区系与分布. 北京：科学出版社.

曹伟，李冀云，傅沛云，等. 2004. 大兴安岭植物区系与分布. 沈阳：东北大学出版社.

傅沛云. 1995. 东北植物检索表（第2版）. 北京：科学出版社.

傅沛云. 1998. 东北草本植物志（第12卷）. 北京：科学出版社.

李冀云. 2004. 东北草本植物志（第9卷）. 北京：科学出版社.

李书心. 1988. 辽宁植物志（上册）. 沈阳：辽宁科学技术出版社.

李书心. 1992. 辽宁植物志（下册）. 沈阳：辽宁科学技术出版社.

辽宁省林业土壤研究所. 1958. 东北草本植物志（第1卷）. 北京：科学出版社.

辽宁省林业土壤研究所. 1959. 东北草本植物志（第2卷）. 北京：科学出版社.

辽宁省林业土壤研究所. 1975. 东北草本植物志（第3卷）. 北京：科学出版社.

辽宁省林业土壤研究所. 1976a. 东北草本植物志（第5卷）. 北京：科学出版社.

辽宁省林业土壤研究所. 1976b. 东北草本植物志（第11卷）. 北京：科学出版社.

辽宁省林业土壤研究所. 1977. 东北草本植物志（第6卷）. 北京：科学出版社.

辽宁省林业土壤研究所. 1980. 东北草本植物志（第4卷）. 北京：科学出版社.

辽宁省林业土壤研究所. 1981. 东北草本植物志（第7卷）. 北京：科学出版社.

辽宁省林业土壤研究所. 2004. 东北草本植物志（第10卷）. 北京：科学出版社.

刘慎谔. 1955. 东北木本植物图志. 北京：科学出版社.

中国科学院沈阳应用生态研究所. 2005. 东北草本植物志（第8卷）. 北京：科学出版社.

中国科学院中国植物志编辑委员会. 1959-2004. 中国植物志（第1-80卷）. 北京：科学出版社.

Wu C Y(吴征镒), Raven P H, Hong D Y. 1994-2013. Flora of China (Vol. 1-25). Beijing: Science Press; St. Louis: Missouri Botanical Garden Press.

中文名索引
Index to Chinese Names

拉丁名索引
Index to Latin Names